国家出版基金项目
NATIONAL PUBLICATION FOUNDATION

海洋人工上升流
系统理论与方法

MARINE ARTIFICIAL UPWELLING
THEORY AND APPLICATION

陈 鹰 樊 炜 潘依雯 张祝军 著

海洋出版社

2023 年·北京

内 容 简 介

海洋中的自然上升流把海底的营养物质带到海洋上部的真光层,驱动初级生产力,支撑着一个高产的海洋生态系统。然而,随着人类活动和气候变化的日益加剧,海洋生态环境不断遭到破坏,造成海洋生物多样性降低、海洋渔场衰退等不良后果,人工上升流成为改善这些问题的可能举措。本书详细介绍了海洋人工上升流技术的发展现状、控制方法、系统实现以及海域试验效果,并阐述了人工上升流在驱动生物泵过程、辅助海藻固碳以及海底生境营造等方面的探索性工作,旨在为我国人工上升流技术在近海环境保护问题中的研究与应用起到指导与示范作用。

本书是作者团队长期研究成果的结晶,内容涵盖了海洋人工上升流技术的理论与方法、技术与工程,是科学与工程有机结合、理论应用于实践的范例展示,可供海洋技术、海洋工程、海洋生态等方向的研究人员参考。

图书在版编目(CIP)数据

海洋人工上升流系统理论与方法 / 陈鹰等著. –– 北京:海洋出版社,2023.2
ISBN 978-7-5210-1050-3

Ⅰ. ①海⋯ Ⅱ. ①陈⋯ Ⅲ. ①人工方式-上升流-研究 Ⅳ. ①P731.21

中国版本图书馆 CIP 数据核字(2022)第 249781 号

审图号:京审字(2023)G 第 1448 号

责任编辑:郑跟娣 苏 勤
责任印制:安 森
出版发行:海洋出版社
网 址:http://www.oceanpress.com.cn
地 址:北京市海淀区大慧寺路 8 号
邮 编:100081
开 本:787 mm×1 092 mm 1/16
字 数:300 千字

发 行 部:010-62100090
总 编 室:010-62100034
编 辑 部:010-62100026
承 印:鸿博昊天科技有限公司
版 次:2023 年 2 月第 1 版
印 次:2023 年 2 月第 1 次印刷
印 张:18.75
定 价:198.00 元

本书如有印、装质量问题可与本社发行部联系调换

序　言

海洋拥有许多自然过程，对海洋生态系统产生重要影响，上升流就是一个典型案例。海洋中的自然上升流把海底的营养物质带到海洋上部的真光层，驱动初级生产力，支撑着一个高产的海洋生态系统。然而，随着人类活动和气候变化的日益加剧，海洋生态环境不断遭到破坏，造成海洋生物多样性降低、海洋渔场衰退等不良后果。人工上升流成为解决这些问题的可能举措。《海洋人工上升流系统理论与方法》一书，详述了人工上升流技术的发展现状、控制方法、系统实现以及海域试验效果，并阐述了人工上升流在驱动生物泵过程、辅助海藻固碳以及海底生境营造等方面的探索性工作，旨在为我国人工上升流技术在近海环境保护问题中的研究与应用起到指导与示范作用。研究团队已经通过与有关海洋牧场企业合作，开展了探索性的应用工作，取得了令人鼓舞的初步成果。

海洋人工上升流是一类新型的海洋生态工程，它通过利用多种技术手段，来改变海洋中的流场分布，可望实现调节局部水体环境的物质盈缺，改善水体环境、提高生态系统生产力，达到生态和经济效益双赢的目的，为我国近海富营养化治理、实现海洋碳增汇、海藻养殖业转型升级提供可行的解决方案。作为新兴海洋技术研究成果的重要集成，人工上升流技术的研究，有望带动我国相关领域的基础研究和生产应用水平，为海洋生态系统可持续发展和合理开发利用提供切实有效的技术支撑，不仅具有重要的理论价值而且具有重要的现实意义。

浙江大学陈鹰教授团队十余年来，一直致力于海洋人工上升流研究。该团队从水动力学分析、水槽试验、湖试直到海域试验，系统性地开展了人工上升流的理论研究和技术研发。近年来，还发展到海洋人工上升流的实际应用，开展海洋牧场寡营养盐海区的初级生产力提升、底层海水低氧现象缓解等方面的应用并进行初步的研究。同时开展基于海洋上升流技术的碳增汇方面的探索性研究，取得了令人振奋的进展。

"碳中和"已经成为我国的国家战略。海洋碳汇潜力巨大，可望采取有效的技术手段，实现海洋增汇，这是海洋领域一项重要而艰巨的任务。人工上升流是最具潜力的技术路径之一。目前，联合国已设立"海洋科学促进可持续发展十年"（简称"海洋十年"）计划，其根本目的在于扭转海洋健康衰退趋势，维护海洋可持续发展。该计划重视海洋科学研究能力提升和技术转化，支持发展适应社会发展需求的海洋科学，将已获得的知识和技术转化为支持海洋可持续发展的有效能力。我国发起的"海洋负排放（ONCE）国际大科学计划"是联合国"海洋十年"计划的重要组成部分。ONCE国际大科学计划将通过多学科交叉融合实现理论创新和技术突破，打造海洋负排放地球生态工程新范式，为应对气候变化和全球治理提供"中国方案"。人工上升流技术，就是其中的一项利器。

该书是作者们长期研究成果的结晶，是国内第一本系统地阐述人工上升流技术理论与应用的创新性专著。该书内容涵盖了人工上升流技术的理论与方法、技术与工程，包括人工上升流基本概念、国内外研发现状、主要技术方法及其实现路径、环境效应与调控方法、野外现场试验方案、装备设计与建造、海洋牧场生境营造以及海洋储碳增汇应用等。可谓是科学与工程有机结合、理论应用于实践的范例，具有良好的开发前景与推广价值，可望产生显著的生态环境效益。相信这本书的出版，对于促进海洋碳汇功能开发、推动社会经济可持续发展将发挥有效的支撑作用。

中国科学院院士

2023 年 1 月 18 日

前　言

　　2008 年，浙江大学筹划建设海洋学科需要建立一些新的学术研究方向。当时，日本海洋界在"拓海"工程方面的研究，引起了浙江大学极大的关注，于是浙江大学与杭州电子科技大学的联合团队，就有了第一次海洋人工上升流技术的研讨。当时正值台湾中山大学陈镇东教授在杭州开展学术访问，联合团队专程赶到当时的国家海洋局第二海洋研究所，向陈镇东教授就海洋人工上升流技术方面的研究发展做了讨教。2010 年，杭州电子科技大学潘华辰教授领衔的第一个关于海洋人工上升流技术基础理论研究项目，获得国家自然科学基金委员会资助，从而开启了联合团队在海洋人工上升流技术领域的研究工作。

　　2009 年 5 月，联合团队与陈镇东教授合作开展了第一次"浙大-杭电-台湾中山大学龟山岛热液科学考察航次活动"（之后考察航次活动又开展了三次）。联合团队在考察航次活动期间，访问了台湾中山大学、台湾海洋大学和台湾大学。在台湾大学专门拜会了台湾大学海洋研究所时任所长梁乃匡教授以及郭振华教授，就海洋人工上升流技术开展了学术交流。梁教授是海洋人工上升流技术研究领域的先驱者，他提出的气力提升式海洋人工上升流技术具有鲜明的特色。双方在学术交流活动中达成了开展海洋人工上升流技术基础理论研究和应用研究的合作意向。

　　2011 年，由浙江大学陈鹰教授、台湾大学郭振华教授负责的国家自然科学基金地区合作重大项目"人工上升流技术及其对海洋环境作用的基础性研究"获批。该项目基于梁乃匡教授的气力提升式海洋人工上升流技术思想，依据浙江大学的海洋技术研究基础和舟山的海洋试验条件，提出研究浅层注气式气力提升式海洋人工上升流技术，并开展基础理论研究和海上试验验证工作。该项目对我国的海洋人工上升流技术研究，起到了积极的推动作用。项目执行期间，梁乃匡教授、郭振华教授多次来到浙江大学开展项目研究，博士研究生林杉也曾专程赴台湾大学在梁教授的指导下开展人工上升流建模仿真工作。樊炜、潘依雯以及浙江大学的研究生们多次去台湾中山大学陈镇东教授课题组进行访问交流，进一步开展人工上升流对碳循环的影响及其固碳机理研究。在此过程中，台湾中山大学的洪庆章教授从自己做的台风引起的海域固碳过程研究出发，也给予了很多对人工上升流固碳过程的指导。在随后的几年中，潘依雯、樊炜、黄豪彩等申报的海洋人工上升流相关国家自然科学基金项目陆续成功获批。

2016 年 11 月，在浙江大学新落成的舟山校区专门召开了一次名为"人工上升流技术及海洋环境作用"的学术研讨会。这次学术研讨会有两个特点：一是海峡两岸的相关学者聚集一堂；二是海洋科学研究人员与工程技术人员互相碰撞，就人工上升流技术研究回顾、人工上升流工程和科学问题研讨、人工上升流和海洋固碳模式研讨及实施方案细化等问题进行了充分的学术交流和讨论，厘清了人工上升流技术理论体系、关键技术、海洋环境效应及其科学应用意义与前景。来自台湾地区的学者陈镇东、梁乃匡、洪庆章、郭振华、陈冠宇以及来自大陆各相关单位的学者孙松、陈建芳、高坤山、黄邦钦、孙军、刘慧、赵建民及浙江大学的一些同仁参加了会议。作者在此向这些学者就人工上升流理论研究中所给予的启迪和帮助致以诚挚的敬意。

从在杭州电子科技大学建立人工上升流技术研究专用水池开始，联合团队经历了理论研究、实验室水池研究、浙江千岛湖湖试、东海东极岛海试、福建厦门湾及山东鳌山湾海试及应用等一系列环节，逐渐形成了较为完整的海洋人工上升流理论与技术体系。特别是在国家重点研发项目的支持下，团队于 2019 年在山东鳌山湾与海洋养殖企业合作，运用海洋人工上升流技术，改善海洋环境，使得一直寡营养的海域成功地养殖了海产品，取得了社会效益和经济效益的双丰收。

在我们的研究过程中，还得到了美国夏威夷大学 Clark Liu 教授的热心支持和指导。樊炜博士曾专程赴夏威夷大学访问工作一年，开展海洋人工上升流技术的研究。同时，还访问了国际上海洋人工上升流技术的重要研究单位——日本东京大学和瑞典哥德堡大学，与 Toru Sato 教授团队和 Stigebrandt 教授进行了充分的学术交流，Toru Sato 教授还专程来到浙江大学舟山校区，开展了更深层次的学术交流。

2016 年 11 月，在国家重点研发计划项目年度会议期间，焦念志院士牵头，就人工上升流碳增汇试验平台的研究工作，在厦门专门组织召开了一次现场研讨会。浙江大学人工上升流课题组与厦门大学焦念志院士、戴民汉院士、张瑶教授，中国科学院大气物理研究所吕达仁院士、中国科学院环境生态研究中心江桂斌院士，加拿大纽芬兰纪念大学 Richard B. Rivkin 教授，中国科学院青岛生物能源与过程研究所张永雨研究员、刘锦丽研究员，香港浸会大学蔡宗苇教授等专家学者，就人工上升流技术与海洋固碳等科学问题开展了充分的研讨。会议期间，专家们还乘船赴厦门五缘湾海域，现场考察了浙江大学自主研制的注气式人工上升流系统海域试验工作，并给予了诸多建议和建设性意见。

国内的一些同仁，如自然资源部第二海洋研究所的潘德炉院士、柴扉研究员，自然资源部第四海洋研究所的黄大吉研究员、陈建芳研究员、金海燕研究员，厦门大学高树基教授，中国科学院海洋研究所杨红生研究员，中国水产科学研究院黄海水产研究所金显仕研究员，大连海洋大学陈勇教授，中国科学院南海海洋研究所黄晖研究员，青岛海洋科学与技术试点国家实验室石洪华研究员，中山大学殷克东教授，中国海洋大学刘勇教授，浙江理工大学朱祖超教授，浙江海洋大学张秀梅教授，山东大学刘纪化教授以及浙江大学吴嘉平教授等，对联合团队的工作都给予了许多指导和有益的帮助，在此表示衷心的感谢。

同时，感谢山东东方海洋科技有限公司牟平分公司、山东牟平云溪国家级海洋牧场和山东青岛悦海蓝天水产有限公司等企业对我们工作的鼎力支持。

杭州电子科技大学潘华辰教授团队，一直参与了海洋人工上升流技术的研究工作；浙江大学邱雅楠博士、佟蒙蒙博士、陈家旺博士等参与了相关研究工作；浙江大学黄豪彩博士等参加了千岛湖湖试工作，浙江大学张大海博士、江宗培博士、刘淑霞博士等参加了东极岛海试工作；浙江大学孙丹博士等参加了鳌山湾海上试验工作；我们的研究生们：杨景、林杉、强永发、姚钟植、肖灿博、李逸凡、许振宇、周舒乐、林天骋、由龙、谢雨辰等在不同的时期参与了浙江大学的海洋人工上升流技术研究工作。对上述人员以及在本书中没有被列入的所有为本研究做出贡献的人士，一并表示感谢。

本书由樊炜负责第 2 章、第 4 章和第 8 章的主要撰写工作；潘侬雯负责第 6 章的撰写工作；张祝军负责第 3 章、第 5 章、第 7 章的撰写和相关资料收集及文字组织工作；陈鹰负责第 1 章和第 9 章的撰写以及全书的统稿工作。囿于作者的学识和水平和对于书中存在的谬误，请大家不吝批评指正。

感谢厦门大学焦念志院士为本书作序。

感谢国家自然科学基金委员会对本项目的大力支持（项目号：51120195001、41406084、41776084、41976199 等），同时感谢国家重点研发计划项目课题（项目号：2016YFA0601404）和浙江省自然科学基金委员会（项目号：Y5090235）对本项目的支持。同时，感谢"海洋负排放国际大科学计划"对海洋人工上升流技术研究与应用工作的大力支持。

最后，感谢国家出版基金的资助。

2023 年 1 月 8 日于浙江舟山求是苑

目　录

8 海洋牧场生境营造技术 ············ 246

1　绪　论

1.1　引言

占地球表面积近 71% 的辽阔海洋，是人类的资源宝库，是美丽环境，是生存家园，是休闲去处。海洋拥有许多的自然现象，如潮流、沿岸流、大洋环流、涡旋、内波、上升流、下降流，等等。这些自然现象，对海洋生态系统的形成，产生了重要影响。

海洋中的自然上升流把海底的营养物质带到海洋的上部，特别是带到真光层里，驱动初级生产力的产生，滋养着海洋中的各种生物，从而形成了一个完整的海洋生态系统。这是地球生命系统的重要组成部分。

海洋自然上升流现象常见于大陆海岸、岛礁与海山周边等海域。由于海洋动力学环境的变化，也会在海洋的某个地方出现自然上升流现象。众所周知，海洋的大部分海区都呈"沙漠化"现象，海洋生物很少，这是因为海洋中大多数海域营养物质稀少。但在海洋自然上升流的周边，却聚集了大量的海洋生物。有些传统的海洋渔场，就是位于有强烈的自然上升流发生的海域，如秘鲁渔场，就是由于秘鲁沿岸拥有丰富的自然上升流而形成的。

然而，随着人类活动的日益加剧，海洋生态环境不断遭到破坏，表现形式是发生海水污染、富营养化，海底低氧甚至缺氧，赤潮现象频发等。海洋生态环境的恶化，会造成海洋生物锐减、渔场衰退等。与自然界的许多地方一样，海洋生态环境破坏很容易，时间也很短，但恢复起来却十分不易，需要很长时间。加之全球的气候朝着全球暖化的方向变化，伴随而来的是海水层化的加剧和极端气候事件频次的增加，使得海洋生态环境更是雪上加霜。

通常来讲，环境具有自我修复的能力。当人类不再对海洋环境进行破坏，大自然会在一定的时间(通常是比较漫长)，通过自我修复逐渐恢复到原来的环境状况。当然，有些破坏是不可逆的(或者修复时间极其漫长)，比如改变了海洋地貌，或者投放了固体垃圾(如塑料)，等等。

1

环境除了自我修复之外,有没有第二条路可走?在较长的一段时间里,国内外的有识之士,开始研究主动修复海洋环境的方法,一系列的人工干预方法与技术不断涌现。人工干预环境修复技术,自一开始就遭到质疑,不被看好。质疑的观点主要有两类:一是人工干预可能会加剧环境的恶化;另一个观点是人工干预方法对海洋来说是杯水车薪,无法彻底解决海洋环境问题。

赞成派的意见主要有这样两点:一是在没有更好的办法修复海洋生态环境之前,人工干预方法不失为一种选择;二是人类破坏的环境,能够也应该能够用人工的方法修复,也必须要靠人类做出举措,为自己的不当行为负起责任来。特别是2017年12月联合国大会第七十二届会议宣布2021—2030年为联合国"海洋科学促进可持续发展十年",提出了"构建我们所需要的科学,打造我们所希望的海洋"愿景,更加激励了海洋界有识之士,努力将所具备的科学知识转化为现实的能力,去改变被破坏的海洋环境,"打造我们所希望的海洋"。

人工干预技术种类很多,主要可分为生物法、化学法、物理(工程)法等。生物法,顾名思义就是引进一些生物物种,来解决目标海洋区域的生态环境问题,如为了解决某种藻类的暴发,引入一些专吃这些藻类的浮游生物或鱼类。化学法则是通过在目标海区添加某些化学物质,来改变海水中的氮磷比例,或者增加海水中所缺少的化学元素,从而改善这一海区的环境恶化状况。物理(工程)法,是通过物理的方法,也就是通过工程技术的手段,来改变目标海区的地形地貌,或者改变目标海区的局部流场等(如海岸人工湿地技术、海洋人工上升流技术等),以实现对海洋生态环境的修复。本书主要讨论物理(工程)方法。物理(工程)法简单,见效快,适用于小范围和快速海洋人工环境干预。同时,物理(工程)法与生物法和化学法相比,比较安全,后续影响较为可控。

物理(工程)法,是根据一定的目的,通过采用人工技术手段或系统,人为地去改变或实现一些相关的海洋自然现象,如地形、地貌、流场等。这里的"人工"(或人为),英译为"artificial",与"natural"相对应。

举例来说明物理(工程)法的形态与应用,如在海洋牧场建设中,最主要的工作是营造一个适于海产品生长的生态环境,有时还带有生态环境修复的概念,常见的有通过人工鱼礁(artificial reef)、人工岛礁(artificial island)等手段,来实现海洋养殖生态环境的建设与重构。又如在对围海造田带来的环境破坏修复中,常采用的物理(工程)方法就是退"围"还海,恢复原来的海岸地形,来改变海洋流场的环境,从而达到生态环境修复的目的。

人工上升流(artificial upwelling)、人工下降流(artificial downwelling)等技术,则是海洋环境修复物理(工程)法中的重要组成部分。该技术通过设计布放"海洋人工技术系统",在海区中形成自下而上或自上而下的、人为的(人工)上升流或下降流,来改变目标海区的流场,增加水动力交换,以达到局部海洋生态环境修复的目的。

为了提高海洋渔业生产,提升目标海区的初级生产力,从而提高水产产品的产出率,成为海洋领域的重要命题。上述海洋生态环境修复方法也可用于该领域。如人工上升流技术可以人为地营造自海底到海面的海水流动,把海底丰富的营养盐以及微量元素输送到海洋上部真光层,是提升初级生产力的有效方法之一。人工下降流技术则可以把海洋上层的富氧水体输送到温跃层以下,以帮助缓减局部海域越来越严重的海洋底层海水低氧问题,特别是改善季节性低氧问题。

本书重点聚焦于海洋人工上升流技术。根据海洋领域存在的热点问题,人工上升流技术的主要应用体现在以下三个方面(当然不仅限于这三个方面):①海洋生态环境的修复;②现代海洋牧场建设中的生境营造;③海洋固碳。由于海洋人工上升流技术也可用来应对气候变暖问题,人工上升流技术常常被认为是海洋地球工程(geoengineering)中一项行之有效的技术。

本章在介绍海洋自然上升流现象的基础上,重点对海洋面临的严峻的生态环境问题、海洋环境保护和海洋牧场的应用需求进行介绍,并通过介绍地球工程理论,讨论海洋固碳的现状和一般方法。

1.2 海洋自然上升流现象

海洋人工上升流技术是通过流场调控方式,实现相当于自然上升流产生的效果,因此有必要先介绍一下海洋自然上升流现象。在海洋中,由于种种原因,会在水体中产生自下而上的海水流动,我们称之为上升流。如在海岸附近,由于地形或者风的作用,会产生上升流(图1-1)。如在夏季,南海盛行台风,每次台风过程中,台风中心的表层海水产生辐散,使其下层海水上升,形成上升流,而在台风边缘则形成下降流。

早在1604年,就有人注意到了秘鲁沿岸有一些异常的冷水升起,当地的居民还把装了酒的酒瓶投入该处海水中进行冷却,回收后饮用。在接下来的若干年中,人们又陆续在美国加利福尼亚等地的沿海区域,发现了异常的冷水升起。但是直到1844年,才有人能够清楚地阐述这些冷水是由自然上升流带上来的。再过若干年之后，海洋学家们才逐渐开始研究自然上升流现象的科学成因及其所带来的影响。

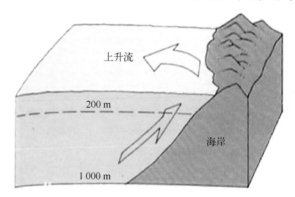

图 1-1　海洋自然上升流示意图

(图片引自 https://baike.baidu.com/item/上升流/841920)

许多研究表明，海洋上升流现象主要发生在北美的西海岸、南美沿岸以及西非沿岸等地区。这些地区通常由于沿岸风力较强、海水表面温度异常等，导致表层海水从海岸流走，富营养的低温深层海水向上涌起。比如，在美国加利福尼亚沿岸，上升流周期从每年的 2 月中旬可持续到 7 月底，而这一时期正值盛行西北风。海岸附近的自然上升流提供了大量、稳定的营养盐供给，自然上升流区域可以形成生物量，从而产生大量的渔业资源。正是由于上涌的深层海水为生物提供了丰富必要的营养盐，世界上著名的渔场基本上都位于上升流分布区域。如南美的秘鲁和智利沿岸、巴西东南部沿岸，北美的加利福尼亚沿岸，阿拉伯海域，南非西部沿岸，新西兰东部沿岸等渔业资源丰富海域，都是典型的海洋上升流区域。

图 1-2 所示为 MODIS(中分辨率成像光谱仪)海洋遥感得到的 2011 年全球海洋叶绿素 a 浓度数据。图 1-2 显示，海洋自然上升流为美国加利福尼亚沿岸海域、秘鲁沿岸海域、加那利附近海域及本格拉附近海域等区域提供了丰富的营养盐(硝酸盐、磷酸盐、硅酸盐等)，支撑了海洋浮游植物的快速生长，产生了初级生产力，为海洋食物链增加了原动力，形成了"海洋生物资源的新工厂"。

研究表明，全球约 67% 的海洋总生产力由海洋自然上升流系统提供。其中，大陆沿岸上升流海域面积仅占全球海域面积的 0.1%，却提供了 11% 的海洋总生产力！这一数据充分表明海洋自然上升流系统在地球系统中的重要性。

Sherman 等在 1986 年提出了大海洋生态系统(large marine ecosystem，LME)概念，并将全球海洋划分为 64 个大海洋生态系统，其中 5 个最重要的大海洋生态系统，都是与大洋东边界流相关的上升流系统，如图 1-3 所示。

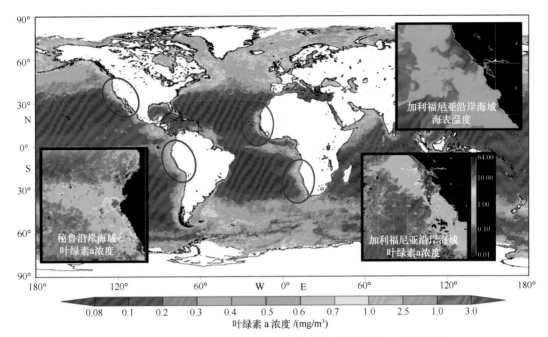

图1-2 MODIS海洋遥感得到的2011年全球海洋叶绿素a浓度数据

（Capone et al., 2013；卫星图片源自美国国家航空航天局）

图中红色圆圈所示区域为美国加利福尼亚沿岸海域、秘鲁沿岸海域、加那利附近海域和本格拉附近海域海洋生
态系统；左下角插图和右下角插图分别为秘鲁沿岸海域和美国加利福尼亚沿岸海域上升流影响下浮游植物暴发
时的叶绿素a浓度；右上角插图为美国加利福尼亚沿岸海域富含低温营养盐的上升流区域海水表面温度卫星图

图1-3 全球5个最重要的大海洋生态系统分布示意（Sherman et al., 1986）

①加利福尼亚（California）海流系统；②洪堡（Humboldt）（或称秘鲁-智利）海流系统；

③本格拉（Benguela）海流系统；④加那利（Canary）海流系统；⑤伊比利亚（Iberian）海流系统

海洋上升流依据其分布，可分为大洋上升流和沿岸上升流；根据其成因，主要可分为风生成因类上升流和海流-地形成因类上升流两类。

大洋上升流主要出现于辐散区，赤道上升流就是一种典型的大洋上升流。由于在赤道区域，赤道流与赤道逆流之间的海水产生水平辐散，引起海水向上补充形成了上升流。

沿岸上升流是由特定的海岸线、风场或者海底地形等特殊条件引起的，并且在大洋的西海岸尤为明显，如秘鲁上升流、非洲西部和西北部的上升流等。我国沿岸海域也是沿岸上升流的多发区，包括渤海、黄海和东海陆架区，南海沿岸以及台湾附近海域都存在着沿岸上升流。

从图1-4中可以看出，世界上著名的四大渔场，其形成原因正是沿岸上升流，或者说上升流是其重要成因。比如，受惠于秘鲁寒流，面积不大的秘鲁渔场曾是世界上渔获量最高的渔场。可见，海洋自然上升流为渔场的生物生长提供了极其丰富的营养。

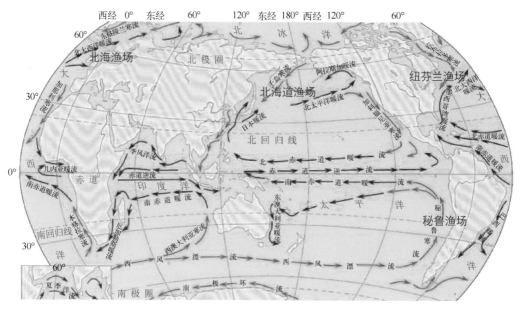

图1-4　世界四大著名渔场分布

(图片引自 https：//baike.baidu.com/item/世界四大渔场)

一般认为，沿岸上升流和大洋上升流的发生，都与风场直接相关。在北半球的海岸，风沿着海岸平行吹动，由于科氏力的作用，近海的表层海水离岸外流，而深层海水向近岸涌升补偿，形成了沿岸上升流，这是十分典型的沿岸上升流形成机制。埃克曼(Ekman，1905)所创建的经典埃克曼漂流理论，清楚地阐释了主要的沿岸上升流现象。

海流-地形的相互作用，也是海洋自然上升流形成的重要且常见机制。因为海底地形的变化往往造成海流方向的变更，如果此种变更在北半球引致逆时针方向的涡旋(在南半球为顺时针方向)，则十分容易造成上升流。例如，海流在海洋中遇到海底隆起的海山，就容易形成上升流。我国台湾东南海域上升流的成因之一，就是由于黑潮流经此处受地形影响而导致的。在沿岸海区，斜坡海底地形也会引起上升流，同时，地形和岸线形状都会对这种上升流产生影响。归纳起来，沿岸上升流的具体成因包括逆坡爬升、沿岸流底边界效应、沿岸强水流与地形相互作用等。

此外，水温差也能导致自然上升流现象。在海洋中的冷暖水团相遇之处，由于冷水团较重，导致冷水团下沉而暖水团上升，形成上升流。比如日本东部海域的上升流，就是由南而来的黑潮暖水团与由北而来的亲潮冷水团相遇所造成的。

我国沿岸海域处于东南亚季风区，夏季盛行西南风和东南风，盛行风向大致与岸线平行。根据经典的埃克曼漂流理论，在偏南风盛行时节，由于偏南风导致近岸的表层海水离岸外流，而中层、深层海水则向近岸涌升补偿，从而形成沿岸上升流。

对于我国沿岸的海洋自然上升流，人们已经注意到，尽管有些上升流可以用风生理论来解释，但也有很多的上升流，其出现的范围、强度和存在时间并不能单纯地用风生理论来说明，此时还需要考虑到海流和地形产生的影响。

1.3 海洋面临的挑战与应对

自古以来，人类与自然共同存在，互相影响，互依互存。海洋作为大自然的一个重要组成部分，与人类本身的进化发展及人类社会的发展密切相关。随着人口数量的急剧增长，人类活动的加剧，海洋正面临着前所未有的影响和压力。特别是人类向海洋要环境、索资源，让海洋不堪重负。人类如何与海洋和谐发展，是摆在世界各国面前的一项重要课题。

1.3.1 海洋固碳与气候问题

近年来，人类面临着两个严重的环境问题。一是随着人类活动更加频繁，大气中温室气体(greenhouse gas，GHG)的浓度逐年增加导致的全球气候变暖问题。据了解，作为最重要的温室气体，二氧化碳浓度已从工业革命前的 280 ppm*，上升到如今的 400 ppm 以上。温室气体导致的全球气候变化，是人类社会可持续发展最严峻的挑战之一。二是随着人类社会经济高速发展与人口高密度增长，使得近海富营养化日益严重，如在我国的东部沿海海域。由此引发的赤潮、绿潮、海水缺氧与酸化等海洋环境问题，亟待解决。据统计，2016 年我国富营养化海域面积达 70 000 km²，2010 年以来，年均赤潮发生面积超过 2 200 km²。特别是近年来，海洋缺氧问题日益严重，东海长江口的缺氧海区面积连年扩大，海域生态堪忧，也在很大程度上影响了海洋渔业生产。通过减少陆源污染物输入等手段，科学家们在缓解近海富营养化与恢复区域性生态功能方面取得了一定的成效，但近海沉积物内营养盐长期积累引发的春季藻华、水质恶化等系列生态问题尚未得到较好解决。

海洋约占地球表面积的 71%，海洋储碳量是大气的 50 倍、陆地的 20 倍。整个海洋中蓄积的碳总量占全球碳总量的 93%，是地球上最大的碳库，发挥着全球气候变化的"缓冲器"作用。人类活动产生的二氧化碳，大约有 1/3 被海洋吸收。特别是受人类社会活动影响最大的大陆架边缘海，虽然只占全球海洋面积的 8%，但每年从大气吸收二氧化碳的量可占海洋吸收二氧化碳总量的 20% 以上，因此，海洋是最重要的大气储碳库。这里需要进一步明确的是，进入海洋的二氧化碳并不等同于固碳，更不等同于碳封存、碳增汇。当藻类将二氧化碳通过光合作用转变成有机碳时，固碳过程就产生了。但固定下来的碳并不能算是封存在海洋中，其中一部分会很快分解并返回大气。因此，碳封存指的是固碳过程中那部分能在海洋中长时间保存的碳，其中包括了进入大洋深部环流的碳、埋藏进入沉积物的碳和在海水中存在的难以降解的稳定有机碳部分。因此，如果有人为的方法可以安全地加速这个固碳过程、增加海洋中长时间的碳封存量，那么这个方法就称为海洋碳增汇技术。

根据联合国环境规划署等发布的《蓝碳：健康海洋对碳的固定作用——快速反应评估报告》，地球上约 55% 的生物碳捕获是靠海洋生物来完成的。这些海洋生物中典型的代表——海里的各种藻类，作为海洋初级生产力的重要组成部分，在海洋碳汇过程中扮演着重要角色。

海中藻类的生长与海域所含的主要营养盐元素（如氮、磷和硅）和微量元素（如铁）有关，不同的氮磷比（N∶P）会促进不同种类的微藻生长，从而影响该海域的物种分布。作为海洋的初级生产力，真光层中的微藻通过光合作用将海水中的营养盐

---

* ppm 为百万分比浓度，1 ppm(CO_2) = 1.96 mg/m³。

和溶解二氧化碳转换为有机质。

大藻是海洋中一种重要的藻类。我国的大藻产量占全球大藻产量的80%以上，经济效益巨大，在沿海地区具有极高的推广价值。据估计，我国近海沿岸海藻养殖区的吸氮量和吸磷量约为非养殖区的17.2倍和126.7倍，通过季节收获每年可移除约75 000 t的氮和9 500 t的磷，且其固碳效率约是亚马孙雨林的17倍。因此，利用海藻吸收并移除海水中的营养盐，不仅可以将其转变为食物和生物燃料，"变废为宝"，还能通过光合作用固碳，减缓气候变暖等，从而达到"一举多得"的效果。虽然大部分大藻是作为食物或者饲料，其固定的碳很快被消耗又返回大气，对大藻自身固定的碳能否称为固碳还尚存争议，但在养殖海藻过程中释放的有机物和碎屑可以帮助局部海域吸收大气二氧化碳，形成碳封存。对这部分碳封存的量化、对海藻取代粮食生产过程所增加的碳吸收的量化和对海藻的资源化利用所能封存的碳的量化，使得大藻养殖在海洋碳增汇过程可能存在着巨大的潜力。

如上所述，海洋中的自然上升流能够将富含营养盐的深层海水(deep ocean water，DOW)带入海洋表层真光层，提高初级生产力，提升生物碳泵。然而，海洋自然上升流在输送底层富含营养盐的海水的同时也将海洋底部高浓度的溶解无机碳(dissolved inorganic carbon，DIC)送至表层，产生无机碳的释放。看一个上升流海区是碳汇海域(吸碳)还是碳源海域(放碳)，就要看上升流是促进海洋生物增长吸收的碳多，还是从海底带上来的深层无机碳释放的量更多。

自然上升流是不可控的，在其作用过程中，海洋既吸碳又放碳。许多研究人员开展了相关海域的碳收支计算。研究表明，一个海洋上升流区域，既有可能是碳汇区域也有可能是碳源区域，甚至出现碳源和碳汇并存的现象。本书介绍的海洋人工上升流技术，就是通过放置人工系统，形成自海底到海面的海水流动，把底部富营养盐海水输送到海洋表层的真光层，促进浮游植物和藻类生长，有效增加海洋初级生产力，改善渔场生态环境并提高海洋固碳能力。海洋人工上升流是可控的，可以通过选择适合海域，并合理地设置相关工程技术参数，使其作用海域成为海洋碳汇区域。在本书团队研究工作中，采用多个海域站点调查数据，科学计算了人工上升流技术参数对海-气二氧化碳分压的影响，得出在合适的海域，优化的人工上升流工程参数可使作用海域由碳源区域转变为碳汇区域。这项工作，具有重要的现实意义和科学价值。海洋人工上升流技术，可以通过人为控制使上升流海域成为碳汇海域，并且可以弥补自然上升流季节性和地域性的缺点，是当前积极应对气候变化的重要手段之一。

1.3.2　渔业资源养护与海洋牧场

20世纪后半叶以来，海洋渔业资源特别是近海渔业资源由于过度捕捞、人类社会的工程活动等原因，导致资源丰度下降，鱼类栖息地破坏，渔获量锐减。为了稳定近海渔业捕捞产量和修复传统海洋渔场，日本在20世纪70年代开始着手修复与开发浅海增养殖渔场，并在渔业资源学、水产工程学、苗种培育等领域先后开展沿海经济鱼类幼鱼期补充机制、人工鱼礁、鱼类苗种培育技术等研究。20世纪80年代后，在之前基础上，日本开始尝试近海渔业资源"家鱼化"的开发研究，亦称为"海洋牧场"研究，旨在通过人工鱼礁投放、幼鱼栖息地构建、资源放流增殖、水声投饵驯化和海域生态化管理等技术手段，达到海域生产力提高、资源密度上升、鱼类行为可控和资源规模化生产等目标，实现沿岸、近海鱼种可持续开发与利用。目前，日本建立了金枪鱼(鹿儿岛)、牙鲆(新潟县佐渡岛)、黑鲪(宫城县气仙沼湾)、黑棘鲷(广岛县竹原)、真鲷(三重县五所湾)等鱼种的海洋牧场。由于日本海域海况各异，各增殖鱼种生物习性有别，所以日本在具体实施海洋牧场计划时，也是根据各海区自然环境特点和设立的目标，有机组合、运用各种海洋牧场技术。比如在营养贫瘠的富山湾，当地通过投放人工鱼礁，形成人工上升流，将海底富营养水提升到表层真光层，促进浮游生物繁殖，提高初级生产力，从而增殖以浮游生物为食的鱼类。同时，为了减缓波浪对幼小鱼苗的影响和保护鱼苗生长的栖息地，日本还设计制造了人工消波堤并开发了藻场修复重建技术，从而使得日本的海洋牧场设计更加符合鱼类的生活习性和生物学特性，取得了良好的经济效益和生态效果。

近年来，日本的海洋牧场开发开始朝着深水区域拓展，开展了基于人工上升流等技术以提高海域生产力为目的的海底山脉的生态学研究，同时开展了深度超过100 m水深海域的以诱集和增殖中上层鱼类及洄游性鱼类为主的大型甚或超大型鱼礁的研发及实践，成效显著。人工鱼礁之外的人工生境营造新技术的研发，是日本海洋牧场研究发展的重要方向。

韩国从1998年起，由韩国海洋与渔业部牵头，每年斥资1 000万美元，尝试在统营(Tongyeong，1998—2006年)、全罗南道群岛(Jeonnam Archipelago，2001—2008年)、东(西)济州岛[East(West)Jeju，2002—2010年]等地先期建设一批海洋牧场项目。整个计划的技术路线和发展战略是由韩国渔业产业界–大学–国家研究所共同讨论制定的，分成奠定基础期、牧场形成期、管理评估期。不同于日本、挪威的海洋牧场，韩国的海洋牧场不仅侧重于传统的生物学、生态学特性研究，而且把基于海洋生态系统的管理模式和海洋地理学引入海洋牧场的研究中，包括：①生态过程的研究和基于生态系统的渔业管理模型的建立；②栖息地环境建造技术；③渔业资源种群回捕技术；④海洋牧场的经营与管理。在统营和全罗南道群岛海洋牧场，主要建设通过增殖渔业资源后加以回捕的渔获型海洋牧场；在韩国东海岸蔚珍(Uljin)海洋牧场，主要发展离大陆旅游胜地距离很近的休闲渔业型海洋牧场；在济州海岸的北济州(Bukjeju)海洋牧场，构建用于科学研究的综合海洋牧场；在韩国西海岸的泰安(Taean)海洋牧场，建设结合了潮间带特征的近岸型海洋牧场。为了谨慎起见，韩国还在统营海洋牧场附近的牛岛(Udo)和济州的城山浦(Seongsanpo)建设了两个小型海洋牧场，用于科学研究，便于对大型海洋牧场的建设开展研究并提出科学建议。韩国海洋牧场这种更加侧重于基于生态系统的渔业管理和基于空间/地理异质性的海洋牧场建设方式，是海洋牧场概念的重要革新，标志着一个适用于不同海域特征的技术体系和管理体系正在形成，也为海洋牧场传播到包括发展中国家在内的其他沿海诸国，打下了坚实的基础。

在北美，主要是加拿大和美国等开展过渔业资源增殖实践。美国和加拿大从20世纪60年代起就增殖放流太平洋鲑鱼。两国的孵化场每年还对10亿尾大麻哈鱼进行线码标记，并剪去尾鳍。由于鲑鱼具有溯河洄游的习性，可以精确估算其回捕率。鲑鱼增殖是世界各国广泛开展的渔业养殖项目，并证明是有经济效益的。此外，加拿大还利用废弃军舰或民用船舶将它们改造为人工鱼礁，发展当地的休闲渔业和海钓业。美国除了增殖鲑鳟鱼类外，还增殖过牡蛎、美洲龙虾和巨藻等。美国东北部的马里兰州切萨皮克湾及康涅狄格州的长岛海峡是牡蛎资源增殖的主要海区，人们在潮间带和潮下带投放采苗器，采苗后移到自然生长区，增加自然资源。在大西洋沿岸的马萨诸塞州培育美洲龙虾苗，孵化成活率为50%，每年放流数百万只龙虾。在20世纪50年代，美国制订了"巨藻场改进计划"，以期恢复和发展原有藻场，开始时用移植藻苗和底播巨藻孢子叶、孢子和配子体等海底岩石礁增殖法，但效果不佳，后改用人工培育胚孢子体密集播撒于海底的方法后，取得一定成效。

欧洲是海洋渔业增殖实践开展得最多的区域。法国在所辖近海进行了扇贝增殖；英国在北海投放人工鱼礁，也对当地牡蛎进行过增殖；冰岛和苏格兰进行了贻贝增殖。欧洲的贻贝增殖不同于我国部分地区的吊养方法，而是采用如我国北方的扇贝底播增殖方法，将贝苗在笼中养到3 cm长后就投放到适宜的水域，其贝苗主要依靠人工孵化和进口；瑞典、芬兰曾向波罗的海放流 50 万尾 2 龄鲑鱼，存活率达 10%，取得了良好的经济效益；挪威自 1882 年建立第一个商业性鱼类孵化场以来，就致力于鳕鱼的增殖放流，同时放流了一些鲑鱼苗，其野外生存率能达 1% ~ 2%。挪威还启动了挪威海洋牧场计划（Norwegian sea ranching program），选取大西洋鳟、北极红点鲑、鳕鱼与欧洲龙虾等品种，对苗种放流后存活率、世代更替后存活率以及放流种群是否会取代野生群体问题，进行了生物学分析和经济可行性研究，并最终推动国家立法，确立扇贝、龙虾的物权制度。

澳大利亚渔业资源增殖实践可以追溯到 19 世纪中后期，起初是在私人水域中放流墨累河鳕鱼（1862 年以前），然后又引进了外来种褐色鲑和大西洋鲑在公共水域放流（1888 年），接着是虹鳟的增殖放流（1894 年），这些引种放流主要是为了建立和发展休闲渔业。在 19 世纪 70 年代末，褐色鲑被放流到澳大利亚西部沿岸海域，但是放流并未取得经济效益，直到 1931 年成功引进褐色鲑卵培育成幼鱼后，增殖放流又重新开始。当前，澳大利亚主要从事澳洲龙虾和珍珠母贝等定居种资源增殖，这些实践取得了可观的经济效益。

从上述世界各国海洋牧场的建设实践中可以看到，这些工作主要还是依赖海洋自然生产力通过增殖、放流等手段，提高生产率。一些国家包括日本、加拿大等国通过投放鱼礁产生人工上升流，增加所在海区的初级生产力，以期获得更高的渔获产量。通过人工手段提高海洋的生产力，这种方法在海洋牧场的建设中，将越来越为人们所重视。

随着人类活动的加剧，在海洋鱼类资源衰退的大形势下，世界各国都在采取各种相应的方法和手段，来应对所面临的重大挑战。中国作为一个渔业生产大国，改善海洋环境，提高沿海海区鱼类丰度，提高渔业产量，是海洋事业中的一项重要工作。修复海洋环境，增加海洋初级生产力，建设海洋牧场，开展人工干预方法等研究，势在必行。

1.4 地球工程思想

在许多场合，人工上升流技术被列入地球工程（geoengineering）范畴。地球工程，由于主要是通过各种人为的手段遏制气候变暖，因此也经常被称为气候工程（climate engineering）。本书专门列出一节来简略地讨论地球工程（即气候工程）的相关内容。与海洋相关的地球工程内容，也被称为海洋地球工程。

1.4.1 地球工程的定义和范畴

人类社会在经历了农业经济社会和工业经济社会后进入知识经济时代。地球科学也一样，它在经历了认识地球科学现象、索取自然资源两大阶段后，进入了对地球系统的管理和保护阶段，特别是对于地球的可持续发展与保护，包括应对气候变化。德国在制订 21 世纪的最初 15 年的超大型研究计划时，第一次提出了"地球工程"这一概念。

根据英国皇家学会的定义，地球工程的目的是"刻意大尺度地改变地球环境，以应对气候变化"。为了实现该目的，科学家们提出了多种地球工程的建议，如图 1-5 所示。图 1-6 展示了通过地球工程减缓气候变化的各种方案，提出的主要建议如下。

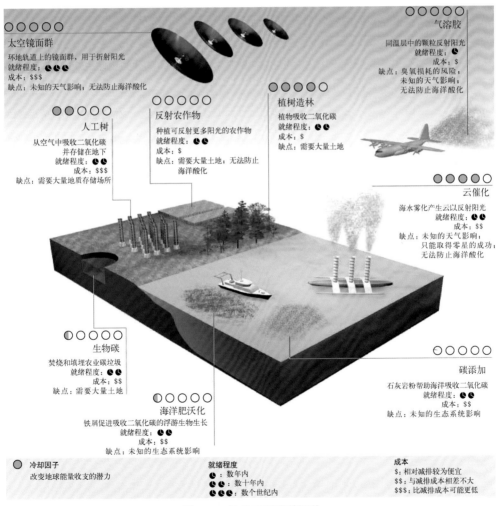

图 1-5　地球工程及其评价

（图片引自 https：//coolaustralia.org/geoengineering-primary）

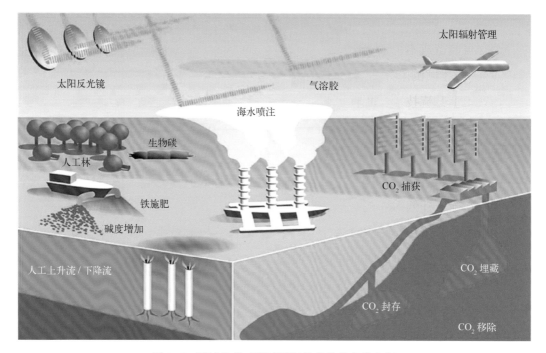

图 1-6　通过地球工程减缓气候变化的各种方案

(图片引自 https：//en. wikipedia. org/wiki/Climate_engineering#/media/File：

Graphic_ce_kiel_earth_institute. jpg，Designed by Rita Erven，Kiel Earth Institute)

(1)屏蔽部分太阳辐射。太阳是气候系统最主要的热量来源，可以考虑通过在平流层或太空将进入地球的部分太阳辐射反射掉从而缓解地球增温。在平流层设反射板，不仅技术上可以做到，而且费用也不高，但问题是可能会影响平流层正常的化学过程。在太空设立太阳辐射反射系统则造价非常昂贵，难以承受。

(2)调整地球轨道。美国行星科学家科瑞坎斯凯曾提出，利用重力加速度，让小行星或适宜的彗星从地球身边通过，帮助地球调整自己的轨道，将日地距离扩大，让地球处于更为凉爽的运行轨道上。但这一想法的隐患也是巨大的，除了干扰目前太阳系的行星轨道引发的混乱之外，如果重力拖曳加快了地球自转，则地球自转一个昼夜不是 24 小时而可能会缩短到几个小时。

(3)增加海洋碳汇。主要方法就是通过"生物泵"手段增加进入海洋的碳通量，即将大气中多余的二氧化碳存入深海。增加"生物泵"的固碳能力主要有两种途径：铁施肥和人工上升流。铁施肥主要针对大洋中那些高营养盐低生产力海域，研究发现限制该类海域生产力的原因为缺少微量元素铁，因此可以通过在这些海域撒入少量铁实现杠杆式催生初级生产力增长，即固碳的目标。但"施铁肥"方法存在的问题是，铁施肥是一种向海洋生态系统添加外来物质的行为，无法控制该过程刺激的藻种，因此可能造成不可预知的生态风险。在经过十多次中尺度撒铁试验后，这一方法目前被《防止倾倒废弃物及其他物质污染海洋的公约》（简称《1972伦敦公约》）所禁止。人工上升流技术，能够把海洋底部营养组分带到海洋表层，促进海洋生产力提升，从而增加海洋对二氧化碳的吸收。由于人工上升流技术没有人为向海洋添加外来物质，因此该技术对海洋生态环境来说可能是较为安全的。

（4）增加陆地碳汇。方法是通过对陆地生物圈的控制，使它与大气圈层之间二氧化碳的平衡杠杆偏向陆地一侧。有许多方法可以实现这一设想，如通过森林再造和基于基因技术培育新品种实现"无耕地"，以增加陆地表面吸收二氧化碳的木质植物面积。增加陆地碳汇的方法是被科学界、工业界和环境组织都较易接受的应对全球变暖的绿色工程，但它的大规模实施，还有赖于作物基因高技术的发展和应用作为保障，而可能需改变人类的主要食物则受到土地文明种植传统的影响，因此其面临的挑战并不比其他方法小。

（5）二氧化碳隔离。方法是首先捕获化石燃料燃烧时排放的二氧化碳成分，然后再存入地层深处或输送到深海隔离起来。碳捕获和封存技术只是把二氧化碳集中后固定在地球某处，以避免其进入大气圈。该方法引起争议的是，这样的处理，实际上是二氧化碳的地质隔离，一旦形成规模，可能会造成储存地质的酸化腐蚀甚至塌方，怎样做到最终的生物隔离，还有许多后续工作要做。

上述五种建议可归纳成两类实现方式：第一类，即前两个建议，其目的是将进入大气层的太阳光反射回太空或使地球离太阳更远，以减少太阳的辐射；第二类，即后三个建议，是对二氧化碳进行捕获与封存，消除空气中多余的二氧化碳，并将其储存到地下。

这些建议由于涉及的尺度都比较大，且富有科幻色彩，一经提出便遭到不少质疑，但质疑声中也有一种积极的声音，就是担心这些手段一旦实施所带来的不可挽回的负面效应。因此，无论是实施哪种地球工程手段，实施之前都应该经过充分的科学研究与论证。科学家们一致的看法是，目前提出的所有地球工程方法都存在这样或那样的严重缺陷。这些缺陷除了涉及科学，也有科学以外的很多原因：一方面，这类工程的设想可能会成为一些国家不执行或不参加国际限排公约的借口；另一方面，全面理解和掌控这些方法中所有负面影响是一项严肃和不可大意的科学挑战。

作为一项有争议的技术，地球工程技术何时投入使用还是一个未知数。但是，如果温室气体的排放仍不能控制在理想水平，加之放弃地球工程技术，那么在 10 年之内，地球温度将会进一步升高，地球将会更快速地变暖。到那时，变暖的海洋对碳吸附的能力将进一步减弱，最终将会导致每 10 年气温增加 2.2℃ 的严重后果——相当于目前气温增加速度的 10 倍，情况十分堪忧。

目前，包括诺贝尔化学奖得主保罗·克鲁岑（Paul Crutzen）、英国皇家学会等在内的一些备受尊敬的科学家和团体，一直在评估地球工程方法的利弊。有人称地球工程技术是"一个坏主意，但是它的时代已经来临"。

地球工程学研究的实质是，如果其他的努力都失败了，是否存在一个最终的解决方案。地球工程技术这样的计划需要在慎重周密的研究之后，而且只有到可以感受到灾难性的气候将会发生时才会去尝试，是作为一种招数用尽时不得已才使用的手段。但这些工程技术手段绝对不能替代温室气体的减排。充其量，地球工程技术之于应对气候变化，只是暂时和局部的解决方案。"它只是延缓刑罚，而不是得到赦免"。

由于地球工程的前景特别是对地球带来的负面影响不明朗，联合国已宣布在全球范围内暂缓实施地球工程。原因是这些工程存在较高风险，可能会对环境和生物多样性产生影响。比如，火山爆发的现象让我们知道，虽然平流层的云层确实会降低地球的温度，也可以阻止冰川融化及海平面的上升，但是它也会摧毁臭氧层，造成地区性的干旱。而太阳辐射管理在地球面临紧急情况的时候可能有用——比如说，持续的气候变暖迅速加快冰盖的融化及海平面的上升，或者排入大气的甲烷及二氧化碳加速了冻土带的融化，导致大气暖化速度加快。但是太阳辐射管理方法却无法阻止海洋酸化。更重要的是，我们没法决定地球应该保持怎样的温度，并且温度的设定到底由谁来操控呢？

如果俄罗斯和加拿大希望地球变得更暖，而濒临沉没的印度洋岛国和太平洋岛屿却想要降低地球温度，那又该如何处理呢？如果这些科技被用于军事目的，抑或这些科技主要由大型跨国公司掌握的话，这又该如何解决呢？人们会喜欢天空不再蔚蓝（因为有硫化物飘浮在空中，但是会有美丽的红黄色日出）或者永远都看不到银河吗？但如果因为某些原因而失去了继续制造平流层硫酸云的想法或手段，那么地球温度将更加快速上升，比现今的温度上涨速度还要快。

所有的这些都意味着我们需要进一步的深入研究。我们必须想办法量化地球工程所带来的好处、风险以及所需的成本，然后通过对比其他降温方法，以便我们能做出有依据的决定。

决定哪些地球工程技术可以投入试验，并且如何安全地完成试验，还存在着巨大的障碍。运用地球工程技术所产生的影响将是全球性的，让所有国家都同意任何一条具体的举措也是极其困难的。"对地球工程技术试验进行管控的研究，现在还处于婴儿期，更不用提技术的投入运用了"，"问题在于，现在地球工程技术都还是在地图上布局，没有人敢确定在现实世界中该从哪儿开始"。比如，因为国际法的存在，往海里倾倒铁屑让海水里生长出更多海藻从而吸收更多二氧化碳的方法就受到了限制。加拉帕戈斯群岛海域倾倒铁屑事件及南大洋投放硫酸亚铁事件，都招致环保人士及团体的抗议，他们担心海洋生态系统会因此遭到永久破坏。如今，海洋肥沃化试验受到了严格管制，关于海洋污染的《1972 伦敦公约》扩展了适用范围以涵盖地球工程，对商业性的海洋肥沃化实施禁令。同时公布的还有其严格管制海洋科学试验的协议。国际相关方面已开始制定试验性标准。浙江大学曾因在国际学术期刊上发表了有关人工上升流海上试验研究的论文，还引起了伦敦公约组织的关注，并通过原国家海洋局国际合作司向项目研究者进行了问询，调研这项工作对海洋环境所产生的影响情况。

虽然困难重重，但在大多数国家领导人和科学家看来，减少温室气体排放仍然是针对气候变暖众多选择中的重中之重。他们并非完全拒绝与排斥地球工程技术，只是在将它真正付诸实践之前，必须进行大量的模型研究和更为严谨的科学论证。因此，在学术界，对地球工程方法还是要不停顿地开展更加深入的研究工作。

我们在这里介绍了地球工程的相关概念和主要方式，同时讨论了地球工程的局限性以及该研究领域目前存在的一些争论，目的是为了让读者更好地认识海洋人工上升流技术。

1.4.2 碳捕获与封存

由于本书后续相关章节中将对人工上升流技术固碳应用进行讨论，因此，在这里有必要对目前的其他一些碳增汇方法与技术进行介绍。

1.4.2.1 二氧化碳捕获与封存技术

全球经济的发展离不开能源，尤其是中国、印度等发展中国家正处在工业化和城市化的进程当中。碳捕获与封存(carbon capture and storage，CCS)技术，正逐渐被视为解决当前日益增长的能源需求和控制二氧化碳排放量这对矛盾的一种有效方案。据预测，碳捕获与封存技术的应用，能够减少 10% ~ 55% 的二氧化碳排放量。欧盟已经将碳捕获与封存作为其降低 20% 二氧化碳排放量的关键技术，并正在实施多个碳捕获与封存项目。

与其他地球工程手段相比，碳捕获与封存被普遍认为更能拯救地球。二氧化碳减排路径有许多，但对于以燃煤为主要能源的国家，减少燃煤使用代价高昂，因此碳捕获和封存成为重要的选择。这对那些不愿改变能源消费结构的国家来说，具有极大吸引力。但是，碳捕获与封存技术还不够成熟，也比较昂贵，还需要更长的时间来加以完善。

碳捕获与封存是一种将工业和能源排放源所产生的二氧化碳进行收集、运输并安全存储到某处，使其长期与大气隔离的过程，主要由捕获、运输、封存三个环节组成。

目前国际上比较成熟的碳捕获方法是化学吸收法，该方法利用二氧化碳和某种吸收剂之间的化学反应，将二氧化碳气体从烟道气中分离出来。目前科学家已经找到了多种性能优良而环保的吸收剂。还有一种方法称为"膜"分离法：化石燃料燃烧后的烟气在通过膜时被分类处理了，有的会溶解并通过，有的却通不过被"拦截"了。为了提高二氧化碳的减排效率，科学家还发明了一种富氧燃烧法，用该燃烧方法使得排放的二氧化碳纯度更高。目前国际上像美、英、挪威包括中国都设有碳捕获试验项目，其中有的项目中碳的捕捉效率可以高达 90%。

"捕碳"不是最难的，就算是把捕捉到的二氧化碳再利用，如拿去生产碳酸饮料，最后二氧化碳还是排到了大气中。所以，人类需要把二氧化碳安全而永久地"封存"起来。科学家们目前的主要思路是"封到地下"甚至"封到水下"，包括地质储存或深海储存。海洋是全球最大的二氧化碳储库，其总储量是大气的 50 多倍，在全球碳循环中扮演了重要角色。将二氧化碳进行海洋储存的方式，主要是通过管道或船舶将二氧化碳运送到海洋储存地点，然后将二氧化碳注入海底，在海底的二氧化碳最后会碳化并保存下来。

目前科学家认为相对可行的方式是地质储存。比如把捕获到的二氧化碳注入地下 1~2 km 的盐水层。在这样的深度下，压力会将二氧化碳转换成所谓的"超临界流体"，并缓慢固化，使得二氧化碳不容易泄漏。所选储存岩体的结构要好，并且具有连续性，面积够大，有足够多的空间来容纳二氧化碳。据预测全球盐水层的

储量可达 10×10^{12} t，可以储存 1 000 年。但对于一些国家，如日本，由于国土狭小，封存二氧化碳的地点只能选择海底地层。

1.4.2.2 二氧化碳的海洋封存

二氧化碳的海洋封存，可以分为液态封存和固态封存两种方式。无论是液态封存还是固态封存，都存在二氧化碳挥发和在海水中溶解的问题，而液态二氧化碳比固态二氧化碳更容易挥发、溶解。所以，液态封存的技术关键就是如何减少液态二氧化碳在海水中溶解而造成对周边海洋生态环境的影响。固态封存的技术关键在于二氧化碳水合物的快速生成和充分生长以及如何运输到合适的海底位置。同时，深海海域作为仅存少有的、没有被人类污染的资源之一，必须加以保护。因此，在实施海洋二氧化碳封存前，要充分考虑这一技术可能带来的不利的环境影响。这项工作，国外早就有人开展了相关研究，如美国加利福尼亚的蒙特雷湾海洋研究所等，而在我国，目前尚未开展这一方面的研究。

1）液态封存法

液态封存法是指将二氧化碳以液体形式输送到海平面以下的某个深度，以保证它的状态长期不变。深度的选择与液态二氧化碳的密度、扩散率等性质随海水压力、温度的变化有很大的关系。这一技术的关键在于如何保持液态二氧化碳在海水中的特性和长期稳定性，使之不会大量地在海水中溶解形成碳酸。新藤（Shindo）等在实验室条件下试验研究发现，液态的二氧化碳在 35 MPa 以上的压力下可以保持长期稳定的状态。试验研究同时发现，在液态二氧化碳存在的情况下，二氧化碳水合物的形成是迅速且稳定的。水合物最先在液态二氧化碳和海水界面处形成一层薄膜，该水合物薄膜的形成阻挡了液体二氧化碳向海水一侧的扩散，从而阻止了水合物的进一步生长；同时，与水接触的水合物会部分溶解形成饱和的二氧化碳水溶液，这一层饱和溶液正好阻止了二氧化碳分子向海水一侧的扩散，有利于液态二氧化碳的长期保存，也减少了碳酸的形成对海洋环境的影响。这说明在液态二氧化碳和水之间形成了两个"隔板"，即二氧化碳水合物和饱和的二氧化碳水溶液，这样的隔板成功地阻止了液态二氧化碳向海水一侧的扩散和溶解。

然而，在实际海洋环境下，是否一定会形成那样的两个"隔板"还是一个未知数。暂且不说海洋生物对碳酸是否敏感的问题，单是海洋生物的活动以及海水运动等都会对液态二氧化碳的稳定储存产生威胁。深海中海水的水平和垂直运动以及洋流的影响，甚至包括海底的地质地貌，都是科学家在考虑这一技术实施时必须要关注的问题。因此，进一步的研究应该在试验条件更加接近于实际海洋环境的情况下开展。

2）固态封存法

固态封存法是指二氧化碳以固态和水合物的形式封存在海底的方法。这项技术的关键在于水合物的快速形成、充分生长以及如何在海洋中被输送到指定位置等问题。

（1）二氧化碳水合物的快速形成。Brewer 等（2002）在蒙特雷湾水下 619 m 处观察液体二氧化碳的沉降时发现，液态二氧化碳与水在界面处形成水合物是迅速而稳定的。但是要将大气中的二氧化碳分离出来并被液化需要耗能，所以二氧化碳水合物的形成研究主要集中在气体水合物的生成。同时，气体水合物法分离二氧化碳可作为一种新型分离技术进行研究。

（2）二氧化碳水合物的充分生长。要使二氧化碳以水合物方式封存在海底，必须使水合物生长充分，同时，它生长得越密实，储气密度就越大。目前，在实验室条件下可以看到反应釜内生长完全的水合物，但是并不能保证在海洋中这样大容积的反应过程中是否仍然能够在短期内实现这样的生长情况。因此，水合物的充分生长是深海封存二氧化碳水合物技术所必须要考虑的，封存场地的选择以及生成过程中水的供给对此都有很大的影响。

（3）二氧化碳水合物的输送。影响固态水合物在海水中的沉降过程的因素不仅仅是其密度，水合物晶体的形状以及尺寸大小都是影响其向海底沉降的重要因素。一些尺寸足够大的水合物晶粒会自由沉降到海底，但是，适合深海封存的水合物晶粒的尺寸与它在海洋中的运动特性，如下沉速率、分解速率等有很大的关系。高野聪子（Satoko Takano）、山崎昭博（Akihiro Yamasaki）等应用流化床反应器实现了不同尺寸的水合物晶粒的分离，可以把满足封存条件的晶粒送入海洋，而把不满足封存条件的晶粒重新回收使其再生长。

如果能够使水合物在海水中直接形成并生长，那将会使输送工作变得更加易于实现。山崎昭博等设想把收集到的二氧化碳气体输送到沉浸在海水 400~500 m 深处的反应器中，使其与周围的海水发生反应，生成水合物并自由沉降到海底。他们也通过试验研究验证了这种方法的可行性。然而，究竟是把二氧化碳气体输送到海底去生成水合物，还是生成水合物以后再输送到海底，还需要科学家做进一步的研究论证，同时不能忽略其输送过程中对海洋环境的影响。

1.4.2.3 海洋封存 CO_2 对海洋生态环境的影响——海水酸化

1）海水酸化的危害

无论二氧化碳以液态方式封存还是以固态方式封存，都不可避免地会有碳酸形成析出，对海洋生态环境造成一定的影响。

工业革命以来，人类活动释放的二氧化碳有超过 1/3 被海洋吸收，200 余年间使表层海水的氢离子浓度增加了三成，pH 值下降了 0.1 个单位。作为海洋中进行光合作用的主力，浮游植物门类众多，生理结构多样，对海水中不同形式碳的利用能力也不同。因此，海洋酸化会改变种间竞争的条件。由于浮游植物构成了海洋食物网的基础和初级生产力，它们的"重新洗牌"很可能导致从小鱼小虾到鲨鱼、巨鲸等众多海洋动物面临冲击。此外，在 pH 值较低的海水中，营养盐的饵料价值会有所下降，浮游植物吸收各种营养盐的能力也会随之发生变化。而且，越来越酸的海水，还在腐蚀着海洋生物的身体。研究表明，钙化藻类、贝类、珊瑚虫类、甲壳类和棘皮动物在酸化环境下形成碳酸钙外壳、骨架的效率明显下降。

由于全球变暖，从大气中吸收二氧化碳的海洋上表层也由于温度上升而使得密度变小，从而减弱了表层海水与中深层海水的物质交换，并使海洋上部混合层变薄，不利于浮游植物的生长。

一些研究认为，从现在起到 2030 年，南半球的海洋将对蜗牛壳产生腐蚀作用，这些软体动物是太平洋中三文鱼的重要食物来源，如果它们的数量减少或者在一些海域消失，那么对于三文鱼捕捞行业将造成影响。另外，海洋吸收温室气体造成的海水酸化，会导致海洋大陆架的珊瑚礁大量死亡，造成低地岛国，如基里巴斯和马尔代夫等地，更容易为暴雨所侵害。

据估计，在有些水域，海洋的酸度将会达到贝壳都会溶解的程度。当贝类生物消失时，以这类生物为食的其他生物将不得不寻找别的替代食物。

据联合国粮农组织估计，全球有 5 亿多人依靠捕鱼和水产养殖作为蛋白质摄入和经济收入的来源。对其中最贫穷的 4 亿人来说，鱼类提供了他们每日所需的大约一半的动物蛋白和微量元素。海水的酸化对海洋生物的影响，必然会危及这些人的生计。

2）海水酸化的控制对策

适当的技术控制和处理，可以将海水酸化所造成的影响降到最低。如果液态二氧化碳是快速排放到海水中的，则不会形成纯的水合物，而是一种水合物与液态二氧化碳的混合体，由于比表面积大，这些二氧化碳会迅速溶解，带动周边海水 pH 值显著降低，对生物的影响显然比较大。如果二氧化碳是被缓慢地注入海水中的，则会在水合物和海水之间形成一层水合物膜，这样二氧化碳的溶解速率就会减慢，对深海底栖生物的影响自然就小得多。如果二氧化碳固化后被制成鱼雷状的干冰块，由于它们的密度(1.56 kg/L)高于海水，可以快速地穿过水柱进入松软的沉积物地层中并被包合起来，这样不仅可以长期贮存，而且对生物和生态系统的影响也不大。同时，在海洋深处也有一定的抵抗能力，历经千万年累积在一定深度的海底碳酸钙沉积层，就是一个庞大的缓冲体系，一旦二氧化碳被人为注入其周边海水，增加了海水酸度，碱性碳酸钙可以与其发生中和反应而溶解，这将加快去除注入深海的过量二氧化碳的速度，实际上为二氧化碳在深海的保存提供了一个庞大的余地。

另外，很多成年鱼类以及鱼卵对海水的 pH 值很敏感，海洋深度越深的地方，生物的丰富性、活动性就越低。所以二氧化碳封存得越深，对海洋环境的影响才会越小。

3) 摩纳哥宣言

为了控制海水进一步酸化，全球超过 150 位顶尖海洋科学家于 2009 年 8 月 13 日，在摩纳哥签署了《摩纳哥宣言》(Monaco Declaration)。该宣言指出，海水酸碱值(pH levels)的急剧变化，比过去自然改变的速度快了 100 倍。而海洋化学物质在近数十年来的快速改变，已严重影响到海洋生物、食物网、生态多样性及海洋渔业等。

该宣言旨在呼吁各国决策者将二氧化碳排放量稳定在安全范围内，以避免发生危险的气候变迁及海洋酸化等问题。倘若大气层的二氧化碳排放量持续增加，到 2050 年时，珊瑚礁将无法在多数海域生存，因而导致商业渔业资源的永久改变，将威胁到数百万人的粮食安全。

1.4.3　其他固碳技术

除了上述讨论到的固碳技术之外，科学家们还提出了许多其他的碳增汇方法，如海洋施铁肥、人工上升流技术以及海洋加碱技术等。海洋加碱技术是在海洋中用增碱的方法来提高海洋在大气中吸收二氧化碳的能力，即在海洋中添加碱性物质，如橄榄石粉末、石灰岩粉末等。这里我们只讨论海洋施铁肥、人工上升流固碳技术两种技术。

1. 4. 3. 1　在海洋中添加铁肥

1) 向海洋撒铁试验

一些科学家曾建议在海洋中添加铁肥来减缓气候变化。大面积漂浮的藻类植物能吸收大气中的二氧化碳,富含铁的海洋浮游植物能在很长的时间内"保存"它们吸收的二氧化碳。但在更多地了解这种方法对海洋生态系统造成的影响之前,大部分科学家建议不应盲目地向海洋中播撒铁。

位于印度洋西南部克罗泽群岛附近的一小片海域,是在自然界添加"铁肥"的天然"实验室"。这一海域的洋流像漏斗一样将富含铁的海水带往克罗泽群岛的北部海域,同时将贫铁的海水带往群岛的南部海域。英国南安普敦国家海洋学中心的生物海洋学家理查德·桑德斯(Richard Sanders)对上述两个海域的海洋浮游植物进行了调查,证实了铁在高营养海水中起到了肥料的作用(图1-7)。研究小组发现,在克罗泽群岛的北部海域有更多浮游植物在生长。正是由于这些额外的生物量,导致克罗泽群岛北部海域吸收的碳是南部海域的2~3倍,即便在水下3 000 m的深度也是如此。研究小组在英国《自然》杂志上报告了这一研究成果。桑德斯表示,当表面的浮游植物死亡或是被吃掉后,它们会将捕获的二氧化碳重新释放回大气,而被海洋深处的浮游植物吸收的二氧化碳则会停留很长时间。

图1-7　科学家测量富含铁的藻类植物吸收的二氧化碳数量

(摘自"神秘的地球",http://www.uux.cn/viewnews-20619.html)

尽管这是一个好消息，但桑德斯依然反对利用这一发现支持所谓的地球工程计划，包括向海洋中播撒铁。除此之外，他们的研究表明，与某些地球工程的预测相比，这种方法只能多捕获2%~7%的碳。为了改进这一数字，科学家们可能会向大海中添加更多的铁，但这或许会对海洋生态系统造成影响。

美国加利福尼亚州莫斯兰丁（Moss Landing）海洋实验室的生物地质化学家肯尼思·科尔（Kenneth Coale）认为，这项工作"强化了铁供给与降低大气二氧化碳含量之间的联系"。然而美国普林斯顿大学的生物地质化学家豪尔赫·萨缅托（Jorge Sarmiento）则指出，由于这项研究中使用的碳测量方法变化很大，因此它的数据"不足以像我们想象的那样证明铁能够增加浮游植物对碳的吸收"。但是豪尔赫·萨缅托同时也表示："无论如何，这项研究朝着正确的方向迈出了重要一步。"

2）给海洋施加铁肥的相关争论

南大洋已经成为科学家给海洋施铁肥的试验场。前些年，印度国家海洋研究所和德国阿尔弗莱德·威根纳海洋研究所联合推行一项名为LOHAFEX的科研试验项目，向南大洋约300 km^{2}的水域倾倒了6 t溶铁，希望该项目能够减缓全球变暖。

在大多数海域里，浮游植物的生长受到氮、磷和硅含量的制约。然而在赤道和南极海域，这几种元素的含量比浮游植物所需要的还多，但是海水里的铁含量较少，仍然限制了浮游植物的生长。科学家设想向海水加铁能促进浮游植物生长，浮游植物的光合作用会摄入溶解于海水中的二氧化碳，促进大气中的二氧化碳继续溶解进入海水表层，浮游植物死后会沉入海底，将二氧化碳固定在海底数千甚至数万年。

但是，LOHAFEX试验并没有取得成功。让德、印两国科学家没想到的是，浮游植物的大量繁殖引起了一群饥饿的甲壳浮游动物的注意。这些动物吃掉了浮游植物，阻止了二氧化碳向海底沉积。这些浮游动物还会被更大的片甲类动物吃掉，片甲类动物再被乌贼和长须鲸吃掉。这样，使得二氧化碳固定在海底的计划彻底落空。

美国麻省理工学院的海洋学家萨莉·奇泽姆（Sallie Chisholm）反对向海洋中添加铁肥。她认为，碳能够通过浮游生物被固定在海底，但问题是能固定多少？能固定多久？还有什么其他因素会影响二氧化碳保存？迄今为止，并没有试验显示加铁能把大量的碳带入深海。以往有些类似的试验获得成功，是因为加铁造成了硅藻的繁荣。硅藻具有坚硬的二氧化碳外壳，能够保护自己不被浮游动物吃掉。但是 LOHAFEX 试验没有引起硅藻的繁荣，水中的碳酸使海洋生物的碳外壳无法形成。

事隔 3 周后，LOHAFEX 试验的研究人员试图继续向这块海域施肥，但试验依然失败了，很可能是因为那里的海水已经铁饱和。科学家们认为在正常情况下，随风而来的尘土会给海洋带来铁元素，比如在赤道太平洋，铁主要来自亚洲内陆戈壁沙漠与塔克拉玛干沙漠的尘暴。元素的生物地球化学循环已经在漫长的地质学时间尺度上形成了，如果想通过数年或者数十年时间，向这个循环系统中注入单一元素来解决问题，则有悖于数万年来形成的循环法则。

向海洋施铁肥的试验已经进行了较长的时间，之前还取得了若干次成功。1999 年 2 月，为期 13 天的南大洋施铁计划（SOIREE），在直径 8 km 的海域内抛撒了 8 663 kg 铁化合物。这个试验戏剧性地成功了。铁的作用在 2 天内就开始显现，13 天内海藻持续从海面吸收营养和二氧化碳。试验结束一个月后，这块海域的叶绿素水平仍然很高，卫星照片显示海藻已经扩散为一个 150 km 长、4 km 宽的月牙形带，累积了 600~3 000 t 的碳。2000 年为期 21 天的 EisenEx-1 试验和 2002 年的南大洋铁试验（SOFeX），也都显示了施加铁质物质的确有助于浮游生物的生长，并显著提高海洋固碳率。

2007 年之后，向海洋施铁肥试验在公众中开始引发许多争议。普兰克托斯（Planktos）公司宣布它将向加拉帕戈斯群岛附近的海域倾倒 45 t 铁。此公司引用美国国家航空航天局（NASA）和美国国家海洋与大气管理局（NOAA）2003 年的一份研究报告声称，自 20 世纪 80 年代初以来，进入太平洋赤道附近海域的铁减少了 15%，可能是因为风向模式改变以及尘暴量减少。该公司推论，由于铁的减少，浮游植物数量减少了 6%，二氧化碳吸收量减少了 3%。通过施加铁肥，普兰克托斯公司希望把铁和浮游植物的数量恢复到 20 世纪 80 年代之前的水平，并表示由此将可以吸收目前世界上二氧化碳排放量的 70%。然而，这家公司的计划引起了无数的反对声音。因为加拉帕戈斯群岛是一个非常独特的生态系统，现存一些不寻常的动物物种，如巨龟和巨蜥，被称为"活的生物进化博物馆和陈列室"。1835 年达尔文访问了这片岛屿之后，从中得到感悟，为其进化论的形成奠定了基础。

还有一些海洋学家质疑，一旦浮游生物大量死去，有可能制造数量更多的温室气体。而一些环保组织则表示，这一做法相当于污染海洋，因为浮游植物居于食物链的底层，可能会引发无法预见的后果。普兰克托斯公司最终还是取消了这个计划，随后的国际海事组织和联合国《生物多样性公约》，都要求各国政府制约向海洋施肥的举措。

1.4.3.2　基于人工上升流技术的海洋碳增汇技术

采用海洋人工上升流技术，将海洋底层低温水上扬，一方面可将数百米之下的富含营养盐的海水输送到海洋表层，促进浮游植物的生长；另一方面可使更多的大气二氧化碳溶于海水，减弱大气温室效应。

如果营养盐能够被底层海水涌升带至海洋表层，经光合作用产生大量浮游生物，该海域就成了海洋生物的沃土。所以世界上主要渔场大多分布在上升流发生频繁的海域。如能在自然上升流缺乏的海域，采取人工产生上升流的方式，把大量深层富营养盐海水提升至海洋真光层，通过光合作用使浮游植物增产，作为其他海洋生物的食物，形成食物链，即可创造新的渔场。要将深层海水抽至海洋真光层以产生渔场，可以采用不同的技术。日本采用的是用浮在海上的大型海洋平台，以水泵抽水的方式实现海底营养盐的提升，称之为"拓海"装置(图1-8)。中国台湾大学的学者研究了利用水下注气方式形成海洋人工上升流，其基本构想是将压缩空气打入海中，利用气泡与水的混合液相对海水轻，海水在气泡浮升的动能带动作用下上升的机

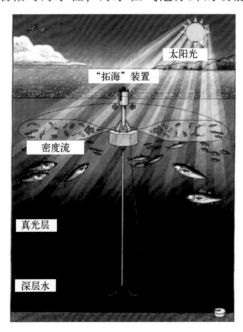

图1-8　日本的海底营养盐提升装置示意

理，将深层富含高营养盐的海水涌升至海洋上层。据中国台湾大学的研究，用注气方法产生上升流比"拓海"泵吸方法能够用更小的能量产生更多的涌升流。很显然，从设备投资角度看，注气产生上升流的技术也是更经济的。

美国夏威夷大学也曾研制了利用海洋波浪提供能量的注气提升装置，如图1-9所示，并在夏威夷附近海域实施过海上试验。

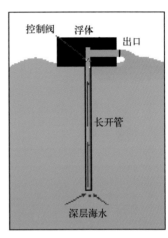

图 1-9　美国夏威夷大学的注气提升装置

浙江大学在国家自然科学基金项目、国家重点研发计划项目等支持下，开展了海洋人工上升流技术相关的研究工作，并取得了初步的进展。在我国大力开展碳达峰碳中和工作的今天，海洋人工上升流技术更具有现实意义。此项技术是本书论述的重点，将在后续各章进一步展开讨论。

1.5　全书的结构安排

全书共分9章。在介绍海洋面临的挑战、海洋上升流、海洋地球工程思想和海洋固碳等基础上，对海洋人工上升流方法进行论述，从海洋人工上升流技术的定义、发展现状、技术系统的一般实现方式、相关关键技术、海洋能量自给方法等方面展开，同时介绍波浪/海流引致人工上升流理论与方法；然后重点讨论气力提升式人工上升流方法与系统，包括气力提升式上升流理论、一般气力提升方法、浅层注气法和开式与闭式人工上升流系统的实现等；探讨海洋人工上升流羽流流场控制理论与方法，内容包括海洋分层理论、海洋人工上升流羽流动力学方程、上升流羽流控制方法等；并从海洋人工上升流系统设计与集成、人工上升流系统湖试研究和海试研究，讨论浅层注气式气力人工上升流系统及其试验研究。

在介绍海洋人工上升流技术的实现与试验研究之后，探讨人工上升流技术的应用研究。从海洋固碳的基本方法、海洋人工上升流固碳机理、基于海洋人工上升流技术的固碳计算等方面，介绍海洋人工上升流促进海洋固碳方法的探索；同时介绍近海沉积物内营养盐释控及其辅助大藻固碳方法，内容包括微气泡释控与上覆水营养盐高效提升技术、沉积物内湖营养盐移除与大藻固碳技术研究、人工上升流系统在鳌山湾大藻养殖中的实践和海洋环境综合效应评估等；最后讨论人工上升流(下降流)技术在海洋牧场建设中的应用，从海洋牧场生境营造技术、海洋牧场建设一般机理(鱼礁等)、基于人工上升流的生境营造技术研究、基于人工下降流的缺氧治理等方面展开。

相关内容是浙江大学海洋学院研究团队十余年来研究工作的积累，许多工作都是在近年完成的。在介绍这些理论研究结果和应用相关内容之后，本书最后对人工上升流方法存在的局限性进行了客观的分析，同时也对海洋人工上升流的研究之未来作了探讨。全书的结构如图1-10所示，可以分成有机结合的三个部分，主体主要由基础篇和应用篇组成。

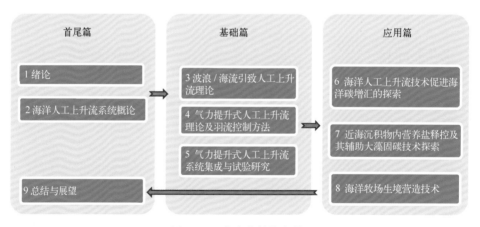

图1-10　全书的结构安排

参考文献

谷丽冰，李治平，侯秀林，2008. 二氧化碳地质埋存研究进展[J]. 地质科技情报，27(4)：80-84.

韩文科，杨玉峰，苗韧，等，2009. 全球碳捕集与封存(CCS)技术的最新进展[J]. 宏观经济研究

（12）：22-23.

胡明娜，2007. 舟山及临近海域沿岸上升流的遥感观测与分析[D]. 青岛：中国海洋大学.

黄斌，刘练波，许世森，2007. 二氧化碳的捕获和封存技术进展[J]. 发电技术，40(3)：14-17.

蒋兰兰，宋永臣，赵越超，2010. 二氧化碳封存和资源化利用研究进展[J]. 能源与环境（3）：71-73.

李洛丹，刘妮，刘道平，2008. 二氧化碳海洋封存的研究进展[J]. 能源与环境（6）：11-13.

李小春，方志明，魏宁，等，2009. 我国 CO_2 捕集与封存的技术路线探讨[J]. 岩土力学，9(30)：2674-2678.

李雪静，乔明，2008. 二氧化碳捕获与封存技术进展及存在的问题分析[J]. 中外能源，13(5)：104-107.

刘先炳，苏纪兰，1991. 浙江沿岸上升流和沿岸锋面的数值研究[J]. 海洋学报，13(3)：305-314.

刘宇，曹江，朱声宝，2010. 挑战全球气候变化——二氧化碳捕集与封存[J]. 前沿科学（季刊），4(13)：40-51.

吕新刚，2010. 黄东海上升流机制数值研究[D]. 青岛：中国科学院海洋研究所.

毛汉礼，任允武，孙国栋，1964. 南黄海和东海北部(28°—37°N)夏季的水文特征以及海水类型（水系）的初步分析[J]. 海洋科学集刊(1)：23-77.

裴绍峰，2007. 长江口上升流区营养盐动力学[D]. 青岛：中国科学院海洋研究所.

上升流[EB/OL]. [2021-06-09]. https：//baike. baidu. com/item/上升流/841920.

世界四大渔场[EB/OL]. [2021-06-09]. https：//baike. baidu. com/item/世界四大渔场.

许志刚，陈代钊，曾荣树，2007. CO_2 的地质埋存与资源化利用进展[J]. 地球科学进展，22(7)：698-706.

颜廷壮，1991. 中国沿岸上升流成因类型的初步划分[J]. 海洋通报，10(6)：1-6.

于强，2010. CO_2 捕集与封存(CCS)技术现状与发展展望[J]. 能源与环境（1）：64-66.

喻西崇，李志军，郑晓鹏，等，2008. CO_2 地面处理、液化和运输技术[J]. 天然气工业，28(8)：99-101.

张亮，任韶然，王瑞和，等，2010. 东方1-1气田伴生 CO_2 盐水层埋存可行性研究[J]. 中国石油大学学报（自然科学版），34(3)：89-93.

张卫东，张栋，田克忠，2009. 碳捕集与封存技术的现状与未来[J]. 中外能源，14(11)：7-14.

张旭辉，郑委，刘庆杰，2010. CO_2 地质埋存后的逃逸问题研究进展[J]. 力学进展，40(5)：517-526.

赵轩，2010. CO_2 地质埋存的影响[J]. 国外油田工程，26(9)：57-63.

ARRIGO K R, ROBINSON D H, WORTHEN D L, et al., 1999. Phytoplankton community structure and the drawdown of nutrients and CO_2 in the southern ocean[J]. Science, 283(5400)：365-367.

AURE J, STRAND Q, ERGA S R S, et al., 2007. Primary production enhancement by artificial upwelling in a western norwegian fjord[J]. Marine Ecology Progress Series, 352：39-52.

BAUMAN S J, COSTA M T, FONG M, et al., 2014. Augmenting the biological pump：the shortcomings of geoengineered upwelling[J]. Oceanography, 27(3)：17-23.

BELDOWSKI J, LOFFLER A, SCHNEIDER B, et al., 2010. Distribution and biogeochemical control of total CO_2 and total alkalinity in the Baltic Sea[J]. Journal of Marine Systems, 81(3): 252-259.

BREWER P G, FRIEDERICH G, PELTZER E T, et al., 1999. Direct experiments on the ocean disposal of fossil fuel CO_2[J]. Science, 284(7): 943-945.

BREWER P G, PELTZER E T, FRIEDERICH G, et al., 2002. Experimental determination of the fate of rising CO_2 droplets in seawater[J]. Environmental Science and Technology, 36(24): 5441-5446.

BUCK E H, FOLGER P, 2009. Ocean acidification[R]. Washington D. C.: Congressional Research Service.

CAPONE D G, HUTCHINS D A, 2013. Microbial biogeochemistry of coastal upwelling regimes in a changing ocean[J]. Nature Geoscience, 6(9): 711-717.

CHAVEZ F P, TOGGWEILER J R, 1994. Physical estimates of global new production: the upwelling contribution[M] //Summerhayes C P, Emeis K C, Angel M V, et al.. Upwelling in the ocean: modern processes and ancient records. New York: John Wiley & Sons: 313-320.

CHEN J, YANG J, LIN S, et al., 2013. Development of air-lifted artificial upwelling powered by wave[C] // IEEE. OCEANS 2013 MTS/IEEE. San Diego: an ocean in common: 1-7.

CHISHOLM S W, FALKOWSKI P G, CULLEN J J, et al., 2001. Dis-crediting ocean fertilization[J]. Science, 294(12): 309-310.

CIGLIANO M, GAMBI M C, RODOLFO-METALPA R, et al., 2010. Effects of ocean acidification on invertebrate settlement at volcanic CO_2 vents[J]. Marine Biology, 157(11): 2489-2502.

Climate engineering[EB/OL]. [2021-06-09]. https: //en. wikipedia. org/wiki/Climate_engineering#/media/File: graphic_ce_kiel_earth_institute. jpg.

COALE K H, JOHNSON K S, CHEVES F P, et al., 2004. Southern ocean iron enrichment experiment: carbon cycling in high-and low-Si waters[J]. Science, 304(16): 408-414.

DIAS B B, HART M B, SMART C W, et al., 2010. Modern seawater acidification: the response of foraminifera to high-CO_2 conditions in the Mediterranean Sea[J]. Journal of the Geological Society, 167(5): 843-846.

DICKSON A G, SABINE C L, CHRISTIAN J R, 2007. Guide to best practices for ocean CO_2 measurements [J]. PICES Special Publication(3): 1-176.

DUPONT S, THORNDYKE M C, 2009. Impact of CO_2-driven ocean acidification on invertebrates early life history-What we know, what we need to know and what we can do[J]. Biogeosciences Discussions(6): 3109-3131.

DUTREUIL S, BOPP L, TAGLIABUE A, 2009. Impact of enhanced vertical mixing on marine biogeochemistry: lessons for geo-engineering and natural variability[J]. Biogeosciences Discussions, 6(1): 901-912.

EKMAN V W, 1905. On the influence of the earth's rotation on ocean currents[J]. Arkiv for Matematik, Astronomi, och Fysik, 2(11): 1-53.

ENGEL A, DELILLE B, JACQUET S, et al., 2004. Transparent exopolymer particles and dissolved organic carbon production by Emiliania huxleyi exposed to different CO_2 concentrations: a mesocosm experiment[J]. Aquatic Microbial Ecology, 34(1): 93-104.

FAN W, CHEN J, PAN Y, et al., 2013. Experimental study on the performance of an air-lift pump for artificial upwelling[J]. Ocean Engineering, 59(1): 47-57.

FAN W, PAN Y, LIU C C K, et al., 2015. Hydrodynamic design of deep ocean water discharge for the creation of a nutrient-rich plume in the South China Sea[J]. Ocean Engineering, 108(1): 356-368.

FLEEGER J W, JOHNSON D S, CARMAN K R, et al., 2010. The response of nematodes to deep sea CO_2 sequestration: A quantile regression approach[J]. Deep-Sea Research Part I: Oceanographic Research Papers, 57(5): 696-707.

FRANCO T, BRUNO C, GIORGIO C, et al., 2009. Low-pH waters discharging from submarine vents at Panarea Island (Aeolian Islands, southern Italy) after the 2002 gas blast: Origin of hydrothermal fluids and implications for volcanic surveillance[J]. Applied Geochemistry, 24(2): 246-254.

GAGO J, GILCOTO M, PEREZ F F, et al., 2003. Short-term variability of fCO_2 in seawater and air-sea CO_2 fluxes in a coastal upwelling system (Ra de Vigo, NW Spain)[J]. Marine Chemistry, 80(4): 247-264.

Geoengineering[EB/OL]. [2021-06-09]. https://coolaustralia.org/geoengineering-primary.

GNANADESIKAN A, SARMIENTO J L, SLATER R D, 2003. Effects of patchy ocean fertilization on atmospheric carbon dioxide and biological production[J]. Global Biogeochemical Cycles, 17(2): 10-50.

GOVINDASAMY B, CALDEIRA K, 2000. Geoengineering earth's radiation balance to mitigate CO_2-induced climate change[J]. Geophysical Research Letters, 27(14): 2141-2144.

HALL-SPENCER J M, RODOLFO-METALPA R, MARTIN S, et al., 2008. Volcanic carbon dioxide vents show ecosystem effects of ocean acidification[J]. Nature, 454(7200): 96-99.

HANDÅ A, MCCLIMANS T A, REITAN K I, et al., 2013. Artificial upwelling to stimulate growth of nontoxic algae in a habitat for mussel farming[J]. Aquaculture Research (45): 1-12.

HOUSE OF COMMONS SCIENCE AND TECHNOLOGY COMMITTEE, 2009. The Regulation of Geoengineering: fifth report of session [R/OL]. London: House of Commons. https://www.publications.parliament.uk/pa/cm200910/cmselect/cmsctech/221/221.pdf.

HUTHNANCE J M, BAINES P G, 1982. Tidal currents in the northwest African upwelling region[J]. Deep-Sea Research Part I: Oceanographic Research Papers, 29(3): 285-306.

IANSON D, ALLENS E, 2002. A two-dimensional nitrogen and carbon flux model in a coastal upwelling region [J]. Global Biogeochemical Cycles, 16(1): 1-15.

ISAACSA J D, CASTELA D, WICKA G L, 1976. Utilization of the energy in ocean waves[J]. Ocean Engineering, 3(4): 175-187.

JAMES C O, KEN C, VICTORIA F, et al., 2009. Research priorities for understanding ocean acidification [J]. Oceanography, 22(4): 182-189.

JANG J, KIM S, CHOIA H, et al., 2009. Morphology change of self-assembled ZnO 3D nanostructures with different pH in the simple hydrothermal process[J]. Materials Chemistry and Physics, 113(1): 389-394.

JEONG J, SATO T, CHEN B, et al., 2010. Numerical simulation on multi-scale diffusion of CO_2 injected in the deep ocean in a practical scenario[J]. International Journal of Greenhouse Gas Control, 4(1): 64-72.

JOHNSTON P, SANTILLO D, STRINGER R, et al., 1999. Ocean disposal/sequestration of carbon dioxide from fossil fuel production and use: an overview of rationale, techniques and implications[M]. Amsterdam: Greenpeace International.

JORGE G, COSTAS T, 2006. Dissolution mechanisms of CO_2 hydrate droplets in deep seawaters[J]. Energy Conversion and Management, 47(5): 494-508.

KEITH D W, 2001. Geoengineering[J]. Nature, 409: 420.

KELLER D P, FENG E Y, OSCHLIES A, 2014. Potential climate engineering effectiveness and side effects during a high carbon dioxide-emission scenario[J]. Nature Communications, 5(1): 3304.

KIMINORI S, 1997. CO_2 supply from deep-sea hydrothermal systems[J]. Waste Management, 17(5-6): 385-390.

KIRKE B, 2003. Enhancing fish stocks with wave-powered artificial upwelling[J]. Ocean & Coastal Management, 46(9-10): 901-915.

LEINEN M, 2008. Building relationships between scientists and business in ocean iron fertilization[J]. Marine Ecology Progress Series, 364: 251-256.

LIANG N K, PENG H, 2005. A study of air-lift artificial upwelling[J]. Ocean Engineering, 32(5): 731-745.

LIU C C K, JIN Q, 1995. Artificial upwelling in regular and random waves[J]. Ocean Engineering, 22(4): 337-350.

LOVELOCK J E, RAPLEYC G, 2007. Ocean pipes could help the Earth to cure itself[J]. Nature, 449(7161): 403.

MANDERNACK K W, TEBO B M, 1999. In situ sulfide removal and CO_2 fixation rates at deep-sea hydrothermal vents and the oxicranoxic interface in Framvaren Fjord, Norway[J]. Marine Chemistry, 66(3-4): 201-213.

MARIO N T, EDWARD T P, GERNOTE F, et al., 2000. Field study of the effects of CO_2 ocean disposal on mobile deep-sea animals[J]. Marine Chemistry, 72(2-4): 95-101.

MARUYAMA S, TSUBAKI K, TAIRA K, et al., 2004. Artificial upwelling of deep seawater using the perpetual salt fountain for cultivation of ocean desert[J]. Journal of Oceanography, 60(3): 563-568.

MARUYAMA S, YABUKI T, SATO T, et al., 2011. Evidences of increasing primary production in the ocean by Stommel's perpetual salt fountain[J]. Deep Sea Research Part I Oceanographic Research Papers, 58 (5): 567-574.

MASUDA T, FURUYA K, KOHASHI N, et al., 2011. Lagrangian observation of phytoplankton dynamics at an artificially enriched subsurface water in Sagami Bay, Japan[J]. Journal of Oceanography, 66(6): 801-813.

MCCLIMANS T A, HANDÅ A, FREDHEIM A, et al., 2010. Controlled artificial upwelling in a fjord to stimulate non-toxic algae[J]. Aquacultural Engineering, 42(3): 140-147.

MENG Q, WANG C, CHEN Y, et al., 2013. A simplified CFD model for air-lift artificial upwelling[J]. Ocean Engineering, 72(1): 267-276.

MICHAELSON J, 1998. Geoengineering: a climate change manhattan project[J]. Stanford Environmental Law Journal, 17: 1-86.

NADINE L B, PIERRE-MARIE S, SERGE P A, 2001. New deep-sea probe for in situ pH measurement in the environment of hydrothermal vent biological communities[J]. Deep-Sea Research Part I: Oceanographic Research Papers (48): 1941-1951.

NEMOTO K, MIDORIKAWA T, WADA A, et al., 2009. Continuous observations of atmospheric and oceanic CO_2 using a moored buoy in the East China Sea: Variations during the passage of typhoons[J]. Deep-Sea Research Part II: Topical Studies in Oceanography, 56(8-10): 542-553.

OGIWARA S, AWASHIMA Y, MIYABE H, et al., 2001. Conceptual design of a deep ocean water upwelling structure for development of fisheries[C] // 4th ISOPE Ocean Mining Symposium: 150-157.

OSCHLIES A, PAHLOW M, YOOL A, et al., 2010. Climate engineering by artificial ocean upwelling: Channelling the sorcerer's apprentice[J]. Geophysical Research Letters, 37(4): 1-5.

OUCHI K, OTSUKA K, OMURA H, 2005. Recent advances of ocean nutrient enhancer "TAKUMI" project [C] // 6th ISOPE Ocean Mining Symposium: 7-12.

PAINTING S J, LUCAS M I, PETERSON W T, et al., 1993. Dynamics of bacterioplankton, phytoplankton and meso-zooplankton communities during the development of an upwelling plume in the southern Benguela [J]. Marine Ecology-Progress Series, 100(1-2): 35-53.

PAN Y, FAN W, HUANG T H, et al., 2014. Evaluation of the sinks and sources of atmospheric CO_2 by artificial upwelling[J]. Science of the Total Environment, 511: 692-702.

POLLARD R T, SALTER I, SANDERS R J, et al., 2009. Southern ocean deep-water carbon export enhanced by natural iron fertilization[J]. Nature, 457(29): 577-581.

REID J L, RODEN G I, WYLLIE J G, 1958. Study of the California current system[M]. San Diego: California Cooperative Oceanic Fisheries Investigations.

RODOLFO-METALPA R, LOMBARDI C, COCITO S, et al., 2010. Effects of ocean acidification and high temperatures on the bryozoan Myriapora truncata at natural CO_2 vents[J]. Marine Ecology, 31(3): 447-456.

ROMMERSKIRCHEN F, CONDON T, MOLLENHAUER G, et al., 2011. Miocene to pliocene development of surface and subsurface temperatures in the Benguela current system[J]. Paleoceanography (26): 1-15.

SANTANA-CASIANO J M, GONZÁLEZ-DÁVILA M, UCHA I R, 2009. Carbon dioxide fluxes in the Benguela upwelling system during winter and spring: a comparison between 2005 and 2006[J]. Deep-Sea Research Part II: Topical Studies in Oceanography, 56(8-10): 533-541.

SCHIERMEIER Q, 2007. Mixing the oceans proposed to reduce global warming[EB/OL]. Nature Medicine. (2007-09) [2021-06-09]. https://doi.org/10.1038/news070924-8.

SCHNEIDER B, NAUSCH G, KUBSCH H, et al., 2002. Accumulation of total CO_2 during stagnation in the Baltic Sea deep water and its relationship to nutrient and oxygen concentrations[J]. Marine Chemistry, 77 (4): 277-291.

SCHOLES R J, MONTEIRO P M S, SABINE C L, et al., 2009. Systematic long-term observations of the global carbon cycle[J]. Trends in Ecology and Evolution, 24(8): 427-430.

SERRDRUP H U, JOHNSON M W, FLERNING R H, 1942. The oceans, their physics, chemistry and general biology[M]. Englewood Cliffs: N. J. Prentice-Hall Inc.

SHERMAN K, ALEXANDER L, 1986. Variability and management of large marine ecosystems[M]. Boulder: Westview Press.

SHINDO Y, FUJIOKA Y, YANAGISHITA Y, et al., 1995. Formation and stability of CO_2 hydrate[M]// Direct Ocean Disposal of Carbon Dioxide. Tokyo: Terra Publishing Company.

SOBARZO M, BRAVO L, DONOSO D, et al., 2007. Coastal upwelling and seasonal cycles that influence the water column over the continental shelf off central Chile[J]. Progress in Oceanography(75): 363-382.

SOLOVIEV A. 2016. Artificial upwelling using the energy of surface waves[C]//American Geophysical Union. Ocean Science Meeting 2016, New Orleans, USA.

STOMMEL H, ARONS A B, BLANCHARD D, 1953. An oceanographical curiosity: the perpetual salt fountain [J]. Deep-Sea Research Part II: Topical Studies in Oceanography, 3(2): 152-153.

TAKAHASHI T, SUTHERLAND S, WANNINKHOF R, et al., 2009. Climatological mean and decadal change in surface ocean pCO_2, and net sea-air CO_2 flux over the global oceans[J]. Deep-Sea Research Part II: Topical Studies in Oceanography, 56: 554-577.

TAKANO S, YAMASAKI A, OGASAWARA K, et al., 2003. Development of a formation process of CO_2 hydrate particles for ocean disposal of CO_2[C]//Proceedings of the 6th International Conference on Greenhouse Gas Control Technologies, October 1-4, Kyoto, 1: 843-848.

TSUBAKI K, MARUYAMA S, KOMIYA A et al., 2007. Continuous measurement of an artificial upwelling of deep sea water induced by the perpetual salt fountain[J]. Deep-Sea Research Part I: Oceanographic Research Papers, 54(1): 75-84.

WHITEA E, BJORKMAN K M, GRABOWSKI E, et al., 2010. An open ocean trial of controlled upwelling using wave pump technology[J]. Journal of Atmospheric and Ocean Technology, 27(2): 385-396.

WILLIAMSON N, KOMIYA A, MARUYAMA S, et al., 2009. Nutrient transport from an artificial upwelling of deep[J]. Journal of Oceanography, 65(3): 349-359.

WILLIAMSON P, WALLACE D W R, LAWC S, et al., 2012. Ocean fertilization for geoengineering: a review of effectiveness, environmental impacts and emerging governance[J]. Process Safety and Environmental Protection, 90(6): 475-488.

YANN B, HELMUTH T, KHALID E, et al., 2005. The continental shelf pump for CO_2 in the North Sea evidence from summer observation[J]. Marine Chemistry, 93(2): 131-147.

YOOL A, SHEPHERD J G, BRYDEN H L, et al., 2009. Low efficiency of nutrient translocation for enhancing oceanic uptake of carbon dioxide[J]. Journal of Geophysical Research Atmospheres, 114(C8): 1-13.

ZHANG X, MARUYAMA S, SAKAI S, et al., 2004. Flow prediction in upwelling deep seawater—the perpetual salt fountain[J]. Deep-Sea Research Part I: Oceanographic Research Papers, 51(9): 1145-1157.

2 海洋人工上升流系统概论

2.1 海洋人工上升流技术的定义

人工上升流这一概念，对应于自然上升流。

自然上升流是一种海洋现象，指从海水表层以下沿垂直方向上涌的海流，其产生原理为由风力、科氏力和埃克曼输送等因素共同造成的表层流体的水平辐散。自然上升流可将富含营养盐的深层海水提升至海洋真光层，为表层浮游植物的生长提供充足养分，从而提升海洋初级生产力并促进海洋生物繁殖。据估算，上升流海域面积仅占全球海洋总面积的 0.1%，却提供了约 50% 的鱼类捕获量，产生了巨大的直接经济效益。同时，海洋初级生产力的增加也有助于提高海洋对二氧化碳的吸收量。自然上升流对海洋初级生产力的促进作用间接提高了海洋的固碳能力，能够在降低海面温度、抑制气候变暖等方面产生积极作用。特别是离人类最近、受人为活动影响最大的陆架边缘海，面积虽仅占全球海洋总面积的 8%，但每年从大气中吸收二氧化碳的量可占海洋吸收二氧化碳总量的 20% 以上。根据联合国环境规划署、粮农组织和教科文组织政府间海洋学委员会 2009 年发布的《蓝碳：健康海洋对碳的固定作用——快速反应评估报告》，地球上约 55% 的生物碳捕获是由海洋生物完成的，特别是以海藻为代表的初级生产力，在海洋碳增汇中扮演着重要角色。

然而在自然界中，海洋自然上升流会受动力因素影响，其季节性明显、空间分布不均匀，因此无法在所有鱼类生长和繁殖期提供充足的营养成分。自然上升流海域面积占世界海洋面积的比例很小，即使在夏季强盛期，海洋上升流也存在区域性，无法覆盖整个渔场。为了在合适的时间和地点充分发挥上升流的积极作用，人们开始考虑采用人为手段引发上升流，以期解决特定的环境问题。

与自然上升流不同，人工上升流由于需要在指定的时间和地点产生，其产生原理通常不再单纯地依赖风力和地形等自然因素，而需要借助某种技术原理，依赖特定的工程系统来实现。由于与自然上升流现象拥有同样的表现形式，因此，可以将"人工上升流"定义为人为引致的、自海底到海面的海水流动。在没有自然上升流的海区，通过放置人工上升流系统，可以模拟自然上升流过程，以实现增殖渔业资源、增加海洋固碳、改善海洋生态环境的目的，并有望缓解气候变暖和抑制海洋自然灾害(图 2-1)。

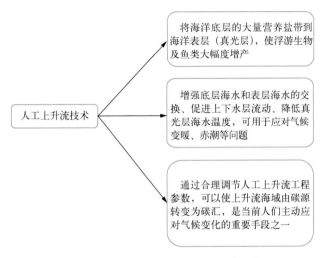

图 2-1　人工上升流技术对海洋环境的作用

2.2　海洋人工上升流技术发展现状

鉴于人工上升流工程在改善海洋环境碳增汇、增殖渔业资源等方面的积极作用以及在应对气候变暖和抑制海洋自然灾害方面产生的影响，进入 21 世纪之后，世界海洋强国都加大了对人工上升流技术的研究力度，取得了一系列重要的理论和应用成果，如日本团队研究的水泵式和"永久盐泉"温盐泵式人工上升流、美国团队研究的波浪泵式人工上升流、挪威团队研究的气幕式人工上升流等。近几年来，我国除台湾地区研究的气举式人工上升流外，在气力提升式人工上升流提升机理等方面亦取得了一定的研究成果，包括在注气方式对提升效率的影响、气泡羽流控制问题以及如何将上升流系统高效、大规模、长期可靠地应用于海洋生态工程等方面，也开展了一系列理论以及试验研究工作。本章将在 2.3 节以分类的方式详细介绍目前已有的典型上升流系统研究进度。而上述系统背后的理论和部分关键技术将在后续章节中陆续涉及。总体而言，各国对人工上升流技术的研究和应用有不断加快的趋势。

但到目前为止，有关人工上升流技术研究的国内外文献依然较少，各方面的研究相对独立、零散，关联有限。在人工上升流技术方面，缺乏系统的研究工作；在工程应用方面缺乏系统的理论基础和技术依据；在人工上升流引起的富营养盐海水迁移转化过程及其环境效应等科学问题方面，缺乏长时间序列的观测和研究。这一系列问题都有待进一步解决。

人工上升流作为一种地球环境工程技术，与环境的相互影响可能是综合性的、全方位的。上升流技术是否会给环境带来一些负面性影响，或者在碳循环中可能起到正面作用，是目前国际范围内尚存争议的问题。国内外对自然上升流的碳循环体系的研究显示，自然上升流系统的地域、环境以及对流特性的不同，导致了部分上升流系统为吸收大气二氧化碳的汇，而部分上升流系统是释放二氧化碳的源。从作用机制角度分析，人工上升流工程对局部海域吸收或释放二氧化碳的作用机制，由两种方向相反的过程机制组成。上升流不仅带来了深层水高浓度的营养盐，也将深层水高浓度的无机碳带到了表层，如图 2-2 所示。一方面，高浓度的营养盐通过光

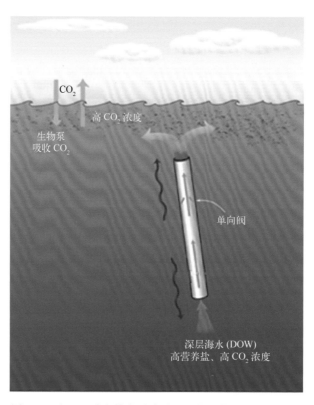

图 2-2　人工上升流技术对碳酸盐系统的作用机制示意图

合作用促进了样本海域浮游植物的生长，加强了海域生物泵吸收二氧化碳的功能。但另一方面，深层水高浓度的溶解无机碳被带到表层海水后会向大气释放二氧化碳，这种物理泵的释放作用强度又受到深层与表层海水之间温差等因素的影响。因此，在上述两种相反过程机制的共同作用下，样本海域在人工上升流工程的影响下，对大气二氧化碳的吸收或释放作用及变化规律尚不可预测。所有这些都意味着我们需要进一步研究，并以此为依据量化大范围人工上升流工程的实施所带来的好处、风险以及所需的成本，以辅助科学家和相关部门做出有依据的决策。

2.3　海洋人工上升流系统一般实现方法

人工上升流技术是利用某种特定机理引发海水由下至上的流动。采用不同机理的人工上升流系统在流量、能耗、效率、适用性等方面有很大差异，因此海洋人工上升流系统通常根据实现方法进行分类。根据现有可查的文献，已有的上升流系统按实现方法大致可分为两大类：一类是对海底地形进行改造，选择在近海岸较深水域中投放大型结构物等物体，形成人造海底山脉，在海流的作用下产生海洋人工上升流；另一类是在海面布放人工上升流装置，将海洋深层富营养海水提升到海洋真光层，形成海洋人工上升流。其中，后者根据提升原理的不同又可进一步细分。据此，海洋人工上升流系统的一般实现方法可按实现原理大体分为人造山脉式、机械泵式、盐泉式、气力提升式以及波流泵式等，如图 2-3 所示。

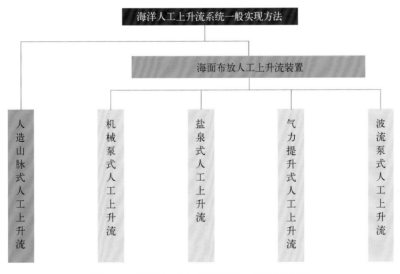

图 2-3　海洋人工上升流系统一般实现方法

2.3.1 人造山脉式人工上升流

自然界中，地形变化是产生上升流的原因之一，如海底隆起的海山。借鉴这一思路，前人提出通过改变海底地形制造人工上升流的技术方法。这类技术的原理是在近岸较深水域投放大型结构物，形成人造海底山脉。当水平方向的海流遇到人工海底山脉时，会因流动受阻而产生沿人造山脉向上的流动，从而产生人工上升流。

日本在该领域进行了大量试验工作。据日本农林水产省水产厅的调查，1997 年在长崎等地设置沉箱工程以后，使得鱼产量达到了从前的 6 倍。

日本鹿儿岛大学的 Nagamatsu 等（2006）还将 V 形结构用于人工上升流。该方法首先通过橡胶或者网幕抵挡海流的水平流动，使海流向固定方向集中，之后在目标位置布置 V 形结构体，利用 V 形结构体对海流的阻挡使海流上升，形成人工上升流，如图 2-4 所示。该法通过 V 形结构体产生带有旋涡的上升流能够对沉积物造成更强的扰动，从而提高了营养盐的提升效果。

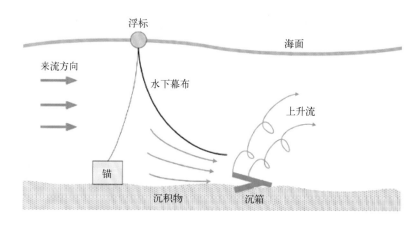

图 2-4　结合了水下幕布的 V 形结构致上升流原理示意图（Nagamatsu et al.，2006）

2010 年，日本水产综合研究所的 Nakayama 等（2010）提出了一种在海底堆砌砂石的方法形成一个有坡度的沙丘，通过这种方式改变水平流动的洋流的流向，使其产生竖直方向分速度，形成人工上升流，如图 2-5 所示。

此外，在近海投放的人工鱼礁一般也能形成类似的上升流效应。当然人工鱼礁除了产生上升流效应，还有促进鱼类生产的其他效果。

人造山脉式人工上升流实现方法简单，不需要额外供能，结构稳定可靠。该方法的主要缺点是工程量巨大，且产生的人工上升流非常依赖地形，可控性不佳。此外，将大量建筑材料投入海底，是否会破坏海洋环境还有待于进一步观察。

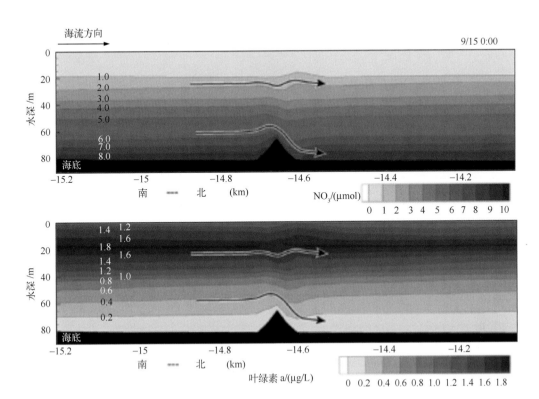

图 2-5　砂石改变海底地形海域试验（Nakayama et al.，2010）

2.3.2　机械泵式人工上升流技术

机械泵式人工上升流技术，即用电能驱动机械泵将深层水抽吸至表层，是一种传统的人工上升流技术。

日本学者率先提出采用大型海洋平台方案，以水泵抽水的方式实现海底营养盐的提升，并将其称之为"拓海"（TAKUMI）装置，如图 2-6 所示。该装置浮体部分由控制室、表面水吸入管、上下水泵舱和叶轮组成。使用柴油发电机供电，用泵使深层海水上涌，经叶轮和周围海水混合后，从水平方向排出。该装置自 2003 年 7 月 18 日起连续运行很长一段时间。但是，该装置能实现的深海水流量只有约 1.2 m³/s，提升效率也只有约 7.5%。此外，早期的拓海装置存在提升的海水迅速下沉现象，难以有效地刺激海洋生产力提高。改进后的装置增加了位于表层的混合装置，避免了深层海水的迅速沉降。

图 2-6 "拓海"装置海域工作图(Ouchi, 2003; Ouchi et al., 2005)

1997 年，为研究并解决修建堤坝引起的物理和生态环境变化问题，保护渔业资源，日本科学家在三重县五所湾安装了水泵式密度流发生装置(density current generator，DCG)。该装置旨在将来自海底的富营养盐海水抽取至海洋上层，与上层海水混合并将该富营养盐混合海水维持在密度跃层附近，以供浮游植物生长并制造良好的鱼类生存区域，从而改善该海域的生态环境，增加渔业资源。如图 2-7 所示，该装置从顶部和底部吸水，垂直管道将表层和底层海水引导到位于水域中间层的泵壳，通过安装在泵壳中的电动叶轮将两处不同的海水混合后再从环形喷嘴水平排出。混合后的海水作为重力驱动的密度流在水平面上向各方向扩散。依靠 12 kW 的电力，该装置每天在密度跃层附近排出 $12×10^4$ m^3 的混合海水。该海湾湾口处的总水量约 $20×10^6$ t，因此该装置还不会完全破坏此处的密度跃层。该装置自 1997 年 6 月安装以来，改善了五所湾湾口处 3 km 尺度范围的水质，极大地减少了赤潮的发生。另外，在 1999 年和 2000 年该地捕获的短颈蛤分别为 12 t 和 8 t，而 1997 年养殖的短颈蛤幼体才不到 1 t，可见该地的渔获资源也得到了增加。Sato 等(2006)通过数值模拟，验证了密度流发生装置还可适用于其他一些需要改善环境的海湾，可有效改善缺氧等问题。

机械泵式人工上升流技术的主要缺点在于耗能、耗资巨大且效率较低，因此难以在远离海岸的海域长时间运行。

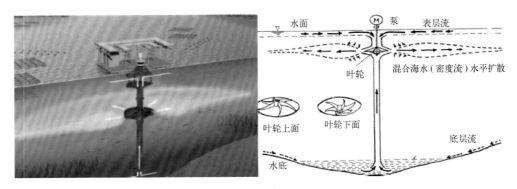

图 2-7　日本 DCG 装置工作原理及结构示意图(Ouchi, 1998；Ouchi et al., 1998)

2.3.3　盐泉式人工上升流技术

盐泉式人工上升流技术，是一种用盐差能来驱动上升流的技术。美国海洋学家 Stommel 等于 1956 年最先提出"永久盐泉"的概念。据统计，在许多热带和亚热带海域，表层海水的盐度和温度均高于深层海水，且由温差引起的海水密度变化要远大于盐差，这便形成了海水的稳定分层现象。若用一根足够长的立管将表层海水与深层海水相连，并设法将低温低盐的深层海水输运至海洋表层，为盐泉式上升流提供初始动力，则等到管中充满低盐深海水，且其温度在热传递作用下基本与管外海水温度的铅直分布吻合时，管内的低密度海水会在浮力作用下源源不断地从管口涌出，如图 2-8 所示。此方式的优点在于仅需要初始动力，持续工作后不需要外部能源。

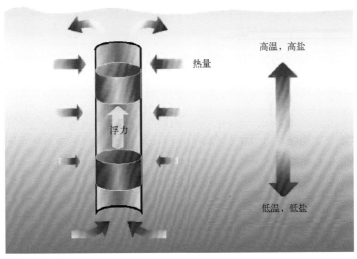

图 2-8　"永久盐泉"概念原理图解(Stommel et al., 1956)

利用一个直径 7.62 cm 被热水包围的玻璃管对上述概念模型成功地进行了实验室试验(图 2-9)。在试验结果的基础上,据估算,一个放置在海洋中的 2 000 m 长管可能会在出口处产生 2 m 的额外压力水头差。

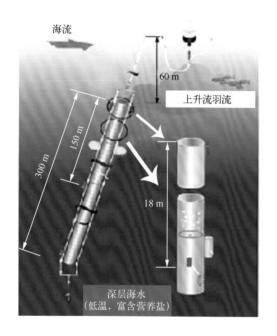

图 2-9   "永久盐泉"理论示意图及海域试验(Stommel et al., 1956)

日本科学家也于 2002 年 8 月在太平洋马里亚纳海沟附近对该技术进行了海上试验,图 2-10 为试验海域的温度、盐度垂直分布图以及试验装置示意图。他们将一根长 280 m、直径 0.3 m 的尼龙加强型 PVC 立管投放在该海域,在确保其上端露出海平面的情况下用水泵连续抽水 12 h,然后将其置于水下约 55 m 处。立管上部中心处装有速度测量模块,模块由中间的电动喷射器与两端的传感器组成,喷射器定期向水中喷射红色荧光示踪物,则上升流速度可由传感器测得的示踪物浓度数据,借助对流扩散模型的数值模拟获得。立管上端连有浮台,用于给测速模块供电,下端挂有重物,用于控制立管深度。试验测得的立管中心的上升流速度为 2.45 mm/s,即每天大约能提升 15 m³ 的深层海水到海洋表层。

盐泉式人工上升流技术的优点是结构简单,耗能小;缺点是产生的上升流流量很小,能够满足的应用需求非常有限,同时其可靠性仍有待更多的试验验证。

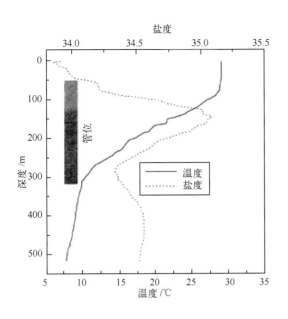
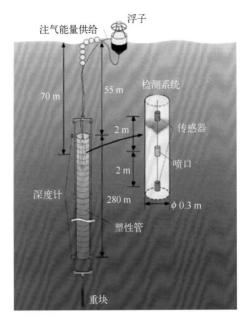

图 2-10　试验海域温度、盐度垂直分布以及试验装置示意图(Maruyama et al., 2011)

2.3.4　气力提升式人工上升流技术

气力提升式人工上升流技术又可分为气幕式和气举式人工上升流两种类型，这两种类型的主要区别在于上升流系统中是否用到涌升管。

气幕式上升流技术利用空气压缩机直接将空气注入数十米深的海水中形成气泡幕，随着气泡幕上升，周围的底层海水会被携带到海洋上层。

挪威渔业部等资助了一项名为 DETOX 的研究项目，旨在促进峡湾内贻贝类生长，并试验气力提升式人工上升流的工程可行性。作为该项目研究的一部分，McClimans 等于 2009 年在挪威阿纳菲尤尔(Arnafjord)(61°0′N，6°22′E)开展了气幕式人工上升流装置试验。他们使用了 3 根长 100 m 的注气穿孔钢管，平行悬挂在 40 m 深的地方，每根钢管上表面设有 100 个直径 2.5 mm 的出气孔，如图 2-11 所示。然后利用岸边试验站的 390 kW 超大功率空压机压缩空气，将其注入水下 40 m。在试验中，注气试验持续了 21 d，每天有 44 Nm³/min(N 指标准状态下)的空气被注入水下，形成的气泡幕在浮力作用下以 65 m³/s 的速度携带深层海水至 4~17 m 的深度，并覆盖了峡湾宽度方向上的大部分范围。试验得到的数据表明上升流的流量与注入气体流量(标准大气压下)之比达到 88 左右。通过不断地形成人工上升流，促进了上下层水体的交换，使得峡湾内密度分层的水域范围降低了20%，水体混合程度得到了显著提升。

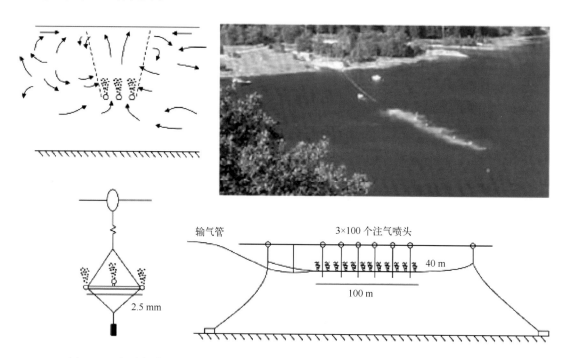

图2-11 挪威气幕式人工上升流试验装置示意图及海试情况(McClimans et al.，2010)

此外，试验中他们还通过采取多个站点的水样，测量不同站点的温度、盐度、营养盐及浮游植物量的变化，评估人工上升流对环境的影响范围。通过测量结果表明，实施气幕式人工上升流后，峡湾内10 m深度以内的硅酸盐、无机氮和磷酸盐的浓度增加，并且观察到无毒藻类的生物量显著增加，即上升流使无毒的鞭毛藻的生长增加。从第1天到第25天，浮游植物的平均生物量增加了约40%。在试验结束后，浮游植物生物量显著减少，而潜在无毒性的藻类的生物量相对增加。由于人工上升流的影响，无毒藻类明显地更好生长，从而增加了贝类的养殖容量，为贝类生长提供良好的环境，这对于人工上升流技术来说，是一个很好的结果。

气举式人工上升流采用往涌升管内注气的方式提升深层海水。其基本原理是：将空气注入海中涌升管的某处，气泡与水的混合液相对海水较轻，管内上端部分的海水在气泡浮升的动能带动作用下向上涌升，下端部分的海水则会向上流动替补，从而将海中深层富含高营养盐的海水依次提升至上层。气举式人工上升流最早由中国台湾大学梁乃匡等于1999年提出，通过分析注气提升机理以及海域试验，他们验证了此种方式的可行性(图 2-12)。另外，他们通过对上升流管径等几何参数的影响作理论研究，发现管径增大可以明显增大液气流量比，由此推测认为气力提升式人工上升流系统的海水提升效率是水泵提升式人工上升流系统的几十倍，但这个结论尚未得到充分的试验验证。

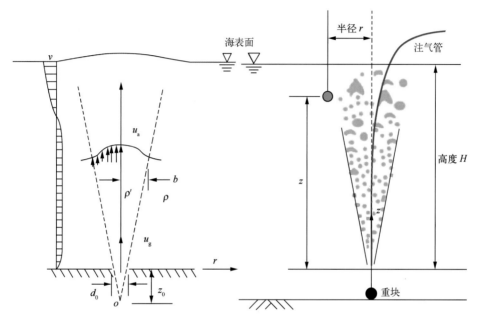

图 2-12　气举式人工上升流机理示意图(Liang et al., 2005)

浙江大学人工上升流团队在国家自然科学基金"人工上升流技术及其对海洋环境作用的基础性研究"项目的支持下与台湾大学人工上升流团队进行合作，陈鹰、梁乃匡等于 2010 年提出了浅层注气式人工上升流方法。浅层注气式人工上升流是通过在涌升管上端某合适部位进行注气提升底层海水的方法。同时，浙江大学团队还提出了一种海洋能自给方法，为帮助解决人工上升流注气系统能源供给问题提供思路。

气力提升式人工上升流技术的优点是能耗相对较低，上升流流量大，提升效率高，但气幕式上升流装置只能布放在浅海，而气举式上升流装置则需要考虑装置布放以及气泡产生和维持过程中的能耗问题。

2.3.5　波流泵式人工上升流技术

波流泵式人工上升流技术，顾名思义，是用波浪能或洋流能来驱动上升流的一种技术。

波浪泵最初由美国斯克里普斯海洋研究所的艾萨克斯(Isaacs)和西摩(Seymour)提出,他们设计了一个上端是浮子、下端带 30 m 长吸水管的小比例模型(Isaacs et al.,1973)。夏威夷的威克(Wick)等于 1976 年试验了该模型的改进版,此次试验使用的浮子直径约 1.83 m,吸水管长度为 91.44 m、直径为 0.6 m(Wick et al.,1978)。试验证明了深层海水能被波浪泵成功地提升至海洋表面。美国夏威夷大学的 Liu 等(1995)也研制了一种波浪能上升流装置,如图 2-13 所示。该装置在一个直径 4 m 的大型浮体下端垂直安装了一根直径为 1.2 m、长度为 300 m 的长管,并在长管中安装了单向阀。其基本工作原理为浮筒随波浪垂直向上运动时阀关闭,浮筒随波浪垂直向下运动时阀打开,如此循环从而将深层海水提升到海洋表层。该装置布放在夏威夷附近海域,研究人工上升流造成的海水扰动对海洋微生物系统的影响。该装置引致的上升流流量大小与波浪高度及周期等参数有关。该装置利用波浪能作为动力源,结构新颖,但是产生的上升流流量仅为 0.45 m³/s,无法满足大量浮游生物对营养物质的需求。

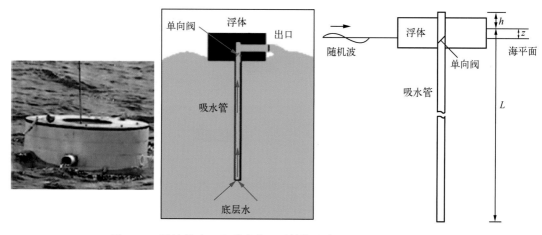

图 2-13 波浪能人工上升流装置及结构示意图 (Liu et al.,1995)

为研究人工上升流装置工作时间与海洋生态环境变化之间的关系,White 等(2010)在夏威夷瓦胡岛海域对商业化波浪泵(Atmocean)人工上升流装置进行了试验,如图 2-14 所示。此次海试中,他们将深层海水快速地提升到海洋表层,总长 300 m 提升高度所需时间小于 2 h。但是最终由于海流和波浪的作用力使得该波浪泵装置的关键组件失效,海试被迫终止。此次海试的数据表明,波浪泵装置提升人工上升流持续工作时间为 17 h,该过程中的上升流流量为 45 m^3/h,总共提升了约 765 m^3 的深层富营养盐海水到海洋表层。

由此可见,虽然波浪泵式人工上升流装置结构新颖简单、成本低,采用绿色可持续能源,但其流量有限,因此其应用领域受到了限制。

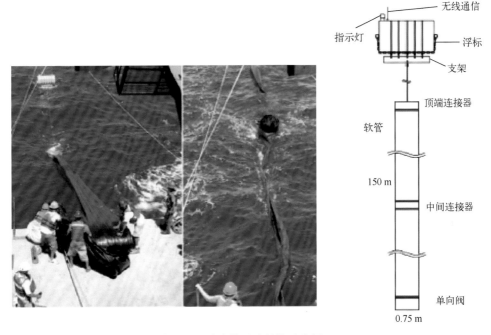

图 2-14　波浪泵式人工上升流装置及结构示意图(White et al., 2010)

洋流泵的基本原理是通过洋流产生的压差来驱动上升流。

中国台湾大学海洋研究所的梁乃匡等于 1978 年提出此设想,并进行了初步研究。通过研究,他们认为在洋流流速达到 0.8~0.9 m/s 时,便足以产生上升流。

这一设想中采用的洋流泵利用的是海流从淹没的文氏管中流过时产生的压差。试验中,附属于文氏管的涌升管长度为 45 m,直径为 450 mm,上下端分别位于水面正下方约 45 m 以下。在 180~270 mm/s(约 0.5 kn)的海流作用下,深层海水的提升速率约为 0.012 m^3/s。在整个现场试验中,深层海水的最大提升速率达到了 0.08 m^3/s。在试验结果与分析推导的基础上,梁乃匡等认为洋流泵的效果可以通过提高入口与出口的水头差来加强。

尽管这一方式原理简单,但仍存在许多问题需要解决。一些专家认为这种方式适用于洋流流速相对较大的峡湾,因为海域的环境状况对人工上升流的维持和海洋立管的安置均存在较大影响。因此这种方式较难被实际应用或商业化，其可行性仍有待进一步研究。

2.4 海洋人工上升流关键技术与适用场合分析

2.4.1 海洋人工上升流关键技术

海洋人工上升流关键技术通常随系统实现方式的不同而有所区别，但一般而言，人工上升流系统通常都需要在外海长期运行，因此如何在有限的能量供给情况下实现最佳的涌升效果，是所有人工上升流系统共同追求的目标。实现这一目标的关键技术主要有两个：一是提高上升流涌升效率，即提高单位能耗所能提升的流量；二是规划好上升流羽流的控制策略，避免羽流无法到达目标水层而造成无效涌升，或者涌升高度过大造成能量浪费。本小节将对上述两个问题进行简要的综述性探讨。详细的设计优化通常需要结合上升流系统的具体实现形式进行，此处不展开叙述。在本书的后续章节中，将以气力提升式人工上升流技术为例，介绍系统的优化实现方法。

此外，对于结构复杂的上升流设备，还需要考虑长期在复杂海况下运行的可靠性问题。

1）提高上升流涌升效率

要提高上升流涌升效率，首先要优化上升流系统的设计参数，使其能在目标海域产生尽可能大的上升流流量。对不同的上升流系统，需要优化的参数也有所不同。比如立管管长和管径的选取是除气幕式上升流系统外都需重点考虑的因素，而气力式上升流系统则需要额外考虑空气压强、喷嘴的大小与喷气位置等因素。再比如对潮流式上升流系统而言，通常要在上端添加文丘里增流装置，来提高管口流速，加大立管两端压力差，从而提高涌升效率，因此还要对文丘里管的截面收缩系数、收缩角等参数进行优化。常见的参数优化策略是先建立数学模型，结合目标海域环境参数（如温度、盐度及密度的垂直分布，海流流速，波浪幅度与频率等）确定上升流的流量函数，再通过计算流体力学仿真和水槽试验，确定参数取值，然后通过海试结果进一步优化参数，最终确定系统布放方式并投入生产。

2）羽流涌升高度控制

人工上升流系统可将较深海域的深层富营养盐海水提升到海洋表层，以实现促进海洋表层的浮游植物生长等目标需求。但仅仅将深层富营养盐海水提升到海洋表层是不够的，还需要让这些富营养盐海水被密度界面捕获，尽可能久地停留在真光层以供浮游植物等吸收。以气举式人工上升流系统为例，被提升的深层海水的密度比表层海水密度高，深层富营养盐海水离开涌升管后在洋流和重力的作用下，会经历三个混合阶段，如图 2-15 所示。第一阶段是深层富营养盐海水作为负浮力羽流离开管口后，先上升然后下沉，与周围水体混合后逐渐达到中性浮力，从而停留在密度界面之上；第二阶段是营养盐羽流在密度界面捕获的作用下，减少了垂向扩散，以水平扩散为主；第三阶段是在波浪和洋流的共同作用下的湍流扩散。营养盐羽流的扩散稀释程度受多种参数影响，而其中的某些参数可以在第一阶段和第二阶段中控制，如营养盐羽流的排出深度、排放流量等。

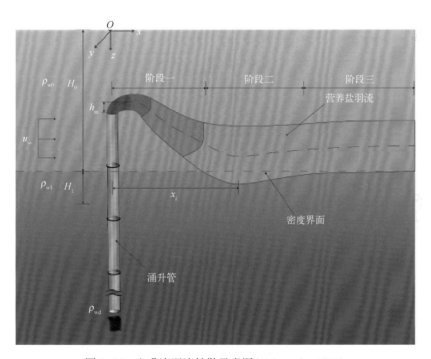

图 2-15　上升流羽流扩散示意图（Koh et al., 1975）

浙江大学樊炜等以中国南海某海域水文数据为依托，对上升流产生的羽流在不同排放深度、上升流流量、立管直径和周围潮流流速下的扩散效应建立了数学模型，并进行了仿真研究。基于模型能够仿真计算出上升流的最优排放深度，即

$$z_{\text{optimal}} = H_0 + 3.2\, \zeta^{1/3}\, M_0^{3/4}\, F_0^{-1/2} + \frac{r_0}{\beta} - \left\{ \left(\frac{r_0}{\beta} + 1.6\, \zeta^{1/3}\, M_0^{3/4}\, F_0^{-1/2} \right)^2 + \right.$$

$$\left. \left[\left(\frac{4}{3\beta\sqrt{\pi}} \right)^{1/2} M_0^{3/4}\, F_0^{-1/2} \right]^2 \left(\frac{x_{\text{optimal}}\, F_0}{u_{\infty}\, M_0} - 1 \right)^{3/2} \right\}^{1/2} \qquad (2-1)$$

式中，z_{optimal} 为上升流最优排放深度(m)；H_0 为上升流在最优深度 x_i(m) 下流出后对应的羽流深度(m)；ζ 为上升流羽流速度和周围潮流流速的比值；M_0 为上升流的垂直动量流量(m⁴/s²)；F_0 为上升流的浮力流量(m⁴/s²)；r_0 为立管直径(m)；β 为经验确定的羽流传播系数；x_{optimal} 为羽流的最佳横流距离(m)；u_{∞} 为周围潮流流速(m/s)。

利用仿真方法得出的上升流羽流扩散结果如图 2-16 所示。结果表明，选择合适的上升流立管深度，能够最大限度地保证羽流中深层海水的比例，以达到满足表层浮游植物生长条件的阈值(最高可达 22%)，并使其能被密度界面捕获。

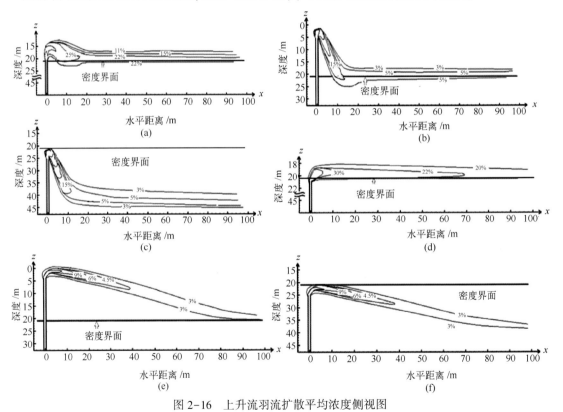

图 2-16　上升流羽流扩散平均浓度侧视图

(a)(b)(c)中潮流流速为 0.1 m/s，立管直径为 1 m，上升流流量为 1 000 m³/h，排放深度分别为 20.5 m(最优深度)、4 m 和 25 m；(d)(e)(f)中潮流流速为 0.3 m/s，立管直径为 1 m，上升流流量为 800 m³/h，排放深度分别为 22.1 m(最优深度)、4 m 和 25 m

3)装置的可靠性设计

上升流装置的可靠性在系统设计中至关重要。海洋相较陆地环境更加复杂多变，因此为保证人工上升流装置能长期稳定工作，需要考虑诸多因素。比如上升流立管要能抵御海流的冲击作用，装置材料要能抵抗海水的腐蚀，还要考虑管壁海洋生物附着对管路的阻塞等情况。这些都需要设计者根据实际海况具体分析，此处不再赘述。

2.4.2　海洋人工上升流技术的适用场合

从前面的叙述可知，无论以何种方式实现，现有的海洋人工上升流技术大多存在着一定的局限性，限制了其应用场合。表2-1总结了不同实现方式的海洋人工上升流系统适用场合。

表 2-1　现有的海洋人工上升流系统适用场合

上升流实现方式	能量来源	适用场合
人造山脉式	海流能	近海海流能丰富的地区
机械泵式	电能	靠近陆地，方便进行能量供给和系统维护的区域
盐泉式	海水密度差	符合形成上升流温盐差要求的热带海域
气幕式	电能/海洋能	只能布放在浅海
气举式	电能/海洋能	多用于近海，改造后可用于远海
波流泵式	波浪能/海流能	波浪能/海流能丰富且对上升流流量需求不大的场合

在应用海洋人工上升流技术时，要充分分析应用目标、目标海域的海洋可再生能源情况，有针对性地选择合理的实现方式，设计人工上升流系统，使之更好地开展工作。

2.5　海洋能量自给方法

用人工方法将深层海水源源不断地提升到海洋表层需要消耗大量的能量来做功。对于偏远海区以及岛屿等地而言，由于其最大用电量有限，输送距离较远，岛屿面积狭窄，铺设海缆在技术与经济方面需要付出更多，因此在搭建上升流系统时，更加需要充分利用可再生能源，实现经济可靠的电能供给。

海洋将太阳能以及其派生的风能等以热能、机械能等形式蓄在海水中，方便就地取材且具有可再生性，因此利用海洋能量制造人工上升流，无疑是较为方便和经济的选择之一。

海洋能主要包括潮汐能、波浪能、温差能、盐差能、海流能五类。根据联合国教科文组织1981年出版文献的估计数字，全世界理论上可再生的海洋能总能量为766×10⁸ kW。各类海洋能储量见表2-2。

表 2-2   海洋能的主要利用形式及储量(王传昆，2009；Falcao，2010)

海洋能类型	理论储量/W	实际可开发量/W
波浪能	3×10^{12}	3×10^{11}
潮汐能	3×10^{12}	3×10^{10}
海流能	6×10^{11}	3×10^{10}
盐差能	3×10^{13}	3×10^{11}
温差能	4×10^{13}	1×10^{11}

由以上数据可知，海洋能的总体蕴藏量和开发潜力是非常可观的。但在实际应用中，单一来源的海洋能的获取常常具有不稳定性，高度依赖于气候和环境条件。在需要长期稳定运行上升流系统的情况下，需要考虑以多能互补的形式实现综合能量供给。

目前为止，多能互补系统主要安装在偏远海区以及岛屿等地，一般具有可靠、经济、环境友好、能源综合利用效率高的特点。利用多种能源形式以及负载组成的小型电网即称之为微电网(micro grid)，既可以并网运行也可以独立运行。微电网是对大电网的有益补充，其广泛应用的潜力巨大。目前，世界上一些主要发达国家和地区组织，如美国、欧盟、日本和加拿大等，都开展了对微电网的研究。通过微电网对海洋人工上升流系统进行能源供给，可实现海洋能的综合利用，解决偏远海区能源供给不便的问题。

此外，浙江大学在气举式人工上升流试验研究中搭建了一套移动式多能互补平台，称为分布式发电系统(distributed generation system，DGS)。该发电系统集风能发电、太阳能发电和柴油发电设备于一体，能够在多种气候条件下为人工上升流系统提供稳定的能源供给，如图2-17所示。海试表明，该发电系统能够支持上升流系统稳定工作。

图 2-17　分布式发电系统及其海试(Zhang, 2016)

2.6　小结

　　本章从海洋人工上升流的定义出发，先后讨论了海洋人工上升流系统的发展现状和实现方式，同时就人工上升流系统的关键技术以及不同人工上升流系统的适用场合进行了简单分析和综述。最后，讨论了海洋能自给技术在人工上升流系统中的应用。

　　本章的目的是帮助读者初步了解海洋人工上升流系统原理和基本方法。在后续章节中，我们将深入讨论海洋人工上升流系统的理论及其关键技术。

参考文献

林国红，董月茹，李克强，等，2017. 赤潮发生关键控制要素识别研究——以渤海为例[J]. 中国海洋大学学报(自然科学版)，47(12)：88-96.

林杉，2017. 波浪/海流引致人工上升流技术基础性研究[D]. 杭州：浙江大学.

鲁宗相，王彩霞，闵勇，等，2007. 微电网研究综述[J]. 电力系统自动化，31(19)：100-107.

苏纪兰，1998. 海洋科学和海洋工程技术[M]. 济南：山东教育出版社：90-91.

王传昆，2009. 海洋能资源分析方法及储量评估[M]. 北京：海洋出版社.

杨占刚，2010. 微网实验系统研究[D]. 天津：天津大学.

郑漳华，艾芊，2008. 微电网的研究现状及在我国的应用前景[J]. 电网技术，32(16)：27-31.

CAO Z, DAI M, ZHENG N, et al., 2011. Dynamics of the carbonate system in a large continental shelf system under the influence of both a river plume and coastal upwelling[J]. Journal of Geophysical Research(116): 1-14.

CHEN J, YANG J, LIN S, et al., 2013. Development of air-lifted artificial upwelling powered by wave[C] // IEEE . MTS/IEEE Oceans Conference. San Diego: IEEE: 1-7.

ENGEL A, DELILLE B, JACQUET S, et al., 2004. Transparent exopolymer particles and dissolved organic carbon production by Emiliania huxleyi exposed to different CO_2 concentrations: a mesocosm experiment[J]. Aquatic Microbial Ecology, 34(1): 93-104.

FALCAO A, 2010. Wave energy utilization: a review of the technologies[J]. Renewable and Sustainable Energy Reviews (14): 899-918.

FAN W, PAN Y, LIU C C, et al., 2015. Hydrodynamic design of deep ocean water discharge for the creation of a nutrient-rich plume in the South China Sea[J]. Ocean Engineering, 108(1): 356-368.

GRISP D J, 1975. Secondary productivity in the Sea [M]. Washington D. C.: National Academy of Sciences: 37.

HANDÅ A, MCCLIMANS T A, REITAN K I, et al., 2014. Artificial upwelling to stimulate growth of non-toxic algae in a habitat for mussel farming[J]. Aquaculture Research, 45(11): 1798-1809.

HSIEH C T, HUANG P A, LI D J, et al., 1978. Artificial upwelling induced by ocean currents—theory and experiment[J]. Ocean Engineering, 5(2): 83-94.

ISAACS J D, CASTEL D, WICK G L, 1976. Utilization of the energy in ocean waves[J]. Ocean Engineering, 3(4): 175-187.

ISAACS J D, SEYMOUR R, 1973. The ocean as a power resource[J]. International Journal of Environmental Studies, 4(1-4): 201-205.

JEFFREY J P, EVAN H, DONALD R K, 2001. The transition zone chlorophyll front, a dynamic global feature defining migration and forage habitat for marine resources[J]. Progress in Oceanography, 49(3): 469-483.

KOH R C, BROOKS N H, 1975. Fluid mechanics of waste-water disposal in the ocean[J]. Annual Review of Fluid Mechanics, 7(1): 187-211.

LIANG N K, PENG H, 2005. A study of air-lift artificial upwelling[J]. Ocean Engineering, 32(5-6): 731-745.

LIU C, 1999. Research on artificial upwelling and mixing at the University of Hawaii at Manoa[J]. IOA Newsletter, 10(4): 1-8.

LIU C C, JIN Q, 1995. Artificial upwelling in regular and random waves[J]. Ocean engineering, 22(4): 337-350.

LIU C C, SOU I M, LIN H, 2003. Artificial upwelling and near-field mixing of deep-ocean water effluent[J]. Journal of Marine Environmental Engineering, 7(1): 1-14.

MARUYAMA S, TSUBAKI K, TAIRA K, et al., 2004. Artificial upwelling of deep sea water using the perpetual salt fountain for cultivation of ocean desert[J]. Journal of Oceanography, 60(3): 563-568.

MARUYAMA S, YABUKI T, SATO T, et al., 2011. Evidences of increasing primary production in the ocean by Stommel's perpetual salt fountain[J]. Deep-Sea Research Part I: Oceanographic Research Papers, 58 (5): 567-574.

MCCLIMANS T, HANDÅ A, FREDHEIM A, et al., 2010. Controlled artificial upwelling in a fjord to stimulate nontoxic algae[J]. Aquacultural Engineering, 42(3): 140-147.

MCGREGOR H V, DIMA M, FISCHER H W, et al., 2007. Rapid 20th-century increase in coastal upwelling off northwest Africa[J]. Science, 315(5812): 637-639.

MIZUMUKAI K, SATO T, TABETA S, et al., 2008. Numerical studies on ecological effects of artificial mixing of surface and bottom waters in density stratification in semi-enclosed bay and open sea[J]. Ecological Modelling, 214(2-4): 251-270.

NAGAMATSU T, SHIMA N, テツオナガマツ, et al., 2006. Experimental study on artificial upwelling device combined V-shaped structure with flexible underwater curtain[J]. Memoirs of Faculty of Fisheries Kagoshima University, 55: 27-35.

NAKAYAMA A, YAGI H, FUJII Y, et al., 2010. Evaluation of effect of artificial upwelling producing structure on lower-trophic production using simulation[J]. Journal of Japan Society of Civil Engineers Ser B2 (Coastal Engineering), 66(1): 1131-1135.

NOSRATABADI S M, HOOSHMAND R-A, GHOLIPOUR E, 2017. A comprehensive review on microgrid and virtual power plant concepts employed for distributed energy resources scheduling in power systems[J]. Renewable and Sustainable Energy Reviews, 67: 341-363.

OUCHI K, 1998. Density current generator-A new concept machine for agitating and upwelling a stratified water area[C] // Marine Technology Society Annual Conference. Washington D. C.: 129-136.

OUCHI K, 2003. Ocean nutrient enhancer 'TAKUMI' for the experiment of fishing ground creation[C] // Proceedings of the Fifth ISOPE Ocean Mining Symposium, September 15-19. Tsukuba: 37-42.

OUCHI K, OTSUKA K, OMURA H, 2005. Recent advances of ocean nutrient enhancer TAKUMI project [C] // Proceedings of the Sixth ISOPE Ocean Mining Symposium, October 10-13. Changsha: KO-01.

OUCHI K, YAMATOGI T, KOBAYASHI K, et al., 1998. Research and development of density current generator[J]. Journal of the Society of Naval Architects of Japan(183): 281-289.

PAINTING S, LUCAS M I, PETERSON W T, et al., 1993. Dynamics of bacterioplankton, phytoplankton and mesozooplankton communities during the development of an upwelling plume in the southern Benguela[J]. Marine Ecology Progress Series, 100(1-2): 35-53.

PENG H, 1999. Experimental and theoretical study of air-lift artificial upwelling[D]. Taiwan: Taiwan University.

ROMMERSKIRCHEN F, CONDON T, MOLLENHAUER G, et al., 2011. Miocene to Pliocene development of surface and subsurface temperatures in the Benguela Current system[J]. Paleoceanography, 26(3): 1-15.

RYTHER J H, 1969. Photosysthesis and fish production in the sea[J]. Science (166): 72-76.

SANTANA-CASIANO J M, GONZÁLEZ-DÁVILA M, UCHA I R, 2009. Carbon dioxide fluxes in the Benguela upwelling system during winter and spring: A comparison between 2005 and 2006[J]. Deep Sea Research Part II: Topical Studies in Oceanography, 56(8-10): 533-541.

SATO T, TONOKI K, YOSHIKAWAT, et al., 2006. Numerical and hydraulic simulations of the effect of Density Current Generator in a semi-enclosed tidal bay[J]. Coastal Engineering, 53(1): 49-64.

SOBARZO M, BRAVO L, DONOSO D, et al., 2007. Coastal upwelling and seasonal cycles that influence the water column over the continental shelf off central Chile[J]. Progress in Oceanography, 75(3): 363-382.

STOMMEL H, ARONS A B, BLANCHARD D, 1956. An oceanographical curiosity: the perpetual salt fountain [J]. Deep Sea Research, 3(2): 152-153.

WANG H, WANG J, LIU Y, et al., 2018. Marine renewable energy policy in china and recommendations for improving implementation [C] // IOP Conference Series: Earth and Environmental Science, 121 (5): 052069.

WHITE A, BJÖRKMAN K, GRABOWSKI E, et al., 2010. An open ocean trial of controlled upwelling using wave pump technology[J]. Journal of Atmospheric Oceanic Technology, 27(2): 385-396.

WICK G L, CASTEL D, 1978. The Isaacs wave-energy pump: field tests off the coast of Kaneohe Bay, Hawaii: November 1976-March 1977[J]. Ocean Engineering, 5(4): 235-242.

YU Z, MI T, YAO Q, et al., 2001. Nutrients concentration and changes in decade-scale in the central Bohai Sea[J]. Acta Oceanologica Sinica, 20(1): 65-71.

ZHANG D, FAN W, YANG J, et al., 2016. Reviews of power supply and environmental energy conversions for artificial upwelling[J]. Renewable and Sustainable Energy Reviews (56): 659-668.

3　波浪/海流引致
人工上升流理论

海洋中蕴藏着丰富的海洋能，在合理利用海洋能的前提下可为人工上升流系统提供便捷、可观的能源供给，对降低人工上升流系统的建设和运行成本具有重要意义。

在海洋能的各种具体表现形式中，波浪能和海流能是较为优质的能源。其中波浪能是大量海水分子受外力驱动，在平衡位置附近作周期性机械运动所产生的动能和势能的总和。而海流能是由海水自身温度、盐度分布不均，或在外力驱动下引发的大规模稳定流动中蕴含的动能。波浪能和海流能在海洋中分布广泛，能量总量巨大，是偏远海区的重要能量来源。同时，两者的体现形式均为机械能，使得能量转化结构相对简单。我国拥有漫长的海岸线，沿海地区蕴藏的波浪能和海流能资源十分可观。充分利用波浪能和海流能资源，实现人工上升流系统海洋能能源自给，是人工上升流技术研究领域的重要问题之一。

本章主要介绍利用波浪能/海流能实现的人工上升流系统及其基础理论。利用波浪能发电，将转换的电能用于维持上升流系统的工作，不在本章讨论范围。

3.1　波浪引致人工上升流理论

波浪的运动可以产生驱动海水沿直管向上运动的上升流水头差。因此，波浪运动能够直接引致上升流。

波浪能装置通常分为两种：一种是固定结构，另一种是浮子结构。将波浪视为平面行进波，则自由表面波对放置在其间的物体会产生三个自由度方向上的作用：垂荡(heave)、纵荡(surge)和纵摇(pitch)。经典的艾萨克斯(Issacs)装置正是利用了浮子在波浪中的垂荡运动产生上升流。在早期的研究中，设计模型假设装置完全跟随波浪运动。在本章中，以浙江大学设计的波浪能驱动浅层注气式人工上升流机构为例，对波浪能上升流系统原理进行介绍。该机构在原理上与艾萨克斯装置类似（图3-1），由一个独立锚定的浮子和一个独立锚定的立管组成。浮子结构主要利用波浪在上升下潜方向上的相对运动，通过齿轮齿条机构带动气缸中的活塞，使气缸往复运动，集气注气。压缩空气通入管内后与水混合，密度降低，产生的压力差带动底层水沿涌升管上升。

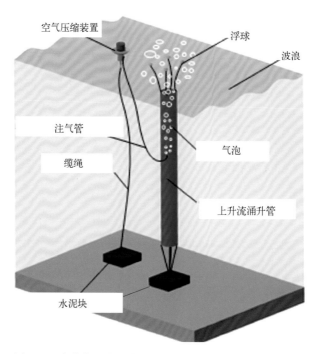

图 3-1　波浪能驱动的浅层注气式人工上升流机制示意图

与常规波浪能发电系统结构相似的一点是，浮子驱动的集气注气泵一般是非定常的，不连续的，甚至是突变的。此外，包含了齿轮齿条、气缸等装置的机械结构难以密封，容易腐蚀失效，在风浪较大的地方也容易被破坏。为了进一步简化装置，一种固定式的波浪能利用装置被提出。这种装置主要利用的是波浪在纵移方向上的运动，后文将其称为波浪引致式人工上升流装置。

Kenyon（2007）阐述过这种装置的基本构想。浙江大学林杉等（2017）在此基础上进一步讨论了大管径下的情况，以便将其应用于海洋人工上升流工程。

该装置将两端开口的固定管放置在自由表面波以下。当波浪经过时，管的上端处于波浪运动区域，而靠近水底的下端不受或较少受波浪运动的影响。根据伯努利方程，两端之间会产生一个速度水头差。该水头差作为动力，可以克服密度差水头和两端之间的沿程阻力水头，引致流体沿着管内向上运动。

当动力的大小足以克服阻力时，这种上升流运动就会发生。随着波浪不断地流过固定管上端，上升流也不断地发生。

　　在该模型中，我们假设固定管的直径远小于波长，因此可以忽略波浪运动对固定管的影响，即忽略波的绕射特性而只考虑入射波存在的情况。同时假设管壁完全光滑，管内的流体运动分布是均匀的，如图3-2所示。

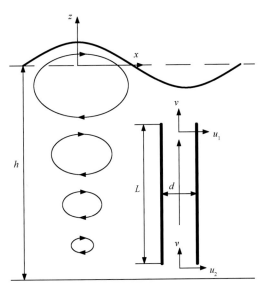

图 3-2　波浪引致式人工上升流装置工作原理示意图

　　此时，建立伯努利方程为

$$\frac{p}{\rho g} + \frac{u^2}{2g} + z = 常数 \tag{3-1}$$

式中，p 为压力，包含动压力和静压力 $p_0 = \rho g z$；ρ 为流体密度；u 为流体水平速度（m/s）；g 为重力加速度。

　　选取位于固定管两端的两个点联立上述方程，可以得到

$$-\frac{\Delta p}{\rho g} = \frac{\Delta u^2}{2g} \tag{3-2}$$

　　管内的流体是连续的，这意味着这两点在竖直方向上的速度完全相同。所以两端的压力水头差等于水平方向的速度水头差。

　　由微振幅波理论，已知行进波相关的速度势为

$$\phi = \frac{H}{2}\frac{g}{\sigma}\frac{\cosh k(h+z)}{\cosh kh}\sin(kx-\sigma t) \tag{3-3}$$

其水平速度分量为

$$u = \frac{\partial \phi}{\partial x} = \frac{\pi H}{2T} \frac{\cosh k(h + z)}{\sinh kh} \cos(kx - \sigma t) \qquad (3 - 4)$$

则其平均水平速度为

$$\overline{u^2} = \frac{1}{2} \left(\frac{\pi H}{T \sinh kh} \right)^2 \cosh^2 k(z + d) \qquad (3 - 5)$$

式(3-3)至式(3-5)中，H 为波高(m)；T 为波周期(s)；k 为波数；σ 为一阶波频率；x 和 z 分别为水平和垂直方向的距离；h 为水深(m)；d 为涌升管管径(m)。

此时的上升流水头差$\overline{\eta}$即为平均水头相对于静水水头的差，即

$$\overline{\eta} = \frac{\Delta \overline{u^2}}{2g} \qquad (3 - 6)$$

将式(3-5)代入式(3-6)即可求得$\overline{\eta}$值。

此时，若代入 $h = 100$ m 的参数，则可以得到 100 m 水深海况下人工上升流随波高 H、波周期 T 变化的曲线，如图 3-3 所示。

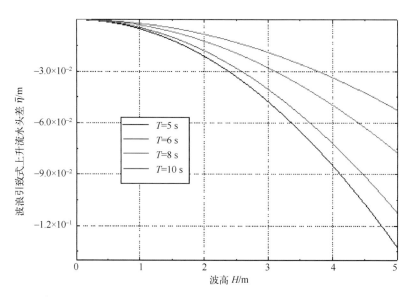

图 3-3 $h = 100$ m 时，不同波周期下上升流水头差随波高变化曲线

上述研究假设固定管是刚性的，固定放置在波浪以下。这种固定管理论忽略了波浪垂直方向水分子的速度分量，而且没有运用非定常流的伯努利方程。在更接近于实际的假设中，固定式装置是难以放置和维护的，缺乏工程上的可行性，这时就需要一个浮子式装置来取代固定式装置。

浮子式装置的理论实质是浮子随上层(上管口)跟随波浪往复运动，而下层(下

管口）位于深处基本不受波动的影响，二者的伯努利常数相同，其间存在由于波浪运动引起的压力差水头，即上升流水头差。

采用浮子系统装置时，立管是柔性的，上端连接一个浮子，浮子随波浪运动；下端锚系在水底。此时模型发生了一个重大的变化：前面仅涉及的波速在水平和垂直两个自由度上的分量，在这里复杂化了，而且相关的阻力也需要加以修正。我们利用微振幅波理论计算其二阶特性，来解决浮子式装置的问题。目标是改进平均水头差的计算，应用于人工上升流。

浮子式波浪引致人工上升流系统如图3-4所示，该模型的具体改进和扩展如下。

已知自由表面的伯努利方程，即自由表面的动力边界条件：

$$\frac{\left(\frac{\partial \phi}{\partial x}\right)^2 + \left(\frac{\partial \phi}{\partial z}\right)^2}{2} + \frac{\partial \phi}{\partial t} + gz = C(t)，当 z = \eta 时 \tag{3-7}$$

式中，ϕ 为微波速度势；x 和 z 分别为水平和垂直方向的距离；g 为重力加速度；η 为静水位和有波条件下平均水位的距离；$C(t)$ 为伯努利常数。

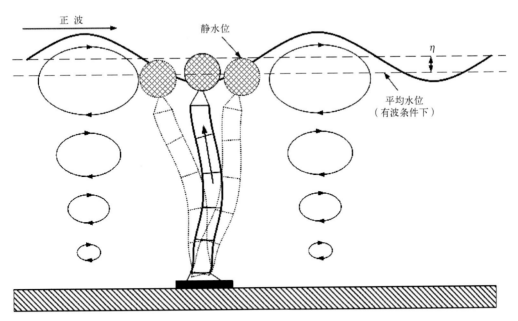

图 3-4　浮子式波浪引致人工上升流系统示意图

在 η 处以泰勒级数（一阶）展开自由表面方程，此时 ϕ 为微振幅波速度势，其二阶微分项不忽略，有

$$\left[\frac{\left(\frac{\partial \phi}{\partial x}\right)^2 + \left(\frac{\partial \phi}{\partial z}\right)^2}{2} + \frac{\partial \phi}{\partial t}\right]_{z=0} + \eta \left\{g + \frac{\partial^2 \phi}{\partial z \partial t} + \frac{\partial}{\partial z}\left[\frac{\left(\frac{\partial \phi}{\partial x}\right)^2 + \left(\frac{\partial \phi}{\partial z}\right)^2}{2}\right]\right\}_{z=0} = C(t)$$

$$(3-8)$$

对时间(一个周期)取平均得

$$\overline{\frac{\left(\frac{\partial \phi}{\partial x}\right)^2 + \left(\frac{\partial \phi}{\partial z}\right)^2}{2}} + g\overline{\eta} + \eta \overline{\frac{\partial^2 \phi}{\partial z \partial t}} + \eta \overline{\frac{\partial}{\partial z}\left[\frac{\left(\frac{\partial \phi}{\partial x}\right)^2 + \left(\frac{\partial \phi}{\partial z}\right)^2}{2}\right]} = \overline{C(t)} \quad (3-9)$$

$C(t)$ 为伯努利常数，在深水中，处处满足 $C(t)=0$，则有

$$\overline{\eta} = -\frac{H^2 k}{2(4 + H^2 k^2)\tanh 2kh} \tag{3-10}$$

式中，$\overline{\eta}$ 为上升流水头差，可以由包含波高 H、波数 k、水深 h 的表达式进行描述。

考虑到上管口不在 $z=0$ 处而在 $z=a$ 处的情况，可在 $z=a$ 处用泰勒级数(一级)展开自由表面方程，有

$$\overline{\eta} = a - \frac{H^2 k^2 \cosh 2k(h+a) - 8ak\sinh 2kh}{2H^2 k^3 \sinh 2k(h+a) + 8k\sinh 2kh} \tag{3-11}$$

此时，若代入 $h=100$ m 的参数，可以得到 100 m 水深海况下人工上升流随波高 H、波周期 T 变化的曲线，如图 3-5 所示。

比较图 3-5 与图 3-3，可以发现，在同样的波浪条件下，浮子式装置能引致一个更大的 $\overline{\eta}$。这是由于浮子式情况下，管上端连接浮子随波浪运动，其三个自由度上的速度都能够产生上升流水头差。

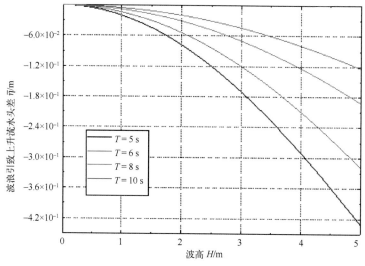

图 3-5　$h=100$ m 时，不同波周期下上升流水头差随波高的变化曲线(浮子式)

这种引致上升流的能力可以用一个无量纲的曲线来更清晰地描述。在式（3-10）中，k 是一个取决于波周期 T 和水深 h 的变量。由于在深水（$kh > \pi$）中 k 的影响可以忽略不计，而 h 又是恒定的，根据量纲分析（dimensional analysis）与 π 定理，上述关系可以写为

$$f_1\left(\frac{gT^2}{H}, \frac{\overline{\eta}}{H}\right) = 0 \qquad (3-12)$$

或

$$\frac{\overline{\eta}}{H} = g_1\left(\frac{H}{gT^2}\right) \qquad (3-13)$$

图 3-6 展示了函数 g_1 的曲线，此时假设 $h = 100$ m。该图描述了深水中相对上升流水头差与波陡度的关系，可以看出，这个关系接近于线性。

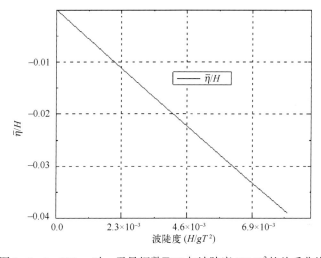

图 3-6　$h = 100$ m 时，无量纲数 $\overline{\eta}/H$ 与波陡度 H/gT^2 的关系曲线

3.2　海流引致人工上升流理论

丹尼尔·伯努利（Daniel Bernoulli）在 1726 年提出了著名的伯努利方程，其本质是流体的能量守恒，适用于黏度可以忽略的不可压缩的理想流体。

伯努利方程一个著名的应用是皮托管。如图 3-7 所示，皮托管是一种测量流场中某点流速的装置，由测压管和一根与它装在一起的直角弯管（测速管）组成。测速时，将弯管端关口对着来流方向置于 A 点下游同一流线上相距很近的 B 点，流体流入测速管，B 点处来流受到比压计的阻滞，流速为零（即驻点），动能全部转化为势

能，测速的 U 形管内产生一个可测量的水头差。

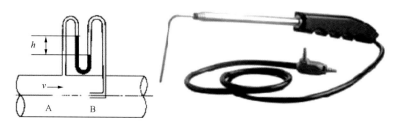

图 3-7　皮托管的原理和实物示意图

A、B 两点可以列出伯努利方程：

$$z_A + \frac{P_A}{\gamma} + \frac{v^2}{2g} = z_B + \frac{P_B}{\gamma} \qquad (3-14)$$

式中，z_A 和 z_B 分别为 A、B 两点在竖直方向上的相对坐标；P_A 和 P_B 分别为 A、B 两点处的流体静压；v 为管内流体流速；g 为重力加速度；γ 为管内流体单位体积的重量。

可见，A、B 两点之间因为水流速度不同产生了压力水头差，当用测速管连通这两点时，这一压力差使 U 形管中的水银柱产生移动，体现为 A 点一端的负压力"吸引"水银柱朝其移动。

类似的原理可以应用于人工上升流技术领域。此处以中国台湾大学梁乃匡教授的海流引致人工上升流装置为例，如图 3-8 所示。

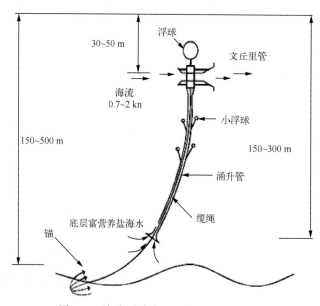

图 3-8　海流引致人工上升流装置示意图

如图 3-8 所示，梁乃匡同时在上管口增加了一个类似于文丘里管的装置，以放大海流。根据伯努利方程，得到管的收缩段的负压力水头差为

$$\overline{\eta} = \frac{U_i^2}{2g}\left[\left(\frac{D_i}{D_c}\right)^4 - 1\right] \tag{3-15}$$

式中，U_i 为海流流速；D_i 和 D_c 分别为文丘里管开口和中间处的直径。

值得注意的是，以上二者都运用了负压力水头差的形式表达流场中两个点之间的压力差。在下面的讨论中，我们也将类似的概念引入海洋人工上升流技术领域。

参照皮托管原理，当波浪/海流的上层水和静止的下层水由一根立管连接，且二者处于同一流域时，伯努利常数相同。所以两管口之间存在压力水头差，其中上管口相对下管口的水头差为负值。当在二者之间用管道连通时，在该水头差的作用下，底层水将呈现出沿管上升的趋势。我们将该运动的上层（上管口）相对于静止下层（下管口）的负压力水头差定义为上升流水头差。

首先，考虑当只有恒定海流，没有波浪，管口也没有设置文丘里管一类的装置时，只需考虑因海流流速引起的动力水头差。设海流的流速为 U_0，根据上述理论可以得到：

$$\overline{\eta} = -\frac{U_0^2}{2g} \tag{3-16}$$

此时，海流速度水头差在数值上等同于上升流水头差。

皮托管插入管道后，不可避免地会对速度产生干扰，且直径越大，干扰越严重，这影响了皮托管测速的精确性。当皮托管的管口有一定的安装角度时，也会对压力降有一定的影响，只是角度较小时影响也很小。这两点与此处的原理是一致的。所以，在涌升管对流场存在一定影响的实际情况中，上述方程还需要引入一个修正系数 α，即

$$\overline{\eta} = -\alpha\frac{U_0^2}{2g} \tag{3-17}$$

3.3 波浪/海流耦合引致人工上升流理论

在实际海域中，波浪通常不是孤立存在的，常常同时还伴随着海流，在我国东海即是如此。因此，上述模型还需要进一步考虑波浪/海流耦合作用的影响。

类似浮子式波浪引致人工上升流系统，浮子式波浪/海流耦合作用引致（波浪/

海流耦合作用引致，也可简称为波/流引致）人工上升流系统如图 3-9 所示。

此时，考虑一个带恒定流的行进波：

$$\phi = U_0 x + A\cosh k(h + z) \sin(kx - \sigma t)$$

$$u = \frac{\partial \phi}{\partial x} = U_0 + Ak\cosh k(h + z) \cos(kx - \sigma t)$$

$$w = \frac{\partial \phi}{\partial z} = Ak\sinh k(h + z) \sin(kx - \sigma t) \qquad (3 - 18)$$

其中，

$$A = -\frac{Hg}{2\sigma\left(1 - \dfrac{U_0}{C}\right)\cosh kh}$$

$$C \cong \frac{g}{\sigma} + 2U_0 \qquad (3 - 19)$$

式中各变量的定义与 3.1 节中的相同。

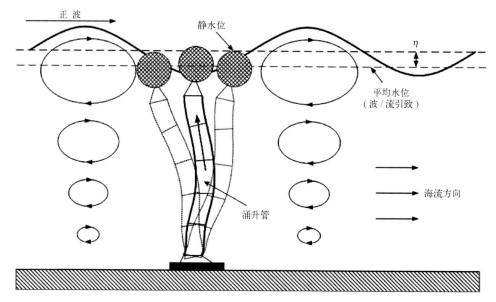

图 3-9　浮子式波浪/海流耦合作用引致人工上升流系统示意图

用同样的方法取平均后，有

$$\frac{\overline{\left(\dfrac{\partial \phi}{\partial x}\right)^2 + \left(\dfrac{\partial \phi}{\partial z}\right)^2}}{2} + g\,\overline{\eta} + \overline{\eta\frac{\partial^2 \phi}{\partial z \partial t}} + \overline{\eta\frac{\partial}{\partial z}\left[\frac{\left(\dfrac{\partial \phi}{\partial x}\right)^2 + \left(\dfrac{\partial \phi}{\partial z}\right)^2}{2}\right]} = \overline{C(t)} \qquad (3 - 20)$$

假设下管口处的水深远大于波长的一半，即在这个深度没有波动，波速度势 ϕ 为 0，则式(3-20)左侧前两项的平均值为 0，且 $C(t)$ 为 0，即

$$\bar{\eta} = \frac{- m^2 H^2 g^2 k^2 \cosh 2kh - 4 U_0^2 N}{2 m^2 H^2 g^2 k^3 \sinh 2kh + 8gN} \qquad (3-21)$$

其中，

$$m = \frac{g + 2 U_0 \sigma}{g + U_0 \sigma} \qquad (3-22)$$

$$N = (\cosh 2kh + 1)(U_0^2 k^2 + gk\tanh kh + 2 U_0 k \sqrt{gk\tanh kh}) \qquad (3-23)$$

需要注意的是，当只有海流没有波浪时，即波浪的频率和波高都为 0 时，得到式(3-21)的最简形式：

$$\bar{\eta} = -\frac{U_0^2}{2g} \qquad (3-24)$$

当只有波浪没有海流时，即 $U_0 = 0$ 时，可得到式(3-21)的简化形式：

$$\bar{\eta} = -\frac{H^2 k}{2(4 + H^2 k^2) \tanh 2kh} \qquad (3-25)$$

该式与式(3-10)形式一致。

考虑到若上管口不在 $z = 0$ 处而在 $z = a$ 处时，与 3.1 节中的讨论类似，在 $z = a$ 处用泰勒级数(一级)展开自由表面方程，有

$$\left[\frac{\left(\frac{\partial \phi}{\partial x}\right)^2 + \left(\frac{\partial \phi}{\partial z}\right)^2}{2} - \frac{\partial \phi}{\partial t} \right]_{z=a} + (\eta - a)\left\{ g + \frac{\partial^2 \phi}{\partial z \partial t} + \frac{\partial}{\partial z}\left[\frac{\left(\frac{\partial \phi}{\partial x}\right)^2 + \left(\frac{\partial \phi}{\partial z}\right)^2}{2} \right] \right\}_{z=a} = C(t)$$

$$(3-26)$$

在一个波浪周期内进行平均后，可得

$$\overline{\frac{\left(\frac{\partial \phi}{\partial x}\right)^2 + \left(\frac{\partial \phi}{\partial z}\right)^2}{2}} + ga + g\overline{(\eta - a)} + \overline{\left(\frac{(\eta - a)(\partial^2 \phi)}{\partial z \partial t} \right)} +$$

$$\overline{(\eta - a) \frac{\partial}{\partial z}\left[\frac{\left(\frac{\partial \phi}{\partial x}\right)^2 + \left(\frac{\partial \phi}{\partial z}\right)^2}{2} \right]} = \overline{C(t)} \qquad (3-27)$$

将 $C(t) = 0$ 代入，有

$$\bar{\eta} = \frac{- m^2 H^2 g^2 k^2 \cosh 2k(h + a) - 4(U_a^2 + 2ga) N}{2 m^2 H^2 g^2 k^3 \sinh 2k(h + a) + 8gN} \qquad (3-28)$$

其中,

$$N = (\cosh 2kh + 1)\left(U_a^2 k^2 + gk\tanh kh + 2 U_a k\sqrt{gk\tanh kh}\right) \quad (3-29)$$

式中, U_a 表示 $z=a$ 处的海流流速, 其余参数意义同前。

式(3-28)中, 上升流水头差 $\overline{\eta}$ 由 H、k、h、a、U_a 等参数描述, 我们称之为波浪与海流共同引致人工上升流模型中的上升流水头差。

此时, 可以得到 100 m 水深海况下波浪/海流引致人工上升流随波高 H、波周期 T 和海流流速 U_0 变化的三维图, 如图 3-10 所示。

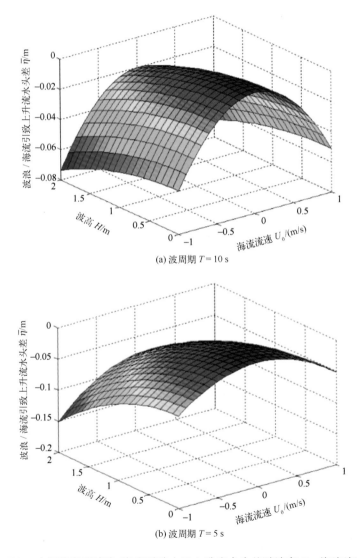

(a) 波周期 T = 10 s

(b) 波周期 T = 5 s

图 3-10 100 m 水深海况下波浪/海流引致人工上升流水头差随波高 H、海流流速 U_0 的变化

与 3.1 节相似，引致上升流的效果可以用无量纲曲线来表示，从而更清晰地描述不同波周期、波高、海流流速相互之间的影响。

当有一个行进波叠加恒定流时，根据之前的推导我们已经得到上升流水头差$\bar{\eta}$的值。类似地，根据量纲分析定理，有

$$f_1\left(\frac{gT^2}{H}, \ \frac{U_0T}{H}, \ \frac{\bar{\eta}}{H}\right) = 0 \qquad (3-30)$$

或

$$\frac{\bar{\eta}}{H} = g_2\left(\frac{H}{gT^2}, \ \frac{U_0T}{H}\right) \qquad (3-31)$$

若将$\dfrac{U_0T}{H}$视为独立变量，则对于不同的$\dfrac{H}{gT^2}$，函数g_2所描述的曲线如图 3-11 所示。

反之，将$\dfrac{H}{gT^2}$视为独立变量，则对于不同的$\dfrac{U_0T}{H}$，函数g_2所描述的曲线如图 3-12 所示。

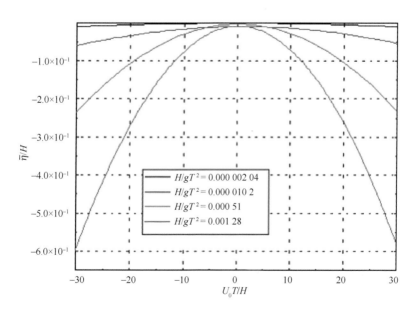

图 3-11 不同的$\dfrac{H}{gT^2}$下，$\dfrac{\bar{\eta}}{H}$随$\dfrac{U_0T}{H}$变化曲线

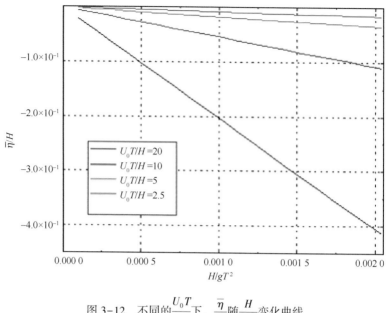

图 3-12　不同的 $\dfrac{U_0T}{H}$ 下，$\dfrac{\overline{\eta}}{H}$ 随 $\dfrac{H}{gT^2}$ 变化曲线

3.4　波浪/海流引致人工上升流试验研究

3.4.1　固定式波引致人工上升流试验

利用固定式波引致人工上升流装置进行造流试验时，上升流水头差即为速度水头差，即

$$\overline{\eta} = -\frac{u^2}{2g} \tag{3-32}$$

在皮托管试验中，管径与管口的倾角会对结果产生一定的影响，但是实际使用的皮托管通常直径很小，倾角也很小，其产生的影响基本可以忽略。当我们采取固定式装置放置于定常流水槽之中时，其原理与皮托管试验基本相同，因此其误差也可以忽略不计。同时，由于固定装置的硬管可以视为理想平滑的管，其阻力水头差也可以按照理想情况代入，可直接算出上升流速度。

下面单独讨论波浪的影响。由于管口固定，此处的波即可视为水平方向上水分子的循环往复运动，而竖直方向的往复运动在以周期取平均之后抵消为0。

试验中采用的固定式波引致人工上升流系统由一个固定在支架上的透明 PVC 硬管、一个从其底部伸入管内的用来注射墨水观察上升速度的细软管组成。试验地点为浙江大学紫金港校区海洋试验大厅,试验装置为长 42 m、宽 0.5 m 的造波水槽,水深设定为 0.6 m。平均上升流速通过秒表对墨水从管底上升到管口的时长计时得出。

固定式波引致人工上升流试验装置示意图和水槽试验照片如图 3-13 所示。

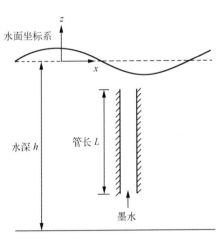

(a) 固定式波引致人工上升流装置试验示意图　　　　(b) 水槽试验照片

图 3-13　固定式波引致人工上升流试验

该造波水槽的最大波高为 0.2 m,波频率的变化范围为 0.2~2 Hz。根据弥散关系,对于 0.6 m 的水深,其相对深度当 $f > 1.14$ Hz 时为深水,当 $f < 0.2$ Hz 时为浅水,当 f 值在两者之间时为有限深度水。

试验选用了 1 Hz 的正弦规则波模拟深水状况,最大波高选用 0.1 m。固定管中间的一段 35 mm 的区域被选作测量墨水上升流速的计时区域。因此管口摩擦损失等在此区域内可忽略不计。水槽内的水在所有深度均为相同的淡水,因此摩擦阻力也可忽略不计,即此时的阻力仅为该光滑竖直固定管的沿程阻力损失。

此时的沿程阻力水头差即为上升流水头差 $\overline{\eta}$,故有

$$\left(\lambda \cdot \frac{L}{d} + 1.5\right) v^2 = \Delta u^2 \qquad (3-33)$$

式中,λ 为沿程阻力系数。假设该上升流为平流,此时雷诺数 $Re \ll 2\,300$,可取 $\lambda =$

$\dfrac{0.316}{Re^{0.25}}$；L 为涌升管管长；d 为涌升管直径；v 为管内上升流流速；Δu 为管的入口和出口之间的水平流速差。

将相关波浪参数代入式(3-33)，可以得到管内上升流的流速。该理论值与试验值的对比曲线如图 3-14 所示。

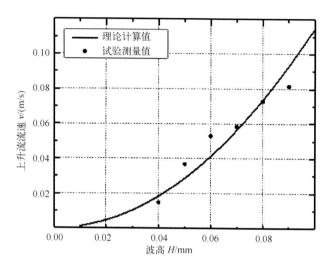

图 3-14 波浪水槽试验中上升流流速 v 随波高 H 的变化曲线(波周期 $T=1$ s)

如图 3-14 所示，上升流速度随波高变化的试验结果与理论结果比较吻合。这说明了模型的合理性，证明其可以用来预测放大后置于海中的实际波致人工上升流流量。

固定式涌升管存在的问题是忽略了波浪垂直方向的水分子速度分量。下面进一步讨论采用浮子式涌升管系统的情况。

3.4.2 流速-水头差验证试验

浮子式系统由于浮子会随波/流运动，涌升管也不是竖直和平滑的，情况比较复杂。为了较准确地测量验证浮子式系统在单独造流情况下得到的水头差，并通过与理论值的对比确定可能的影响因素，浙江大学研究团队在浙江大学舟山校区近海馆精密玻璃水槽内进行了试验，通过虹吸式连通器测量不同流速下的对应水头差。试验装置示意图和水槽试验照片如图 3-15 所示。

该精密玻璃水槽长 25 m，宽 0.6 m，高 0.5 m，试验中的注水高度为 0.3 m，所用连通器软管为内径 8 mm、外径 11 mm 的硅胶管，所用球形浮子直径 40 mm。

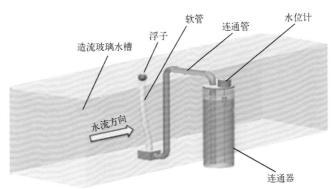

造流玻璃水槽　浮子　软管　连通管　水位计

水流方向

连通器

(a) 浮子式海流引致人工上升流装置试验示意图

(b) 水槽试验照片

图 3-15　浮子式海流引致上升流水头差试验

该试验的结果如图 3-16 所示。试验过程表明，当海流较小时，浮子式系统能够大致维持其形态，并且对周围流场产生的影响也较小。这时的试验值与理论值较为接近；当海流较大时，海流较为剧烈地冲击浮子式系统装置，试验数据相对小于理论计算结果。

另外，前述的固定式装置试验因为只有水平方向上波速的作用，原理与本试验实质相同，故其结果也可以看作是本结论的一个旁证。

为了分析流况和装置结构参数对试验结果的影响，研究团队在大型断面水槽（长 75 m，宽 1.8 m，高 2.0 m）中再次进行了试验。试验中所采用的硅胶软管内径为 20 mm、外径 24 mm，球形浮子直径 80 mm，试验水深 0.6 m，其余参数不变。试验结果如图 3-17 所示。

试验结果表明，此时的经验系数与浮子式装置和流体状态有关；当造流不够稳定，而装置本身对流场的干扰也较大时，该经验系数也较大。总体来说经验系数在 0.5~1 之间。

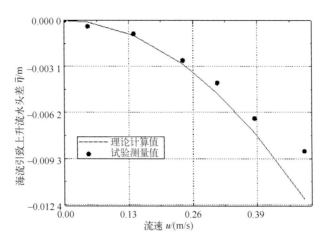

图 3-16　精密玻璃水槽中上升流水头差随流速变化曲线(浮子式系统装置，水深 0.3 m)

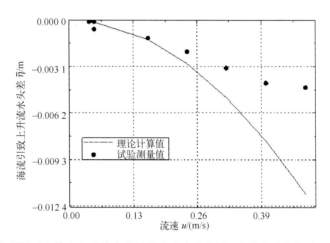

图 3-17　大型断面水槽中上升流水头差随流速变化曲线(浮子式系统装置，水深 0.6 m)

3.4.3　波浪-水头差验证试验

　　单独造流是浮子式系统试验的最简单模型，为了进一步研究波浪引致的人工上升流水头差，这里继续通过虹吸式连通器测量不同波况下的对应水头差。试验装置示意图如图 3-18 所示，试验原理和水槽试验照片如图 3-19 所示。

　　试验中，波浪由推板式造波装置产生和控制。试验过程选用了不同的波况参数，以揭示上升流水头差和波况之间的关系。试验结果与之前所做的预测曲线相互对比，以证明该理论用来预测上升效率的合理性。

　　类似地，由波浪运动引致的上升流水头差可以代表相对于静止水平面(still

water level)的平均水平面(mean water level),可以作为上升流系统的动力。我们同样采取虹吸式连通器的结构,对这一水头差进行直接测量。

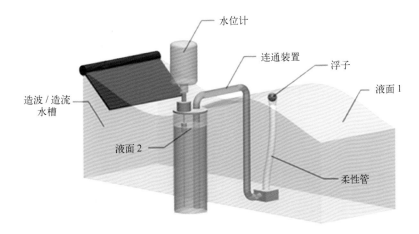

图 3-18 浮子式系统造波试验装置示意图

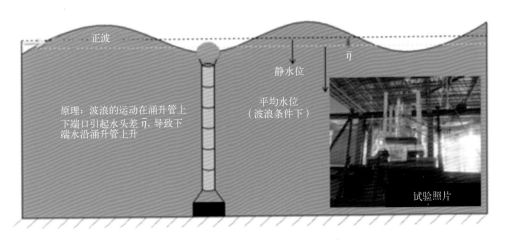

图 3-19 造波试验原理与试验照片

在涌升过程中,浮子式系统装置对于波浪场是有一定的影响的。柔性管和浮子运动造成的阻力相当复杂,难以精确测量,甚至在不同的试验中也很难保持一致。而且,浮子在随波运动中并不是精确地跟随着波浪做正弦波运动的。之前的研究也表明,影响振荡浮子的因素包括波浪参数、水深及浮子的形状、大小、材料和淹没深度等。此处在讨论上升流水头差试验时,我们将其笼统地归结为一个经验系数,加以限定。

如图 3-18 所示,我们用一个柔性管、一个小型的球形浮子构成一个浮式结构系统，放置在波浪水槽中，并用一个虹吸式连通器将柔性管连通到容器内，进而用磁致伸缩式水位传感器针测量水位变化，LabVIEW 系统监测界面及其所监测到的水位变化曲线如图 3-20、图 3-21 所示。当造波水槽保持稳定时，连通器内的水平面（液面 2）稳定在一个特定的水平（静止水平面），与水槽内的水平面（液面 1）完全持平；当开始造波时，其水头差驱动液面 2 下降到另一水平（平均液面），液面 2 的这一水头差变化值即为上升流水头差，由放置在容器中的水位传感器测得。测量的范围与前述章节中固定式装置试验的设置相同。

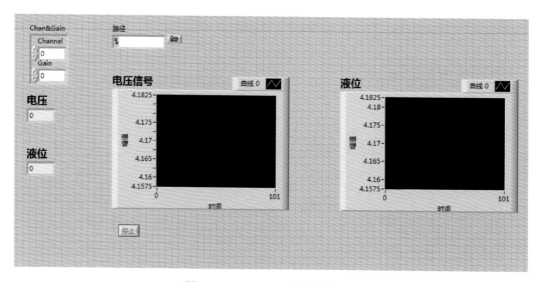

图 3-20　LabVIEW 系统监测界面

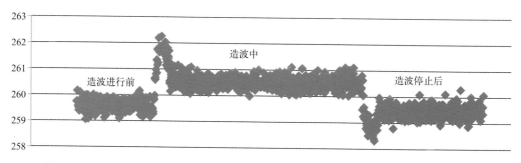

图 3-21　磁致伸缩式水位传感器测得的一个典型的水位（单位：mm）随时间变化数据

在浮子装置中，从上管口到浮子中心有一小段的距离，它可能会造成水头差有所下降。在前文中，我们用 $z=a$ 时的泰勒级数展开式，则得到该处的水头差随 a 值变化的函数：

$$\bar{\eta} = a - \frac{H^2 k^2 \cosh 2k(h + a) + 8ak\sinh 2kh}{2H^2 k^3 \sinh 2k(h + a) + 8k\sinh 2kh} \qquad (3-34)$$

代入相关参数，可以得到其相应的变化曲线，如图3-22所示。

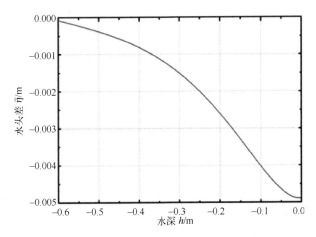

图3-22　波周期 $T=1$ s 时上升流水头差随水槽深度的变化曲线

可以看出，z 值大于 -0.1 时影响是很小的。此处我们引入经验系数 C_{emp} 代表包含管口-浮子间距在内的未知因素对理想水头差的影响。经过修正后的公式可以表示为

$$\bar{\eta}_{expr} = - C_{emp} \cdot \frac{H^2 k}{2(4 + H^2 k^2) \tanh 2kh} \qquad (3-35)$$

本书中取经验系数 C_{emp} 为 0.5。根据式（3-35），经校正后的试验结果 $\bar{\eta}_{expr}$ 与理论曲线的对比如图3-23所示。

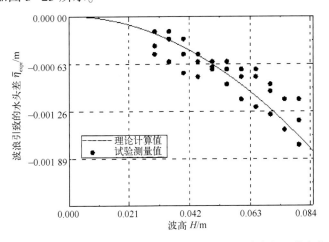

图3-23　当经验系数 C_{emp} 为 0.5 时上升流水头差 $\bar{\eta}_{expr}$ 随波高 H 的变化曲线

值得注意的是，观察磁致伸缩式水位传感器针测量水位的观测窗口所示的水平面波动曲线可以看出，该水位的平均值在造波中随时间增加而渐渐趋于稳定。因此，后续试验中当我们再需要测量平均水位时，直接在水位趋于稳定的时间后采用水位测针进行测量，以使试验装置更为简单，且结果更为准确。

3.4.4　波浪/海流耦合试验

波浪/海流耦合试验的主体部分在大型断面水槽(相关参数前文已说明，不再赘述)中进行，其装置示意图和水槽试验照片如图 3-24 所示。试验中，除了水槽需要同时进行造波和造流外，其目的和原理均与上一组试验相同。该大型断面水槽的造流在两个方向上均能实现。

图 3-24　大型断面水槽波浪/海流耦合引致上升流试验

本试验中，连通的软管为内径 20 mm、外径 24 mm 的硅胶软管，浮子为直径 80 mm 的泡沫球形浮子，注水深度为 0.6 m，连通器中的水位如前所述，采用水位测针进行测量(装置示意图如图 3-18 所示)。

造流速度设定后用 ADV 监测；造波用水槽自带的软件设定。

类似地，在涌升过程中，浮子式系统装置对于波浪场是有一定的影响的。我们同样将其归结为一个经验系数 C_{emp} 加以限定，即

$$\bar{\eta}_{expr} = - C_{emp} \cdot \frac{- m^2 H^2 g^2 k^2 \cosh 2kh - 4 U_0^2 N}{2 m^2 H^2 g^2 k^3 \sinh 2kh + 8gN} \tag{3-36}$$

式中，各变量的定义与3.3节相同。

从理论上，该经验系数的取值应当介于造流试验的经验系数与造波试验的经验系数之间。同时，上文中也提到了不同的波况/流况和装置的稳定性等对试验结果的影响，该经验系数也会因此有一定的波动。

分析本组试验结果时，若把经验系数设为1，则经校正后的最终试验结果与理论曲线的对比如图3-25所示，其中横轴表示流速，其为负值时波流反向，为正值时波流同向。

可以看出的是，与单独造流的试验相同，经验系数与浮子装置和流体状态有关；当造流不够稳定，而装置本身对流场的干扰也较大时，该经验系数也较大，总体在0.5~1之间。

从理论值还可以看出，当波高较大时，较小的海流反而会引起上升流水头差绝对值的减小。这是因为此时波浪的引致作用占据了主导地位，而附加的海流对波高和波数产生了负面的影响。在实际海域模型中，如前文对100 m海域的计算中波数较小，而波高也相对水深较小，所以并不会出现这种趋势。

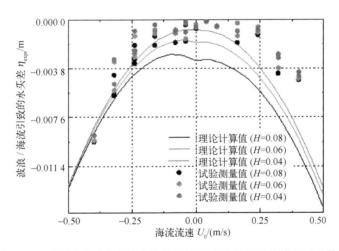

图3-25　不同波高时上升流水头差随流速变化的理论曲线与试验数据

3.4.5　波浪对海流的叠加作用试验

在对波浪/海流耦合造成的上升流水头差进行整体分析之后，无论是从理论计算还是试验结果，我们都可以发现，在波和流共同作用的情况下，流是占有主导性地位的。所以本节中我们将单独讨论一下波对流的附加作用，即在流速一定的情况下，叠加不同波况的波对其上升流水头差产生的叠加作用。

试验过程中，首先设定一个恒定的流速 U_0，范围在 $0\sim0.5$ m/s 之间，用连通器测量此时的水位。然后分别设定频率为 1 Hz，波高分别为 $H=0.08$ m，$H=0.06$ m 和 $H=0.04$ m 的正弦波叠加在流上，并分别测定叠加后连通器内的水位。记录二者的差值，即 $\overline{\eta_{U=U_0,H=0.08(0.06,0.04)}}-\overline{\eta_{U=U_0,H=0}}$。这个值表达的意思是波流共同作用较流的单独作用所制造的水头差，此处写为 $\Delta\overline{\eta}$，即波对流的叠加作用产生的额外上升流水头差。

根据前述理论计算得到浮子深度对结果的影响如图 3-26 所示。

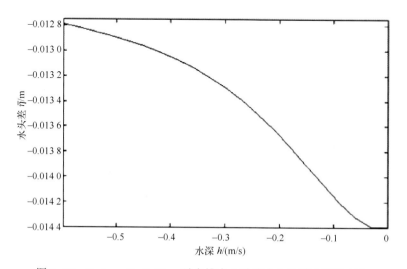

图 3-26　$T=1$ s，$H=0.08$ m 时水槽内上升流水头差随水深的变化

考虑浮子深度因素的影响（$a=-0.05$ m），得到理论曲线，与本系列试验数据进行对比，可以得到如图 3-27 所示的结果。

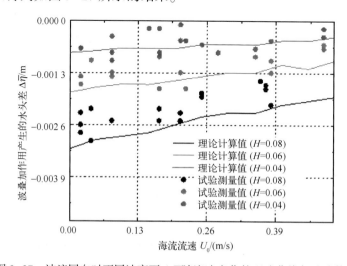

图 3-27　波流同向时不同波高下 $\Delta\overline{\eta}$ 随流速变化的理论曲线与试验数据

如图 3-27 所示，试验结果反映出了理论曲线的变化趋势，即：当在固定流上叠加波时，波和流的耦合作用引致了上升流水头差，二者的叠加关系在不同的流速和波况下不是简单的线性叠加，而是符合式(3-28)所表达的曲线变化。总的趋势是，当流速恒定时，波高增加，水头差绝对值增加；当波况恒定时，若波流同向，则随着流速的增加，同样的波对水头差的贡献是在减弱的。

重新分析之前大型断面水槽的试验结果，用波浪/海流耦合共致的水头差减去没有造波时的水头差，我们也可以得到试验与理论对比的曲线。

该结果进一步说明，若波流反向，则随着流速绝对值的增加，同样的波对水头差的贡献是减弱的(图 3-28)。

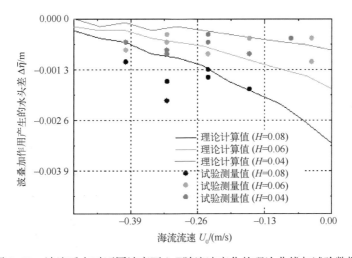

图 3-28　波流反向时不同波高下 $\Delta\eta$ 随流速变化的理论曲线与试验数据

至此我们可以得出结论：波流共致上升流水头差时，流通常占有主导地位，波起到一定的叠加作用，叠加关系在不同的流速和波况下不是简单的线性叠加，而是沿曲线变化，并且优于流单独作用时的引致作用。当流速恒定时，波高增加，水头差绝对值增加；当波况恒定时，无论波流同向还是反向，随着流速的增加，同样的波对水头差的贡献都是在减弱的。

3.5　小结

本章针对波浪/海流引致人工上升流理论进行了研究。波浪/海流引致人工上升流方法是一种基于波浪力学基础理论，以波浪和海流的运动作为动力驱动人工上升流的方法。从最简单的海流单独引致人工上升流开始，分析波浪以及波浪和海流联合作用引致的人工上升流理论。先将其扩展到波浪的水平分量引致人工上升流，然后引入自由表面波方程的平均水位计算方法，讨论波浪单独引致人工上升流。最后将海流和波浪结合起来，讨论了二者耦合作用时产生的平均水头差，形成完整的波浪/海流引致人工上升流理论。

本章的理论计算基于 Dean 等（1991）关于微振幅波的平均水位理论，在此基础上进行了拓展，使其适用于人工上升流系统。

参考文献

戴遗山，段文洋，2008. 船舶在波浪中运动的势流理论[M]. 北京：国防工业出版社.

林杉，2017. 波浪/海流引致人工上升流技术基础性研究[D]. 杭州：浙江大学.

徐兆全，2007. 浪流作用下系泊船舶运动及缆绳布局优化[D]. 大连：大连理工大学.

CHEN H H, 1993. Design and performance evaluation of a wave-eriven aritificial upwelling device[D]. Hawaii: University of Hawaii.

DEAN R G, DALRYMPLE R A, 1991. Water wave mechanics for engineers and scientists[M]. Singapore: World Scientific Publishing Company.

KENYON K E, 2007. Upwelling by a wave pump[J]. Journal of Oceanography (63): 327-331.

4 气力提升式人工上升流理论及羽流控制方法

在第 2 章中，我们对目前主流的人工上升流技术及其实现方式进行了介绍，并对它们各自的优缺点和适用场合进行了概括。其中气力提升式人工上升流是工程可行性较强的人工上升流技术实现方法之一，同时也是我国目前人工上升流技术的主要研究方向。与其他人工上升流技术相比，气力提升式人工上升流技术具有流量大、提升效率高、能耗小、灵活性强等优势。同时，通过将空气注入海水中，可有效增加海水中的含氧量，对水体缺氧也具有一定的改善效果。

在本书相关内容发表之前，国内外学者已围绕气力提升式人工上升流的提升机理开展了大量研究工作，总结出了单点和线源注气条件下气泡的运动特性以及气泡群与液体之间的相互作用规律。但早期的理论研究结果大多在静水条件下得出，没有考虑水体流动对气泡群和上升流浮力羽流运动的影响。此外，关于浮力羽流运动轨迹与上升流实施效果之间的关系以及如何通过工程手段控制浮力羽流的运动行为等问题，依然缺乏深入研究。而上述问题的解决对人工上升流的工程实施具有重要指导意义。

本章通过综述结合公式推导的方式，介绍气力提升式人工上升流技术中的关键理论问题，大致分为三个部分，分别在 4.1 节、4.2 节和 4.3 节中展开描述。4.1 节综述了现有的人工上升流理论。针对气幕式和气举式两种注气方式，分别探讨了人工上升流的提升机理，得出了影响上升流流量的关键因素及其计算方法。4.2 节分析了两种注气方式下的浮力羽流运动规律，进而导出了不同自然条件(水深、水平流速)下浮力羽流轨迹的控制方法。这一方法允许工程人员通过调节人工上升流系统参数实现对浮力羽流最大高度的调节，对上升流系统工程参数的设计具有重要意义。4.3 节在实验室条件下对 4.2 节中提出的羽流轨迹控制方法进行了验证，评估了对应数学模型在描述浮力羽流运动规律时的准确性。

本章的内容是第 5 章气力提升式人工上升流技术试验研究的基础，为试验方案的设计以及装备工程参数的优化提供了重要支撑。

4.1 气力提升式人工上升流理论

如前所述，气力提升式人工上升流技术可大致分为气幕式人工上升流技术和气举式人工上升流技术两种类型。

气幕式人工上升流技术最早由挪威研究团队提出。该技术利用空气压缩机直接将空气注入几十米深的海水中形成气泡幕。随着气泡幕上升，周围的底层海水会被携带到上层。该方法简单直接，工程实施相对容易，但受气泵输出压力的限制，通常只在水深较浅的近海应用。气举式人工上升流技术由中国台湾大学梁乃匡教授团队于 1999 年提出。该技术采用向涌升管内注气的方法提升深层海水。由于气泡与水的混合液比海水轻，涌升管内上端部分的海水在气泡浮升的动能带动下向上涌升，下端部分的海水则会向上流动进行补充，从而将深层海水依次提升至上层。由于涌升管的存在，气举式人工上升流系统对注气压力的需求相对较小，也不需要考虑气泡幕的扩散，可在水深较大的海域布放实施。

由于实施方式上的差异，两者在理论研究中的侧重点也有所不同。气幕式人工上升流理论研究主要考虑气泡羽流的扩散运动，其基础理论以气泡羽流理论和浮力射流流动相似性理论为基础，其核心方程利用动量守恒和质量守恒原理导出。而气举式人工上升流理论侧重于考虑管壁摩擦以及气液两相流之间的相互作用。由于涌升管中既有单相流动，又有气液两相流动，并且管内的流体受力复杂，通过受力分析很难详细描述管内流体间的相互作用，因此通常从能量收支角度进行分析，其数学模型中的基本守恒方程基于能量守恒原理建立。

4.1.1 气幕式人工上升流理论

关于气幕式人工上升流系统的理论研究最早起源于对气泡在水中运动规律的研究。早期研究主要偏重于试验观察。Haberman 等（1956）在水、乙醇、甘油、糖浆等十几种液体中观察了气泡的上升过程，提出了气泡上升速度与液体特性的无因次关系。另外，他们还提出了黏滞力与表面张力比的莫顿数（Morton number）、压力与表面张力比的韦伯数（Weber number），从而分析气泡在不同液体中的不同运动状态和其中所产生的拖曳力。后来，Moore（1956）在理论上研究了气泡的上升速度。他研究了球体和扁球体的气泡，并通过球面坐标系分析了非旋性流场，提出了气泡最终上升速度与液体特性、气泡边界层、拖曳力和形状的关系。1953 年，Peebles 和 Garber 研究了单个气泡上浮现象，但未研究气泡带动液体的提升规律。

1968 年，Kobus 研究了开放式静止水域中点源和线源注气提升理论，建立了气泡提升理论模型，并通过试验进行了验证，为后续气泡提升理论的研究奠定了基础。Ditmars 等（1974）在 Kobus 模型基础上进一步研究了点源和线源气幕式注气系统。通过建立动量、流量守恒方程，他们将气幕式系统的气泡羽流中心速度表示为注气量、注气深度和上升深度的函数。2005 年，中国台湾大学的梁乃匡等对 Kobus 气幕式注气理论模型进行了修改，通过理论推导，梁乃匡等（2005）将静止水体中上升气泡羽流中心速度表示为注气流量、水和空气密度以及上升深度的函数，并在实验室条件下对该理论进行了论证。上述学者的研究工作完善了静止水体中的气泡羽流理论。下面我们将以上述理论为核心，探讨决定气幕式人工上升流流量的关键因素。

图 4-1 为静止水体中喷头注气产生的气泡群及其携带的周围水体上升过程示意图。从气泡羽流垂直方向上速度分布可以看出，当气泡羽流上升到表面后会凸出水面一定高度，然后向四周水平扩散。在接近表面的一定深度 h 范围内，气泡羽流的速度与之前的差异明显，流动情况复杂。根据试验观察得出这一深度范围 h 约为 $0.25H$。静止水体中的气泡羽流理论主要研究不受表面这段范围影响的气泡羽流，即 $z < H-h$ 的范围。

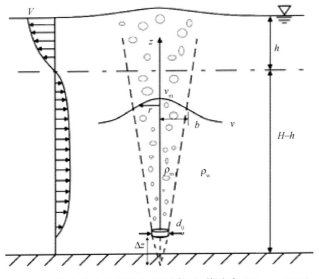

图 4-1　静止水体中气泡羽流示意图（修改自 Kobus，1986）

Ditmars 等(1974)完善后的气泡提升理论以气泡羽流和浮射流的流动相似性为基础。该理论假设羽流边缘的卷吸率与轴向平均羽流速度 v_m 成正比,且所有深度处的速度和密度横向剖面分布是相似的,它们可以近似用高斯分布表示,如图 4-1 所示。因此,对于羽流速度和密度分布分别可表示如下:

$$v = v_m \cdot e^{-r^2/b^2} \tag{4-1}$$

$$\rho_w - \rho_m = \Delta\rho_m \cdot e^{-r^2/\lambda^2 b^2} \tag{4-2}$$

式中, v 为竖直方向羽流速度; v_m 为竖直方向羽流轴心速度; ρ_w 为周围水体的密度; ρ_m 为气泡羽流的混合密度; $\Delta\rho_m$ 为某一深度轴心处的气泡羽流混合密度与周围水体的密度差; r 为径向坐标; $1/\lambda^2$ 为湍流施密特(Schmidt)数; b 为羽流的名义半宽宽度,它与速度分布的标准偏差有关。

根据 Boussinesq 假设,浮力项中的密度差别可以被忽略,因此羽流流量可沿径向方向积分求得,表示如下:

$$Q = \int_0^\infty 2\pi v r \mathrm{d}r = 2\pi v_m \int_0^\infty e^{-r^2/b^2} r \mathrm{d}r = \pi v_m b^2 \tag{4-3}$$

气泡羽流卷吸周围水体的卷吸率与气泡羽流的轴心速度 v_m 和名义半宽 b 成正比,可表示为

$$\frac{\mathrm{d}Q}{\mathrm{d}z} = \alpha 2\pi b v_m \tag{4-4}$$

式中, z 为竖直深度坐标; α 为卷吸系数,可根据经验公式(Liang, 2005)得出,

$$\alpha = 0.082 \left[\tanh\left(\frac{\sqrt[3]{gQ_{a0}/H_0}}{v_s} \right) \right]^{3/8} \tag{4-5}$$

式中, Q_{a0} 为标准大气压下的气体体积流量; H_0 为标准大气压等效的水柱高度,一般为 10.4 m; v_s 为气泡和周围水体之间的滑移速度。

然后由式(4-3)和式(4-4)可以推出:

$$\frac{\mathrm{d}(v_m b^2)}{\mathrm{d}z} = 2\alpha v_m b \tag{4-6}$$

类似地,在求羽流竖直方向动量时,根据 Boussinesq 假设 $\rho_m \approx \rho_w$,则竖直方向动量 M 也可通过沿径向方向积分求得,表示如下(Ditmars, 1974):

$$M = \int_0^\infty 2\pi v^2 \rho_w r \mathrm{d}r = \int_0^\infty 2\pi (v_m \cdot e^{-r^2/b^2})^2 \rho_w r \mathrm{d}r = \frac{\pi \rho_w v_m^2 b^2}{2} \tag{4-7}$$

整个气泡羽流的动力来自它们的浮力,因此其竖直方向的动量通量为

$$\frac{\mathrm{d}M}{\mathrm{d}z} = \int_0^\infty 2\pi(\rho_\mathrm{w} - \rho_\mathrm{m})\, g r \mathrm{d}r = \int_0^\infty 2\pi(\Delta\rho_\mathrm{m} \cdot \mathrm{e}^{-r^2/\lambda^2 b^2})\, g r \mathrm{d}r = \pi\Delta\rho_\mathrm{m} g\lambda^2 b^2 \quad (4-8)$$

由式(4-7)和式(4-8)可推出：

$$\frac{\mathrm{d}(v_\mathrm{m}^2 b^2)}{\mathrm{d}z} = 2\frac{\Delta\rho_\mathrm{m}}{\rho_\mathrm{w}} g\lambda^2 b^2 \quad (4-9)$$

严格讲，气泡在水中上升时的膨胀过程既不是绝热也不是真正的等温，而是一个中间过程。尽管大气泡的上升膨胀几乎是绝热过程，但是经研究发现气泡膨胀过程选择对理论分析的结果影响较小。为了简单处理，在此假设气泡的上升为等温过程，周围水体是一个巨大的恒温器。根据等温过程，某一深度 z 处的空气的体积流量 $Q_\mathrm{a}(z)$ 可表示为

$$Q_\mathrm{a}(z) = Q_\mathrm{a0}\left(\frac{H_0}{H_0 + H - z}\right) \quad (4-10)$$

式中，H 为喷头所处的深度，即注气深度。由于空气在十余米深水中的上升时间不到 1 min，因此不考虑气体与周围水体相溶解的情况。根据 Kobus 提出的气泡羽流气体质量守恒方程：

$$\int_0^\infty 2\pi r \frac{(\rho_\mathrm{w} - \rho_\mathrm{m})}{\rho_\mathrm{w}} g v_\mathrm{b} \mathrm{d}r = \frac{(\rho_\mathrm{w} - \rho_\mathrm{a})}{\rho_\mathrm{w}} g Q_\mathrm{a0}\left(\frac{H_0}{H_0 + H - z}\right) \quad (4-11)$$

式中，ρ_a 为空气在标准大气压下的密度；v_b 为气泡上升速度。

然而梁乃匡指出此公式存在一定的问题，公式左边项为横截面上的气体质量流量，而右边为水体质量流量。因此梁乃匡将此式修改为

$$\int_0^\infty 2\pi r \frac{(\rho_\mathrm{w} - \rho_\mathrm{m})}{\rho_\mathrm{w}} g v_\mathrm{b} \mathrm{d}r = \frac{\rho_\mathrm{a}}{\rho_\mathrm{w}} g Q_\mathrm{a0} \quad (4-12)$$

气泡在水中的上升速度可表示为羽流的上升速度和它们之间相对滑移速度之和：

$$v_\mathrm{b} = v + v_\mathrm{s} \quad (4-13)$$

将式(4-1)、式(4-2)和式(4-13)代入式(4-12)中，可推出如下表达式：

$$\Delta\rho_\mathrm{m} g\lambda^2 b^2\left(\frac{v_\mathrm{m}}{1 + \lambda^2} + v_\mathrm{s}\right) = \frac{\rho_\mathrm{a}}{\pi} g Q_\mathrm{a0} \quad (4-14)$$

再将式(4-14)代入式(4-11)得到

$$\frac{\mathrm{d}(v_\mathrm{m}^2 b^2)}{\mathrm{d}z} = \frac{2\rho_\mathrm{a} g Q_\mathrm{a0}}{\pi\rho_\mathrm{w}\left(\dfrac{v_\mathrm{m}}{1 + \lambda^2} + v_\mathrm{s}\right)} \quad (4-15)$$

通过式(4-6)和式(4-15)，可求出羽流上升的轴心速度 v_m 和名义半宽宽度 b。考虑压降作用引起的羽流初始扩散和喷头尺寸效应，在此引入虚拟喷头位置 Δz，如图4-1喷头底部所示。Δz 可通过 $z=0$ 处喷头的直径 d_0 求得：

$$\Delta z = \frac{d_0}{2.4\alpha} \qquad (4-16)$$

根据梁乃匡等提出的方法，通过求从 $-\Delta z$ 到 z 的积分，求出 v_m 和 b，表示如下：

$$b = 1.2\alpha(z + \Delta z) \qquad (4-17)$$

$$v_m = 1.02\alpha^{-1}\left[\frac{g(1+\lambda^2)Q_{a0}\rho_a}{\pi\rho_w}\right]^{1/3}(z + \Delta z)^{-1/3} \qquad (4-18)$$

式(4-18)为气泡羽流上升过程中羽流轴心速度随着深度变化的关系。根据式(4-18)和式(4-1)，可求得气泡羽流在静止水体中上升到任意深度位置(z, r)处羽流竖直方向的速度。通过对横截面羽流速度积分，便可求得深度 z 处的上升羽流的流量：

$$Q(z) = \pi v_m b^2 \qquad (4-19)$$

至此，我们整理了以 Kobus 注气提升理论为核心的气泡羽流理论，讨论了静止水体中注气量、注气深度与浮力羽流流量之间的关系。上述理论结果能够帮助工程人员判断达成预期的上升流效果所需要的工程条件，对气幕式上升流系统中气泵的压力、排气量、注气喷头的布放深度等工程参数的设计具有关键性的指导意义。

4.1.2 气举式人工上升流理论

气举式提升技术并非海洋人工上升流技术领域的首创技术。在用于产生人工上升流之前，该技术在危险介质输送、深井取水和海底石油矿产资源开采等领域均有应用。应用此类技术的提升装置通常称之为气力泵。因此，关于气举式提升系统的技术和理论研究起步较早，也较为成熟。

Nicklin(1963)研究了管径、管长、上升管顶部压力、浸没比以及水的体积流量等因素对气力泵提升效率的影响，并提出了一个建立在塞状流理论上的气力泵提升理论。通过研究发现，如果假设上升管内的流型是段塞流，则气力泵的效率与两相段塞流的形态有关。Rautenberg(1972)将功率守恒理论运用到气液两相流中，用于研究气力泵提升原理，通过计算注气流量与液体提升流量的关系来验证气力泵的可行性。为简单处理，他在推导过程中简化了气泡变形、分裂、结合以及液体特性等因素，得出在稳定状态下提升液体所需的能量等于输入压缩气泡能量减去损耗的能量。Todoroki 等（1973）认为，在两相流中摩擦损耗与气液混合物中各相所占的比例有关，并通过理论和实验两个方面对气力提升泵的性能进行了研究，发现在一定的管径范围内理论计算结果与试验数据非常吻合。Sharma 等（1976）在浅水环境下研究了大管径气力泵提升效率的影响因素，发现涌升管内的流体流动形态是影响气力泵性能的关键因素之一。Khalil 等（1999）研究了不同注气口孔数和不同提升管的潜没比对气力提升泵提升性能的影响。经过实验发现，采用适当的多孔进气方式相比于单孔进气有更高的效率。但当时的研究没有涉及注气口孔径变化对提升效率的影响。

1999 年，中国台湾大学的彭海鲲、梁乃匡等修正了 Rautenberg 的气力提升泵理论中的不合理之处，提出了气举式人工上升流流量的理论模型，并将其应用到海洋人工上升流技术的研究中。另外，他们还在理论模型中加入了由于海水垂直分层密度差所引起的功率损耗和水面凸起所需的功率。他们根据梁乃匡提出的构想，发展了有管条件下的人工上升流理论并通过试验的方式进行分析研究，得到了气举式人工上升流的流量计算表达式（Peng, 1999）：

$$Q_w = f(Q_0, H, D, L, H_d, \rho_w, p_E, p_{atm}, \lambda, \xi, K_1, K_2, K_3) \quad (4-20)$$

式中，Q_w 为液体提升流量；Q_0 为注气流量；H 为注气点水深；D 为提升管管径；L 为管长；H_d 为提升管上端口离水面距离；ρ_w 为水体密度；p_E 为注气点的压力；p_{atm} 为大气压，λ、ξ 分别为与摩擦损耗有关的系数；K_1、K_2、K_3 为其他系数。该理论主要建立在一维管流的能量守恒基础上。

梁乃匡等（2005）从能量守恒的角度进一步研究了气举式人工上升流理论。他们认为在不考虑波浪和洋流影响的情况下，整个系统的能量来源于泵入空气的能量，其值应等于各种动能势能及各种能量损耗之和，包括具体流体与涌升管壁的摩擦损耗、混合流体的动能、水体密度、水头差、管底部的入口损耗、两相流体相对滑动的摩擦损耗以及凸出水面的能量。据此，他们提出了气举式人工上升流能量守恒的方程：

$$N_L = N_R + N_{Ru} + N_B + N_E + N_S + N_h + N_{rise} \quad (4-21)$$

式中，N_L 为空气泵输入的能量；N_R 为注气喷头以上部分管内的摩擦损耗；N_{Ru} 为注气喷头以下部分管内的摩擦损耗；N_B 为气液两相流的动能；N_E 为入口处的摩擦损耗；N_S 为气泡与水之间滑移速度所引起的摩擦损耗；N_h 为相应密度水头所需的能量；N_{rise} 为上升流海面以上凸起部分的能耗。

通过仿真计算，梁乃匡等得出了气举式涌升管提升营养盐海水体积流量和注气体积流量的关系，提升效率可达几十倍甚至上百倍，如图 4-2 所示。

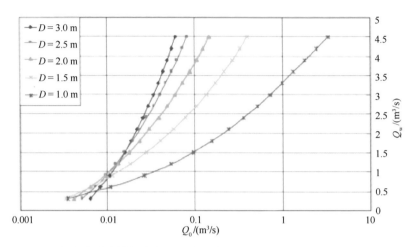

图 4-2　气举式涌升管提升流量 Q_w 与注气流量 Q_0 的关系（Liang et al.，2005）

2013 年，浙江大学的樊炜等（Fan et al.，2013）在梁乃匡等提出的能量守恒模型的基础上，额外考虑了含气率以及装备结构（如弯管、阀门、管径变化等）带来的局部水头损失，并通过湖试进行了验证（详见第 5 章）。2019 年，浙江大学的强永发等在此基础上进一步考虑了气管的沿程损耗，并将守恒方程描述为

$$E_i = E_h + E_k + E_{ru} + E_{rd} + E_e + E_{rise} + E_s + E_l + E_L \qquad (4-22)$$

式中，E_i 为气泵输入的能量；E_h 为克服密度水头所需的能量；E_k 为气液两相流的动能；E_{ru} 为注气喷头以上部分管内的摩擦损耗；E_{rd} 为注气喷头以下部分管内的摩擦损耗；E_e 为入口处的摩擦损耗；E_{rise} 为上升流凸出海面以上部分的能量消耗；E_s 为气泡与水体之间滑动速度所引起的摩擦损耗；E_l 为局部水头损耗；E_L 为气管沿程损耗。

下面我们以该模型为例，讨论气举式人工上升系统的理论分析方法。

典型的气举式人工上升流系统主要由供能系统、注气系统和涌升管等组成，其中涌升管分为注气和吸水两段，如图 4-3 所示。其中喷头以上部分为注气段，即气液两相流段，被压缩的空气通过喷头进入涌升管内形成上升的气泡群，从而带动周围水体形成气液两相流。竖直管中两相流会形成不同的分布形式，称为两相流的流型。竖直管道中的流型可分为泡状流、弹状流、乳沫状流(搅混流)、环状流、细束环状流等，不同的流型取决于喷头的形状、气泡上升的速度以及气泡所受的重力和浮力。然而对于气举式人工上升流，一般使用的涌升管为粗管且注气量不会很大，因此管中出现的流型多为泡状流。喷头以下的部分为吸水段，此段中水体由于压差而向上流动，只存在单相体。

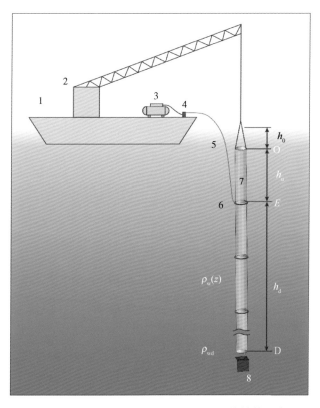

图 4-3　一种典型的气举式人工上升流系统结构示意图

1—工程船；2—吊臂；3—空压机；4—调节阀；5—输气管；6—注气喷头；7—涌升管；8—重块

首先考虑系统的总能量输入。在气举式人工上升流系统中，该输入一般由气泵提供，即式(4-22)中对应的气泵输入能量 E_i 可以具体表示为

$$E_i = \int_{P_0}^{P_e} Q_a(P)\,\mathrm{d}P = \int_{P_0}^{P_e} \frac{Q_{a0}P_0}{P}\mathrm{d}P = Q_{a0}P_0\ln\left(\frac{P_e}{P_0}\right) \qquad (4-23)$$

式中，$Q_a(P)$ 为气压 P 下的空气体积流量；Q_{a0} 为标准大气压下的空气体积流量(在气动计算中，通常将工作压力下的气体流量转换成标准大气压下的气体流量，以方便计算)；P_0 为标准大气压；P_e 为喷头出口处的压强。

根据伯努利原理，可得出如下表达式（Liang et al., 2005）：

$$P_e = P_0 + \rho_{wd}gh_u - (1 + \xi_e + \lambda_p h_d/D)\frac{\rho_{wd}v_w^2}{2} \qquad (4-24)$$

式中，ρ_{wd} 为涌升管底部所处深度水体的密度；ξ_e 为涌升管底部入口损耗系数；h_u 为注气喷头以上涌升管长度；h_d 为注气喷头以下涌升管长度；λ_p 为涌升管沿程损耗系数，可参考表 4-1 和表 4-2 进行计算；D 为涌升管直径；v_w 为水相的上升速度。

此时，被提升的水的动能可以表示为（Fan et al., 2013）：

$$E_k = \frac{1}{2}\rho_d Q_w v_w^2 = \frac{\rho_{wd}Q_w^3}{2A^2} \qquad (4-25)$$

式中，A 为涌升管横截面积；Q_w 为水的体积流量。

克服密度水头所需的能量可通过沿着深度对密度剖面积分求得，同时还需考虑涌升管口至水面的深度差所产生的密度水头。因此，总密度水头可以以积分的形式表示为

$$E_h = \int_0^{h_u+h_d+h_0} Q_w[\rho_{wd} - \rho_w(z)]gdz = Q_w g\int_0^{h_u+h_d+h_0}[\rho_{wd} - \rho_w(z)]dz \qquad (4-26)$$

式中，h_0 为涌升管上端口的布放深度；$\rho_w(z)$ 为深度 z 的水体密度。

根据张利平（2007）的《液压与气动技术》，流体在管道中流动时，其沿程压力损耗与速度的平方、流体密度以及流过的路程成正比关系，与管道的直径成反比。管壁的摩擦损耗与管壁的粗糙度、管子弯曲、收缩以及管内附着海洋生物等多种因素有关，为了简化处理，这里主要研究管壁粗糙度引起的摩擦损耗。涌升管中沿程摩擦损耗可分为两部分，喷头以上管内部气液两相流与管壁的摩擦损耗以及喷头以下管内部单相流水体与管壁的摩擦损耗，分别表示如下：

$$E_{ru} = \lambda_p \frac{h_u}{D}\frac{\rho_{wd}u_m^2}{2}Q_m = \lambda_p \frac{h_u\rho_{wd}Q_m^3}{2DA^2} \qquad (4-27)$$

$$E_{rd} = \lambda_p \frac{h_d}{D}\frac{\rho_{wd}v_w^2}{2}Q_w = \lambda_p \frac{h_d\rho_{wd}Q_w^3}{2DA^2} \qquad (4-28)$$

式中，Q_m 为注气段气液两相流的体积流量。单位时间内通过某一管道截面的气、液两相流体积分别称为气相体积流量 Q_a 和液相体积流量 Q_w，两者之和称为气液两相流的体积流量 $Q_m = Q_a + Q_w$；u_m 为注气段气液两相流平均流速，$u_m = Q_m/A$；λ_p 为涌升管内沿程损耗系数，根据 Xiao 等（2017）的研究，λ_p 可表达为雷诺数的关系

式，即

$$\lambda_p = 0.012\,27 + \frac{0.754\,3}{Re^{0.38}} \tag{4-29}$$

$$Re = \frac{Dv_w}{\nu} = \frac{DQ_w}{\nu A} = \frac{4Q_w}{\pi D\nu} \tag{4-30}$$

式中，ν 为水的运动黏度。

在气举式人工上升流中，雷诺数一般在 10 的 5 次方量级左右，因此涌升管内的流动属于湍流。涌升管底部入口损耗可以表示如下：

$$E_e = \xi_e \frac{\rho_d Q_w^3}{2A^2} \tag{4-31}$$

式中，ξ_e 为入口损耗系数。

涌升管底部的入口损耗与管口的形状以及它所导致的湍流涡旋有关。一般情况下，人工上升流系统中采用的涌升管管壁较薄，边缘锋利，导致入口处的流线先聚集而又发散，产生湍流涡旋，因此造成了入口处的能量损耗。入口损耗系数 ξ_e 可根据华绍曾等（1985）的《实用流体阻力手册》查得。

被提升的深层水到达海面并突破水气界面后，会形成一定高度的水跃，造成涌升管管口上方附近的海表面微微凸起。上升流系统提升的水流稳定后，维持此水跃高度所需要的能量表示如下：

$$E_{rise} = \rho_{wd} g h_r Q_w = \rho_{wd} g \xi_{h_r} Q_w^{5/3} \tag{4-32}$$

式中，h_r 为海表面凸起的高度；ξ_{h_r} 为系数，由下式求得。根据彭海鲲提出的经验公式（Peng, 1999），h_r 可以被近似表示为

$$h_r = 0.13 \left(\frac{Q_w h_u}{A\sqrt{g}} \right)^{2/3} \exp\left(-12 \frac{h_0}{h_u} \right) = \xi_{h_r} Q_w^{2/3} \tag{4-33}$$

而气泡和水体之间的滑动所产生的摩擦损耗 E_s 可由以下公式求得：

$$E_s = C_{NS} A \kappa v_{am} (P_e - P_0) + C_{NS} \frac{\Delta P}{\rho_d g} A \frac{\kappa v_{am}}{h_r} (P_e - P_0) \tag{4-34}$$

$$\kappa = h_r / (h_r + h_u) \tag{4-35}$$

式中，v_{am} 为气泡上升的平均速度；ΔP 为管内总的压降；κ 为一引入参数；C_{NS} 为彭海鲲改进 Rautenberg 提出的修正系数（Rautenberg, 1972），其值小于 1，彭海鲲等建议将其数值取为 0.75（Peng, 1999）。根据工程经验，气泡与水体间的摩擦损耗相对较小，对整个系统影响不大，在实际运用中可近似忽略。

除了涌升管管壁摩擦损耗、入口损耗和气液滑动引起的损耗外，注气喷头处的局部损耗和注气管路的沿程损耗也是需要考虑的。气体在经过喷头时，其流速大小和方向急剧发生变化，因此会局部形成漩涡，造成以动能为主的压力损耗。喷头处局部损耗与诸多因素有关，如喷头尺寸、喷头形状和喷头孔径大小及分布等。由于局部损耗处的流动状态很复杂，影响因素较多，理论上很难分析和计算。通常利用试验测得的经验损耗系数来计算局部能量损耗，即

$$E_1 = \xi_a \frac{\rho_a v_{a0}^2}{2} Q_a = \xi_a \frac{\rho_a Q_a^3}{2S^2} = \xi_a \frac{\rho_a Q_{a0}^3}{2S^2} \left(\frac{P_0}{P_1} \right)^3 \tag{4-36}$$

式中，Q_a 为工作压力下的气体体积流量；ρ_a 为标准大气压下空气的密度；P_1 为气压表测得的实际工作压力；ξ_a 为局部损耗系数。

根据徐克林（1997）的《气动技术基础》和林选才等（2000）的《给水排水设计手册》，可计算局部损耗系数 ξ_a 为 1.7~2.5。另外，输气管中的沿程损耗与气体流量流速、气体密度、气管长度以及直径有关，可由下面的表达式求得：

$$E_L = \lambda_a \frac{l}{d} \frac{\rho_a v_a^2}{2} Q_a = \lambda_a \frac{\rho_a Q_{a0}^3 l}{2S^2 d} \left(\frac{P_0}{P_1} \right)^3 \tag{4-37}$$

式中，l 为气泵到喷头之间气管的长度；d 为气管的直径；v_a 为气管内气体的流速；S 为气管的横截面积；λ_a 为气管的沿程损耗系数。

根据陆一心等（2004）的《液压与气动技术》，对于等直径橡胶软管层流状态，$\lambda_a = (80 \sim 108)/Re$（较大的值对应曲率较大的软管）；对于等直径橡胶软管紊流状态，沿程损耗系数 λ_a 除了与雷诺数有关，还与管壁的相对粗糙度 Δ/d 有关（Δ 为气管内的绝对粗糙度，其值与管道的材料有关），即 $\lambda_a = (Re, \Delta/d)$。气举式人工上升流的注气管路一般采用聚氨酯（polyurethane，PU）塑料管，它具有高强度、耐磨性耐老化性好、内壁光滑、气压损耗少等特点。不同材料的注气管内壁绝对粗糙度见表4-1。获得绝对粗糙度值后，再求出雷诺数 Re 和相对粗糙度 Δ/d，最后根据表4-2 中的公式便可计算出圆管紊流时的沿程损耗系数。

表 4-1 不同材料的注气管内壁绝对粗糙度

材料类型	钢管	铸铁	铜管	铝管	塑料管	橡胶管
绝对粗糙度	0.04	0.25	0.001 5~0.01	0.001 5~0.06	0.001 5~0.01	0.3~0.4

表 4-2 圆管紊流沿程损耗系数计算公式

Re	λ_a
$4\,000 < Re < 10^5$	$\lambda_\mathrm{a} = 0.316\,4\,Re^{-0.25}$
$10^5 < Re < 3 \times 10^6$	$\lambda_\mathrm{a} = 0.032 + 0.221\,Re^{-0.237}$
$Re > 900\Delta/d$	$\lambda_\mathrm{a} = [2\lg(\Delta/d) + 1.74]^{-2}$

式(4-23)至式(4-37)详细描述了气举式人工上升流系统中的能量收支情况，并且能够较为精确地计算整个系统的提升能力和所需注气量。但是整个计算过程相对复杂，考虑到实际工程中对快速计算的需求优先于对精度的需求，因此可以对部分公式进行简化处理。针对几十米长的铁制涌升管，根据一般工程应用经验，式(4-24)中右边最后一项损耗项的值相比前面两项的值要低两个数量级以上，因而可将其简化处理后得到新的气泵输入能量公式：

$$E_\mathrm{i} = \int_{P_0}^{P_e} Q_\mathrm{a}\,\mathrm{d}P = \int_{P_0}^{P_e} \frac{Q_\mathrm{a0}P_0}{P}\,\mathrm{d}P = Q_\mathrm{a0}P_0\ln\left(\frac{P_0 + \rho_\mathrm{wd}gh_\mathrm{u}}{P_0}\right) \tag{4-38}$$

将简化后的各项能量式及相应的参数代入式(4-22)中，可以得到气体注气流量和提升流量的关系式：

$$
\begin{aligned}
& Q_\mathrm{a0}P_0\ln\left(\frac{P_0 + \rho_\mathrm{wd}gh_\mathrm{u}}{P_0}\right) - \frac{\rho_\mathrm{a}}{2S^2}\left(\frac{P_0}{P_1}\right)^3\left(\xi_\mathrm{a} + \lambda_\mathrm{a}\frac{l}{d}\right)Q_\mathrm{a0}^3 \\
& = Q_\mathrm{w}g\int_0^{h_\mathrm{u}+h_\mathrm{d}+h_0}[\rho_\mathrm{wd} - \rho_\mathrm{w}(z)]\,\mathrm{d}z + \left(1 + \frac{\lambda_\mathrm{p}h_\mathrm{u}}{D} + \frac{\lambda_\mathrm{p}h_\mathrm{d}}{D} + \xi_\mathrm{e}\right)\frac{\rho_\mathrm{wd}Q_\mathrm{w}^3}{2A^2} + \rho_\mathrm{wd}g\xi_{h_r}Q_\mathrm{w}^{5/3}
\end{aligned}
$$

$$\tag{4-39}$$

式(4-39)等号左边含有注气流量，右边含有提升流量，因此该式描述了注气流量与提升流量之间的关系。在注气流量 Q_a0 或提升流量 Q_w 已知时，则式(4-39)就变为关于 Q_w 或 Q_a0 的一元多次方程，通过求根公式或 Matlab 等计算工具可进行求解。

在工程运用中，可以利用前述公式解决两类问题：①根据某海域的密度剖面、涌升管布放深度以及注气深度等，计算特定注气量下所能提升的深层海水流量；②通过目标提升流量和海洋水文参数，求出提升深层海水到表层所需要的注气流量以及喷口布放深度。上述问题的解决对气举式人工上升流系统的工程参数设计具有重要的参考价值。

4.2 气力提升式人工上升流羽流控制方法

在4.1节中，我们讨论了气力提升式人工上升流的基础理论，主要目的在于建立海洋环境参数、人工上升流工程参数以及上升流流量之间的关系，为上升流系统的工程设计提供理论支撑。在讨论过程中，我们整理了静止水体中的气泡羽流理论，用于解释气泡羽流在上升过程中的速度和流量问题。静止水体气泡羽流理论主要适用于近似没有水流流动的湖泊、水库等场所。而在河道或者海湾工程中，通常存在较强的水平横流，气泡羽流在上升的过程中也会随周围水体做水平运动。此时，气泡羽流的运动特征不仅受注气量的影响，还与水平横流的大小密切相关。尽管人们对横流中气泡羽流的行为尚未完全理解，但可以预测，水平横流的存在对人工上升流技术在某些工程中的应用具有重要影响。对于气幕式人工上升流而言，速度较大的横流可能导致羽流和气泡群过早地分离。尽管分离后的气泡群在继续上升的过程中会进一步卷吸携带周围水体，但该部分水体相比于底层水体所含营养盐较少，从而导致上升流的最终实施效果低于预期。对于气举式人工上升流而言，尽管涌升管的存在避免了提升阶段羽流和气泡群的分离问题，但高密度的深层海水作为负浮力羽流离开涌升管后的下沉和扩散行为依然是影响人工上升流实施效果的重要因素。如何让深层海水以合适的浓度在表层水体中停留，以供浮游植物吸收，是气举式人工上升流工程实施中需要解决的关键问题。

到目前为止，对于横流中气泡羽流运动轨迹的研究仍比较有限。李彦鹏等（2006）对横流中气泡产生的动力学进行了数值模拟研究。结果显示，横流对气泡的生成过程有重要的影响。在水流施加的横向曳力作用下，气泡逐渐倾斜并向下游方向生长。另外气泡生成的时间明显缩短，且生成气泡的体积也明显减小。Socolofsky（2001）在水槽中进行了一系列试验，通过在静止水体中拖曳小车进行相对运动，模拟多相流在横流中的运动。通过试验研究，他们得出了气泡群和羽流之间分离高度的关系，并将其表示为一个经验公式。但是该研究的重点是横流中的多相流的行为和分离点的确定，对气泡羽流在横流中的运动轨迹及其数学表达研究较少。

下面我们将对水平横流条件下人工上升流羽流的运动行为进行讨论，分析上升流工程参数与羽流运动特征之间的关系，为优化上升流实施效果提供方法和依据。对于气幕式系统，我们重点研究气泡群与羽流之间的相互作用、分离前后的运动轨迹、分离点位置以及分离后羽流所能达到的最大高度。对于气举式系统，我们从羽流的扩散稀释问题出发，研究能使营养盐羽流以合适的浓度停留在表层水体中的方法。这些研究将对特定环境条件下人工上升流实施效果的优化起到至关重要的作用。

4.2.1　气幕式人工上升流羽流控制方法

气幕式人工上升流的注气喷头通常布置在海水底层附近或者浅埋于沉积物表层中。开始注气后，进入海水中的气体将以气泡群的形态卷吸携带底层的富营养盐海水上升。为了方便描述，下面将这部分被携带的富营养盐海水称为 BEP（bubble entrained plume）。在横流的作用下，气泡群和 BEP 的上升轨迹将向横流下游方向倾斜。由于气泡和营养盐羽流在周围水体中所受的浮力存在差别，当上升到一定高度时，气泡群和 BEP 便会分离为两束流，如图 4-4 所示。分离后的气泡群在继续上升的过程中进一步卷吸携带周围水体，但该部分水体相比于从底层携带的 BEP 所含营养盐较少，因此不在此处所讨论的营养盐羽流概念范围内。

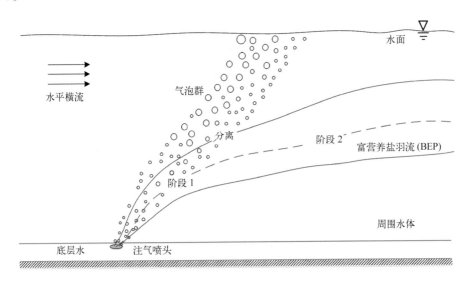

图 4-4　横流中气泡羽流分离现象示意图

下面我们从宏观运动角度，对气泡羽流在横流中的运动特性进行推导，得到其运动轨迹的表达式。气泡羽流在水介质横流中的上升过程可分为两个阶段，如图 4-4 所示。阶段 1 为气泡群和富营养盐羽流（BEP）分离之前的混合上升过程。可以通过在静止水体气泡羽流模型中加入横流的作用，来描述气泡和 BEP 混合流在横流中的上升过程。阶段 2 为分离点之后气泡和 BEP 分开上升的过程。分离之后的 BEP 变为负浮力射流并独立地上升。由于失去了气泡群的提升力，该阶段中的 BEP 在重力、浮力以及横流的共同作用下，其运动可以分解为沿横流方向的水平运动和逐渐减缓甚至下沉的垂向运动。鉴于此阶段的 BEP 轨迹相对分离前发生了变化，这里利用 Ansong 等（2011）提出的方法建立新的轨迹理论模型。

首先讨论阶段 1 的运动。在到达分离点之前，富营养盐羽流（BEP）在气泡的作用下和气泡群一同上升。基于 4.1 节中的讨论，静止水体中气泡羽流的羽流轴心速度可表示为注气流量 Q_{a0}、水密度 ρ_w 和空气密度 ρ_a 以及深度 z 的函数，见式（4-18）。为了方便进一步讨论，这里将式（4-18）简写如下：

$$v_m = \kappa \, (z + \Delta z)^{-1/3} \tag{4-40}$$

式中，κ 为系数，表示如下

$$\kappa = 1.02\alpha^{-1} \left[\frac{g(1 + \lambda^2) Q_{a0}\rho_a}{\pi \rho_w} \right]^{1/3} \tag{4-41}$$

被提升的 BEP 轴心速度又可以表示为 $v_m = dz/dt$，将此表达式代入式（4-40）中并进行积分，可求得 BEP 竖直方向上的位置随时间变化关系为

$$z = \left(\frac{4}{3}\kappa t + \Delta z^{4/3} \right)^{3/4} - \Delta z \tag{4-42}$$

BEP 水平方向的运动由横流引致，因此水平方向的位移可以通过 $x = u_c t$ 求得，其中 u_c 为横流速度。将其代入式（4-42）中，可得到分离前 BEP 的轴心轨迹：

$$z = \left(\frac{4\kappa}{3u_c}x + \Delta z^{4/3} \right)^{3/4} - \Delta z \tag{4-43}$$

通常气液两相流中，气相和液相的真实速度是不相等的，两者的真实速度之差称为滑动速度，此处以 v_s 表示。对于上升的气泡群，假设其在横截面上具有和羽流相似的速度分布，那么气泡群的轴心速度 v_{bm} 可以表示为在羽流上升速度 v 的基础上叠加滑动速度 v_s，即

$$v_{bm} = v_m + v_s = \kappa \, (z + \Delta z)^{-1/3} + v_s \tag{4-44}$$

类似地，重复式（4-40）至式（4-43）的步骤，可通过积分求出气泡群轴心轨迹为

$$\frac{v_s^4}{u_c}x = v_s^3 z - \frac{3}{2}\kappa v_s^2 \left[(z + \Delta z)^{2/3} - \Delta z^{2/3} \right] +$$

$$3\kappa^2 v_s \left[(z + \Delta z)^{1/3} - \Delta z^{1/3} \right] + 3\kappa^3 \ln \frac{\kappa + v_s \Delta z^{1/3}}{\kappa + v_s (z + \Delta z)^{1/3}} \quad (4-45)$$

式(4-43)和式(4-45)分别为分离前 BEP 和气泡群的轴心轨迹,如图 4-5 所示。分离后 BEP 不再受到气泡群提升力的作用。近似地,气泡群将继续沿着式(4-45)的轨迹运动,而分离后的 BEP 上升速度将逐渐减缓甚至可能发生下沉。因此,需要针对分离后的 BEP 建立新的轨迹模型。由于分离对气泡群的运动影响相对较小,所以这里讨论气泡群的轨迹时仍近似采用上面的气泡群轴心轨迹方程。

为建立分离后 BEP 的运动模型,首先需要研究气泡羽流的分离点。此处我们首先对气泡羽流分离点的概念进行定义:在本书的讨论中,气泡羽流分离点是指气泡群下边界与 BEP 上边界的交点,如图 4-5(a)所示。该定义与 Socolofsky 所定义的分离点稍有不同。Socolofsky 所定义的分离点为气泡群中心线与羽流上边界的交点,如图 4-5(b)所示。很明显,在 Socolofsky 所定义的分离点,气泡和羽流并未完全分离,仍存在一部分相互作用的区域。而在本书所定义的分离点之后,气泡羽流完全分离,没有其他重叠的部分,有利于对分离后 BEP 的运动行为进行独立建模。

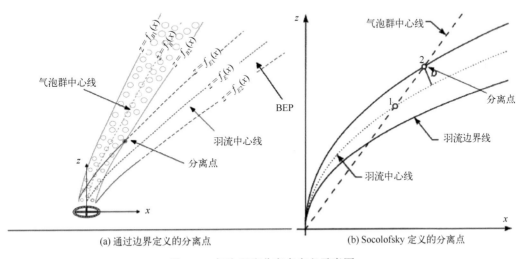

图 4-5　气泡羽流分离点定义示意图

根据上述定义,要计算分离点的坐标,不仅需要计算羽流轴心轨迹,还需要得知分离位置气泡羽流的宽度。但由于气泡羽流的宽度也是随高度变化的函数,使得分离点的准确位置很难通过代数方法求解得出。考虑到气泡群和 BEP 的边界由它们变化半径的包络曲线所组成，此处采用数值计算方法求解。首先根据气泡群与 BEP 的轴心轨迹和半宽方程式(4-17)，可以得到气泡群和 BEP 的上下边界。然后根据气泡群的下边界与 BEP 的上边界之间的交点来计算得出它们的分离点。该过程可描述如下：

$$\begin{cases} z = f_B(x) \\ z = f_E(x) \\ b = f(z) \end{cases} \Rightarrow \begin{cases} z = f_{B1}(x) \\ z = f_{B2}(x) \\ z = f_{E1}(x) \\ z = f_{E2}(x) \end{cases} \Rightarrow \begin{cases} z_s = f_{B2}(x_s) \\ z_s = f_{E1}(x_s) \end{cases} \tag{4-46}$$

其中，$f_B(x)$ 和 $f_E(x)$ 分别为气泡群和 BEP 的轴心轨迹；$b = f(z)$ 为半宽方程；$f_{B1}(x)$ 和 $f_{B2}(x)$ 分别为气泡群的上、下边界；$f_{E1}(x)$ 和 $f_{E2}(x)$ 分别为 BEP 的上、下边界；x_s 和 z_s 分别为气泡羽流分离点的横坐标和纵坐标。求出分离点 (x_s, z_s) 后，与之对应的羽流轴心轨迹上的最近距离的点 (x_d, z_d) 也同时获得，如图 4-5(a)所示。此对应点 (x_d, z_d) 亦是通过分离点作羽流轴心轨迹垂线的垂足。利用该点可方便地求出羽流在分离时对应的轴心速度以及分离时间等参量。求出分离点后，便可求出分离点处 BEP 的宽度和竖直方向上的速度以及出射角。这些参数会作为初始条件，用于后续分离 BEP 的新轨迹模型的建立。

分离后 BEP 不再受气泡提升力，变为负浮力浮射流，其初始条件为点 (x_d, z_d) 处分离后的 BEP 初始条件，包括射流初始出射角 γ_d、竖直方向轴心速度 v_{md} 和羽流半宽 b_d，可分别表示如下：

$$\gamma_d = \arcsin \frac{A(z_d + \Delta z)^{-1/3}}{\sqrt{A^2(z_d + \Delta z)^{-2/3} + u_c^2}}, \quad v_{md} = \kappa(z_d + \Delta z)^{-1/3}, \quad b_d = 1.2\alpha(z_d + \Delta z)$$

$$\tag{4-47}$$

根据 Boussinesq 假设，为获得质量体积流量守恒，除浮力项以外的其他密度差别可以忽略，则分离点处 BEP 的体积流量可计算如下：

$$Q_d = \int_0^\infty \frac{v_{md}}{\sin\gamma_d} e^{-r^2/b_d^2} \cdot 2\pi r \mathrm{d}r = \pi b_d^2 \sqrt{v_{md}^2 + u_c^2} \tag{4-48}$$

分离点处 BEP 的密度可以通过以下公式求出：

$$\rho_d = \frac{Q_0\rho_0 + (Q_d - Q_0)\rho_w}{Q_d} = \frac{(\rho_0 - \rho_w)b_0^2\sqrt{v_0^2 + u_c^2} + \rho_w b_d^2\sqrt{v_{md}^2 + u_c^2}}{b_d^2\sqrt{v_{md}^2 + u_c^2}} \tag{4-49}$$

式中，ρ_w 为周围水体的密度；ρ_0、b_0、v_0、Q_0 分别为注气喷头处 BEP 的密度、半宽、竖直方向轴心速度、体积流量。此处的密度称为流动密度，定义为单位时间通过某截面的气液两相流两相介质质量与体积之比，它可以表示两相流体均匀混合稳定流动时的平均密度。

由于缺失了气泡群的提升力作用，将横流代入梁乃匡的模型不再适用分离后 BEP 的运动，如图 4-6(a) BEP 虚线部分所示。在此需要对分离后的 BEP 轨迹进行重建。分离后的 BEP 在重力和浮力以及横流作用下，其运动主要包括水平运动和逐渐减缓甚至下沉的垂向运动，如图 4-6(b) 所示。

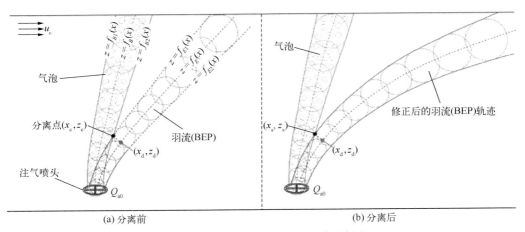

(a) 分离前　　　　　　　　　　　　　　　　(b) 分离后

图 4-6　分离前后的羽流轨迹重建示意图

此处负浮力浮射流理论推导借鉴 Ansong 等 (2011) 提出的代数方法。该方法针对上升的流体块，采用"扩散假设"，认为在羽流整个扩散过程中其宽度的径向增长率是固定值，可以描述如下：

$$\beta = \frac{\mathrm{d}b}{\mathrm{d}z} \tag{4-50}$$

式中，β 为无量纲经验扩散系数，在此可以取 $\beta = 0.17$（Ansong et al., 2011；Lee et al., 2012）。

根据式 (4-47) 和式 (4-49)，分离点处 BEP 竖直方向的初始动量通量和浮力通量分别表示如下：

$$M_\mathrm{d} = \pi b_\mathrm{d}^2 v_\mathrm{md}^2, \quad F_\mathrm{d} = \pi b_\mathrm{d}^2 v_\mathrm{md} g_\mathrm{d}' \tag{4-51}$$

式中，M_d 为 BEP 在分离点处竖直方向的动量通量；F_d 为分离点处羽流初始的浮力通量；ρ_d、v_md、$g_\mathrm{d}' = (\rho_\mathrm{d} - \rho_w)g/\rho_\mathrm{d}$ 分别为分离点处的 BEP 密度、竖直方向速度和约

化重力加速度。

分离后 BEP 在单独运动过程中任意时刻竖直方向的动量通量 M 和浮力通量 F 表示如下：

$$M = \pi b^2 v_{\mathrm{m}}^2, \quad F = \pi b^2 v_{\mathrm{m}} g' \tag{4-52}$$

式中，$g' = (\rho - \rho_{\mathrm{w}}) g / \rho_{\mathrm{d}}$ 为约化重力加速度，ρ 为某一深度 BEP 的密度，ρ_{w} 为周围水体的密度。

根据 Ansong 等（2011）的理论，分离后的 BEP 在竖直方向只受到重力和浮力的作用，因此在密度均匀的水体中，BEP 的浮力通量守恒，即 $F = F_{\mathrm{d}}$。分离后 BEP 在单独上升过程中的竖直方向的动量通量变化如下：

$$M - M_{\mathrm{d}} = - F_{\mathrm{d}}(t - t_{\mathrm{d}}) \tag{4-53}$$

式中，$t_{\mathrm{d}} = x_{\mathrm{d}} / u_{\mathrm{c}}$ 为气泡群和 BEP 的分离时间。式（4-50）又可改写为 $\mathrm{d}b/\mathrm{d}t = \beta v_{\mathrm{m}}$，将其与 BEP 运动过程中竖直方向的动量通量 M 一并代入式（4-53）得到微分方程，再利用分离点处的 BEP 初始条件求解，可得 BEP 的半宽与上升时间的关系表达式：

$$b(t) = \left\{ b_{\mathrm{d}}^2 + \frac{4\beta}{3\sqrt{\pi}} \frac{M_{\mathrm{d}}^{3/2}}{F_{\mathrm{d}}} \left[1 - \left(1 - \frac{F_{\mathrm{d}}(t - t_{\mathrm{d}})}{M_{\mathrm{d}}} \right)^{3/2} \right] \right\}^{1/2} \tag{4-54}$$

对于分离后的 BEP，其与分离点的水平距离由横流速度决定，可表示为 $x = x_{\mathrm{d}} + u_{\mathrm{c}}(t - t_{\mathrm{d}})$。再根据式（4-47）、式（4-49）和式（4-51），将 M_{d}、F_{d} 以及 $(t - t_{\mathrm{d}})$ 代入式（4-54），得到 BEP 的半宽与水平位置 x 的关系表达式：

$$b(x) = \left\{ b_{\mathrm{d}}^2 + \frac{4}{3} \xi \beta \frac{b_{\mathrm{d}} v_{\mathrm{md}}^2}{g} \left[1 - \left(1 - \frac{g(x - x_{\mathrm{d}})}{\xi v_{\mathrm{md}} u_{\mathrm{c}}} \right)^{3/2} \right] \right\}^{1/2} \tag{4-55}$$

式中，$\xi = \dfrac{\rho_{\mathrm{d}}}{(\rho_{\mathrm{d}} - \rho_{\mathrm{w}})}$ 为密度差的无量纲系数。结合式（4-55），利用分离点处 BEP 初始条件对式（4-50）积分得到分离后 BEP 上升深度与水平位置的关系式：

$$z(x) = \left\{ \left(\frac{b_{\mathrm{d}}}{\beta} \right)^2 + \frac{4}{3} \xi \frac{b_{\mathrm{d}} v_{\mathrm{md}}^2}{\beta g} \left[1 - \left(1 - \frac{g(x - x_{\mathrm{d}})}{\xi v_{\mathrm{md}} u_{\mathrm{c}}} \right)^{3/2} \right] \right\}^{1/2} - \frac{b_{\mathrm{d}}}{\beta} + z_{\mathrm{d}} \tag{4-56}$$

式（4-56）即为分离后 BEP 的轨迹。但此轨迹仅为 BEP 上升过程中的轨迹，由于密度差，BEP 在上升到一定高度后便停止并开始下沉。BEP 上升到最大高度的条件是 BEP 竖直方向的动量通量 M 变为零，根据式（4-53），此时间为 $t_{\mathrm{m}} = (M_{\mathrm{d}}/F_{\mathrm{d}}) + t_{\mathrm{d}}$，即 BEP 达到最大高度的时间。此时对应的水平位置为 $x_{\mathrm{m}} = u_{\mathrm{c}} t_{\mathrm{m}} = (\xi v_{\mathrm{md}} u_{\mathrm{c}} / g) + x_{\mathrm{d}}$，

另外与之对应的 BEP 最大高度和半宽分别为

$$z_m = \left\{ \left(\frac{b_d}{\beta} \right)^2 + \frac{4}{3} \xi \frac{b_d v_{md}^2}{\beta g} \right\}^{1/2} - \frac{b_d}{\beta} + z_d \tag{4-57}$$

$$b_m = \left\{ b_d^2 + \frac{4}{3} \xi \beta \frac{b_d v_{md}^2}{g} \right\}^{1/2} \tag{4-58}$$

当 BEP 达到最大高度后，便以初始动量通量为零开始下沉。类似地，结合动量方程 $dM/dt = -F_d$ 和 BEP 宽度方程 $db/dz = -\beta$，重复以上推导步骤，得到 BEP 下沉的宽度变化以及轨迹方程。

$$b(x) = \left\{ b_m^2 + \frac{4}{3} \beta \sqrt{\frac{g v_{md}}{\xi}} b_d \left(\frac{x - x_m}{u_c} \right)^{3/2} \right\}^{1/2} \tag{4-59}$$

$$z(x) = z_m - \left\{ \left(\frac{b_m}{\beta} \right)^2 + \frac{4}{3} \sqrt{\frac{g v_{md}}{\xi}} \frac{b_d}{\beta} \left(\frac{x - x_m}{u_c} \right)^{3/2} \right\}^{1/2} + \frac{b_m}{\beta} \tag{4-60}$$

如此，整个羽流 BEP 的轨迹可分为三段：分离前在气泡作用下的上升段，分离后的独自上升段，到达最大高度后的下沉段。每段的轨迹方程分别表示如下：

$$z(x) = \begin{cases} \left\{ 1.36 \frac{\alpha^{-1}}{u_c} \left[\frac{g(1+\lambda^2) Q_{a0} \rho_b}{\pi \rho_w} \right]^{1/3} x + \Delta z^{4/3} \right\}^{3/4} - \Delta z, & 0 < x \leqslant x_d \\[4mm] \left\{ \left(\frac{b_d}{\beta} \right)^2 + \frac{4}{3} \xi \frac{b_d v_{md}^2}{\beta g} \left[1 - \left(1 - \frac{g(x - x_d)}{\xi v_{md} u_c} \right)^{3/2} \right] \right\}^{1/2} - \frac{b_d}{\beta} + z_d, & x_d < x \leqslant x_m \\[4mm] z_m - \left\{ \left(\frac{b_m}{\beta} \right)^2 + \frac{4}{3} \sqrt{\frac{g v_{md}}{\xi}} \frac{b_d}{\beta} \left(\frac{x - x_m}{u_c} \right)^{3/2} \right\}^{1/2} + \frac{b_m}{\beta}, & x > x_m \end{cases} \tag{4-61}$$

式中，x_d 为分离时羽流轴心轨迹对应点的水平坐标；x_m 为羽流上升最大高度时的水平坐标。

利用以上推导的公式，就可以根据横流的不同流速计算气泡带动羽流上升的最大高度，以确保有效的将底层水体提升到指定深度。该结果不仅能够在设计阶段指导确定气幕式人工上升流系统工程的参数，也可以通过对环境流速的监测，实时判定当前条件下是否适合实时注气提升，为有限能量条件下注气系统控制策略的优化提供了理论依据。

4.2.2　气举式人工上升流羽流控制方法

气举式人工上升流系统的羽流控制目标与气幕式人工上升流系统有所不同。由于涌升管的存在，气举式系统不需要考虑气泡幕过早分离的问题，因此可将较深海域的深层营养盐海水直接提升到表层，进而促进表层的浮游植物生长，提高初级生产力。但当提升深度较大时，被提升的深层海水与表层水体之间存在显著的密度差。通常情况下，深层海水在离开管口后不久就会在重力作用下快速下沉，同时随横向洋流向水平方向扩散。因此，如何确保表层水体中的富营养盐海水具有足够的浓度，是气举式人工上升流系统羽流控制研究中的关键问题。

要解答这一问题，需要从气举式上升流羽流在离开涌升管管口后的运动规律入手。根据前人的研究，被提升的深层海水在洋流和重力的作用下，会经历三个混合阶段（Koh et al.，1975），如图4-7所示。第一阶段是深层富营养盐海水作为负浮力羽流离开管口后，先上升然后下沉，与周围水体混合后逐渐达到中性浮力，从而停留在密度界面之上；第二阶段是营养盐羽流在密度界面捕获的作用下，减少了垂向扩散，以水平扩散为主；第三阶段是在波浪和洋流的共同作用下的湍流扩散。营养盐羽流的扩散稀释程度受多种因素影响，而其中的某些影响可以通过确定人工上升流系统的参数来调控，如营养盐羽流的排出深度、排放流量等。

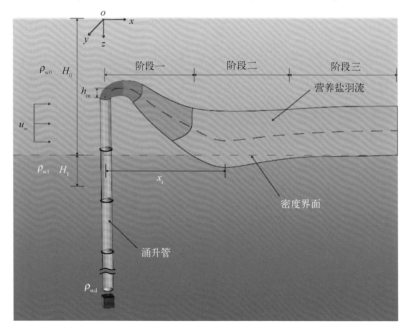

图4-7　气举式上升流涌升管羽流扩散示意图

在接下来对营养盐羽流扩散稀释问题的讨论中，为方便计算，在此做两个简化：①不考虑营养盐羽流与周围水体的热力学问题；②将海洋简化为一个两层密度模型，即上层混合层和下层水体的密度视为各向同性，密度分别为两个定值 ρ_{w0} 和 ρ_{w1}。即将海洋中温度急剧变化的温跃层简化为位于混合层和下层水体之间的界面，称之为密度界面。

为了分析营养盐羽流扩散问题，建立如图 4-7 所示的坐标系，水平洋流方向为 x，上升流竖直方向为 z，坐标原点在涌升管正上方的海面。图中水平位置 x_i 处为营养盐羽流下沉至密度界面时的侵入点。羽流被密度界面捕获的条件是其平均密度小于下层水体的密度 ρ_{w1}，即

$$\rho_{wm}(x_i) = \frac{\rho_{wd}V_d(x_i) + \rho_{w0}V_0(x_i)}{V_d(x_i) + V_0(x_i)} = \rho_{wd}C(x_i) + \rho_{w0}\left[1 - C(x_i)\right] \leqslant \rho_{w1}$$

$$(4-62)$$

式中，ρ_{wm} 为营养盐羽流被捕获时的密度；ρ_{wd} 为深层营养盐羽流的密度；$V_d(x_i)$ 为深层营养盐羽流的体积；$V_0(x_i)$ 为与营养盐羽流混合的周围水体体积，$C(x_i)$ 为 x_i 处营养盐羽流的平均浓度。式(4-62)又可变换为

$$C(x_i) \leqslant \frac{\rho_{w1} - \rho_{w0}}{\rho_{wd} - \rho_{w0}} = C_{optimal}$$

$$(4-63)$$

式中，$C_{optimal}$ 为恰好能被密度界面捕获的理想营养盐浓度。若侵入点处的营养盐羽流浓度 $C(x_i)$ 大于理想浓度 $C_{optimal}$，则营养盐羽流继续下沉无法被密度界面捕获。此时则需要考虑将涌升管布放深度减小，增加营养盐羽流距密度界面的排放高度，使得营养盐羽流能够充分与周围水体混合稀释；若侵入点处的营养盐羽流浓度 $C(x_i)$ 小于理想浓度 $C_{optimal}$，则营养盐羽流能够顺利地被密度界面捕获，此时可适当将涌升管布放深度增加，减小营养盐羽流距密度界面的排放高度，防止营养盐羽流与周围水体混合太多，致其浓度过低而无法满足浮游植物吸收的需求。因此理想浓度 $C_{optimal}$ 是既能被密度界面捕获又能最大限度地满足浮游植物吸收需求的营养盐浓度。营养盐羽流在距涌升管水平方向 x_i 距离处侵入下层水体，此时营养盐羽流的浓度可以表示为

$$C(x_i) = \frac{u_0 r_0^2}{u_\infty r(x_i)^2}$$

$$(4-64)$$

式中，u_0 和 r_0 分别为涌升管排放口处营养盐羽流平均流速和羽流半径；$r(x_i)$ 为 x_i

处的羽流半径。理想情况下，营养盐羽流侵入密度界面时，垂向速度正好为0，因此只存在水平速度且与洋流速度 u_∞ 一致。此时营养盐羽流半径即为理想半径，结合式(4-63)和式(4-64)，可得到

$$r_{\text{optimal}}(x_{\text{optimal}}) = \left(\frac{\rho_{\text{wd}} - \rho_{\text{w0}}}{\rho_{\text{w1}} - \rho_{\text{w0}}} \frac{u_0}{u_\infty} r_0^2 \right)^{1/2} \qquad (4-65)$$

式中，r_{optimal} 为营养盐羽流的理想半径；x_{optimal} 为达到理想半径时营养盐羽流侵入密度界面的水平位置。

根据 Ansong 等(2011)提出的理论，负浮力羽流上升过程中羽流宽度和水平距离可表示如下：

$$r(x) = \left\{ \left[r_0 + 1.6\beta \left(\frac{u_0}{u_\infty} \right)^{1/3} M_0^{3/4} F_0^{-1/2} \right]^2 + \left[\left(\frac{4\beta}{3\sqrt{\pi}} \right)^{1/2} M_0^{3/4} F_0^{-1/2} \right]^2 \left(\frac{xF_0}{u_\infty M_0} - 1 \right)^{3/2} \right\}^{1/2}$$

$$(4-66)$$

式中，$M_0 = \pi r_0^2 u_0^2$，$F_0 = \pi r_0^2 u_0 (\rho_{\text{wd}} - \rho_{\text{w0}}) g / \rho_{\text{wd}}$，分别为垂向动量通量和浮力通量。$\beta$ 为经验系数，根据拉格朗日方法假设羽流宽度线性地扩散，这里可取 $\beta \approx 0.17$。将式(4-65)代入式(4-66)，可求得 x_{optimal}，即

$$x_{\text{optimal}} = \frac{u_\infty M_0}{F_0} \left\{ \frac{\left(\frac{u_0}{u_\infty} \right) r_0^2 \frac{\rho_{\text{wd}} - \rho_{\text{w0}}}{\rho_{\text{w1}} - \rho_{\text{w0}}} - \left[r_0 + 1.6\beta \left(\frac{u_0}{u_\infty} \right)^{1/3} M_0^{3/4} F_0^{-1/2} \right]^2}{\left[\left(\frac{4\beta}{3\sqrt{\pi}} \right)^{1/2} M_0^{3/4} F_0^{-1/2} \right]^2} \right\}^{2/3} + \frac{u_\infty M_0}{F_0}$$

$$(4-67)$$

由图4-7可知，此时羽流侵入点对应的深度为 $z_{\text{optimal}} = H_0$。根据 Ansong 等(2011)的理论，羽流在水平洋流中的扩散轨迹方程可表示如下：

$$z(x) = z_0 - 3.2 \left(\frac{u_0}{u_\infty} \right)^{1/3} M_0^{3/4} F_0^{-1/2} +$$

$$\left\{ \left[r_0 + 1.6\beta \left(\frac{u_0}{u_\infty} \right)^{1/3} M_0^{3/4} F_0^{-1/2} \right]^2 + \qquad (4-68) \right.$$

$$\left. \left[\left(\frac{4\beta}{3\sqrt{\pi}} \right)^{1/2} M_0^{3/4} F_0^{-1/2} \right]^2 \left(\frac{xF_0}{u_\infty M_0} - 1 \right)^{3/2} \right\}^{1/2} - \frac{r_0}{\beta}$$

式中，z_0 为营养盐羽流的初始排出深度，即涌升管上端口的深度。为了使营养盐羽流被密度界面捕获，一个合适的排出深度和排放流量至关重要。通常先根据注气流

量求出深层营养盐海水的提升流量，即排放流量。然后通过式(4-67)求出的理想侵入水平位置 $x_{optimal}$，连同 $z(x) = z_{optimal} = H_0$ 一并代入式(4-68)，便可求出满足捕获条件下的营养盐羽流最优排出深度 $z_{0\_optimal}$，即

$$z_{0\_optimal} = H_0 + 3.2 \left(\frac{u_0}{u_\infty}\right)^{1/3} M_0^{3/4} F_0^{-1/2} + \frac{r_0}{\beta} -$$

$$\left\{\left[r_0 + 1.6\beta\left(\frac{u_0}{u_\infty}\right)^{1/3} M_0^{3/4} F_0^{-1/2}\right]^2 + \right. \quad (4-69)$$

$$\left.\left[\left(\frac{4\beta}{3\sqrt{\pi}}\right)^{1/2} M_0^{3/4} F_0^{-1/2}\right]^2 \left(\frac{x_{optimal} F_0}{u_\infty M_0} - 1\right)^{3/2}\right\}^{1/2}$$

通过式(4-69)可解决气举式上升流中一个重要的问题，即在什么排出深度下，提升上来的营养盐羽流能够被某个海域密度界面所捕获，且能维持其较高的浓度。只要知道某个海域的剖面水文数据和洋流流速等参数，通过控制气举式上升流的工程参数，如注气流量和排出深度，便可使深层富营养盐海水提升到合适的高度，与周围海水充分混合稀释后被密度界面所捕获，从而长时间停留在真光层。

4.3 人工上升流系统试验研究

在4.1节和4.2节中，我们先后讨论了气力提升式人工上升流系统的基础理论以及上升流浮力羽流的运动特性，目的是得出采用工程参数调节手段调控上升流实施效果的方法。为了说明前述提升理论以及浮力羽流控制方法的有效性，本节将通过实验室试验对上述两节得出的主要结论进行验证。

试验部分同样分为气幕式人工上升流试验以及气举式人工上升流试验。在气幕式人工上升流试验中，研究团队通过拍摄示踪剂的方法对气泡羽流在不同横流下的运动状态和轨迹进行了详细的研究，并将实验结果与前文的理论进行了比较，以验证理论模型的正确性。此外，在结果讨论部分也引用了已有文献的实验数据进行对比，以增加结论的可靠性。在气举式人工上升流试验中，研究团队同样利用拍摄示踪剂的方法，研究了羽流在密度界面附近的运动行为，并通过图像分析法定量观测了羽流混合过程中浓度的变化情况。相关结果与浙江大学樊炜等得出的 CFD 仿真结果吻合，两者共同验证了气举式上升流数学模型的正确性。

4.3.1 气幕式人工上升流气泡羽流试验研究

气幕式人工上升流气泡羽流试验的目的是研究注气流量和横流速度对气泡羽流运动特性的影响，如运动轨迹、分离点以及气泡群和 BEP 在横流中的扩散速率等，并通过试验结果与理论数值计算结果对比，验证气泡羽流理论模型的正确性以及羽流调控方法的可行性。在用于对比的理论计算中，用到的一些参数如下：式 (4-41) 中的 λ 取 0.2；气泡直径为 1.8~20 mm 时，滑移速度范围为 0.2~0.3 m/s，理论计算中使用 0.3 m/s 的滑移速度。

试验在浙江大学海洋人工系统实验室的循环水槽(长 8.5 m，宽 0.4 m，深度 0.5 m)中进行，图 4-8 为试验循环水槽实物图。水槽入口处安装有蜂窝管稳流装置以获得更加均匀的流场。距离水槽入口 6 m 处设有一个长 1 m、宽 0.5 m 的观察窗口，试验装置安放在此窗口区域的上流处，以便获得更完整的气泡羽流轨迹。图 4-9 为整个试验装置示意图。在试验中，横流速度分别为 0 cm/s、3.5 cm/s、8.0 cm/s、9.2 cm/s 和 11.1 cm/s，并且在整个试验过程中水深保持在 40 cm 左右。

图 4-8　试验循环水槽

试验用的注气设备为一小型气泵(型号 EHEIM 3701010，功率 3.5 W)，通过气管连接直径 40 mm 的盘状气石。气石安装于染色剂容器的中心，距离水槽底部上方 11.5 cm 处。气石产生的气泡直径范围为 1~5 mm，这些气泡穿过染色剂容器上表面的开口进入横流中，如图 4-9 所示。气泡群的初始直径约为 40 mm(假设与气石的直径大致相同)。在试验期间，调节气泵产生 0.25 L/min、0.5 L/min 和 0.7 L/min 的气体体积流量，并通过气泵和气石之间的转子流量计（LZB-3WB）测量。

试验中，环境水的密度为 996.5 kg/m³，富营养盐底层水由密度 998.3 kg/m³ 的高锰酸钾示踪剂溶液代替，其储存在染色剂容器中以追踪 BEP 的轨迹，如图 4-9 所示。随着气泡从染色剂容器中上升，高锰酸钾溶液被夹带到气泡群中并使 BEP 可视化。染色剂容器长 1 m，高 4 cm，宽 10 cm，其扁平的形状可以使得对周围流动的影响最小化。

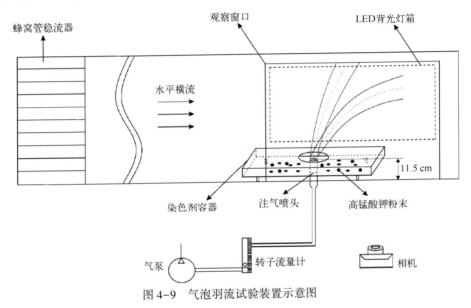

图 4-9　气泡羽流试验装置示意图

气泡羽流图像利用数码单反相机（佳能 EOS 60D 型，分辨率为 1 790 万像素）拍摄。并在观察窗的后面，安装有 LED 灯箱以提供柔和的背光。试验中还在观察窗口贴有标尺，以便后续通过图像直接读取测量气泡羽流扩散宽度和轨迹数据。表 4-3 显示了横流中气泡羽流的试验编号和试验条件，共进行了 15 组试验，横流流速为 0 cm/s、4.3 cm/s、7.8 cm/s、9.0 cm/s 和 11.1 cm/s，注气流量为 0.25 L/min、0.5 L/min 和 0.7 L/min。

表 4-3　试验编号及试验条件

注气流量 Q_0/ (L/min)	流速 u_c/ (cm/s)				
	0	4.3	7.8	9.0	11.1
0.25	Exp-Aa	Exp-Ab	Exp-Ac	Exp-Ad	Exp-Ae
0.5	Exp-Ba	Exp-Bb	Exp-Bc	Exp-Bd	Exp-Be
0.7	Exp-Ca	Exp-Cb	Exp-Cc	Exp-Cd	Exp-Ce

下面我们将从气泡羽流轨迹、气泡和羽流分离点的位置、注气流量对气泡羽流的影响以及水平横流大小对气泡羽流的影响四个方面展开讨论。通过对比关键特征的理论计算值与试验观测值，对前述理论进行验证。

1）气泡羽流轨迹

图 4-10 所示为试验中气泡群和 BEP 轨迹的代表性照片，在此选取了 9 组试验照片，对应的试验条件汇总在表 4-3 中。从图 4-10 可以看出，气泡羽流的轨迹与注入的空气流量和横流速度密切相关。当横流速度增加时，气泡群和 BEP 都向下游方向倾斜并更早地分离，倾斜角取决于注气流量和横流速度；当注入的空气流量增加时，气泡群和 BEP 趋于竖直，气泡和 BEP 混合一起上升的时间更长。从图

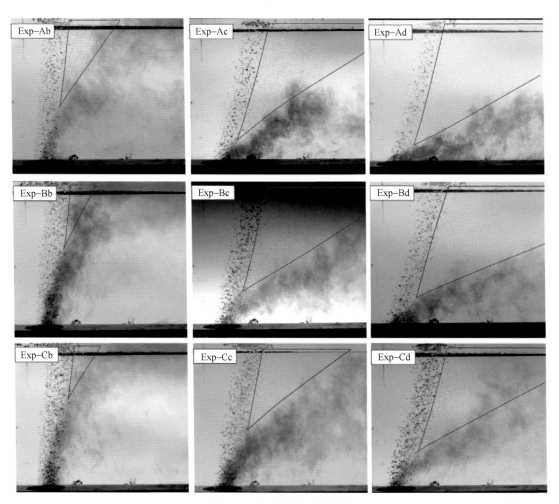

图 4-10　气泡羽流试验照片

4-10 中还可以看出，随着横流速度增加，许多微气泡从气泡群中剥离并且根据它们的尺寸大小向下游分布，该现象被称为分馏效应。微气泡尺寸越小，分布的水平距离越远。试验中发现这些微气泡大多位于一个三角区域内，该区域由水面界面，气泡群下边界和 BEP 上边界包围而成，如图 4-10 中框线所示。但由于观测窗口尺寸的限制，该区域的右侧边界在一些图片中显示并不完整。这些分馏的微气泡，尤其是靠近 BEP 上边界的微气泡对分离后的 BEP 或有一定的影响，但其影响机制和大小尚不明确，有待以后深入研究。

图 4-11 所示为气泡群和 BEP 的试验结果与理论数值计算结果的对比，其中实线和方块分别表示气泡群中心线的理论计算值和试验值，虚线和三角形分别表示 BEP 中心线的理论计算值和试验值。理论模型主要由式(4-40)至式(4-42)组成，并由 Matlab 程序完成数值计算。

从理论计算和试验结果对比可以看出，试验中的气泡羽流轨迹与理论计算的结果基本吻合，初步证明了气泡羽流轨迹理论模型的正确性。图 4-11 中的 9 组轨迹图按一定顺序排列，竖直方向按注气流量由小到大排列，水平方向按照横流速度由小到大排列。可以看出靠近左下角的几组试验中，其试验轨迹和理论计算轨迹的误差较小，吻合度相对较高；而靠近右上角的几组试验中，试验轨迹和理论计算结果的误差相对较大，BEP 轨迹的吻合度相对较差。理论与试验气泡羽流轨迹的误差由多种因素引起，例如湍流扰动、周围水体的阻力、分馏微气泡和来自分离点附近的气泡群残余力等，这些因素未在理论模型中详细考虑。靠近右上角的几组试验中，由于横流速度相对较大而注气流量相对较小，使得分离高度较低。分离后单独上升的 BEP 容易受到周围水体的影响，因而造成的误差更大；反之，靠近左下角的试验中，由于横流速度相对较小而注气流量相对较大，气泡羽流分离高度更高，因此周围水体阻力等因素对单独上升的 BEP 影响相对小些，从而造成的误差更小。此外，从图 4-11 中可以看出理论计算的气泡群中心轨迹略高于试验结果，说明计算中设定的滑移速度值略大于实际值。理论计算中滑动速度取值为 0.3 m/s，因此滑动速度范围为 0.2~0.25 m/s 可能更加合适。

为了进一步验证理论模型的正确性，在此引用 Socolofsky 研究中的试验数据 Exp-B3、Exp-B8 和 Exp-B10(Socolofsky，2001；Socolofsky et al.，2002)来与理论计算结果比较。Socolofsky 所做的试验 Exp-B3、Exp-B8 和 Exp-B10 的注气流量分别为 0.2 L/min、2 L/min 和 0.2 L/min，横流速度分别为 5 cm/s、2 cm/s 和

20 cm/s，将对应的条件代入本模型进行计算得到相应的理论计算结果，如图 4-12 所示。可以看出，运用本理论模型计算的结果与 Socolofsky 研究的试验结果基本吻合，证明了该理论方法的有效性和正确性。

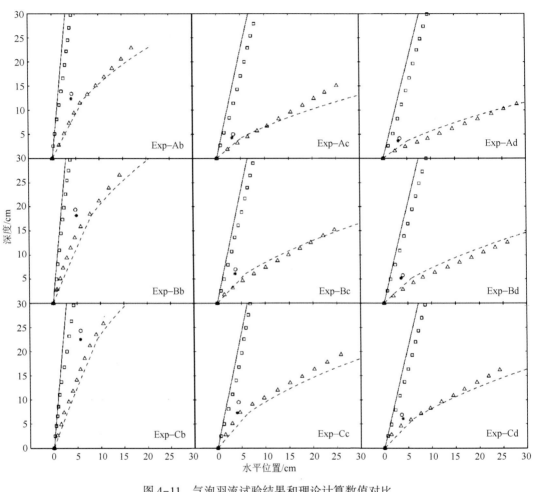

图 4-11　气泡羽流试验结果和理论计算数值对比

———— 气泡群中心线轨迹理论计算值　　□ 气泡群中心线轨迹试验值　　○ 试验分离点

-------- 羽流中心线轨迹理论计算值　　△ 羽流中心线轨迹试验值　　✳ 理论分离点

2）气泡和羽流分离点位置

分离点(SP)被定义为气泡群下边界与 BEP 上边界之间的交叉点。不同注气流量和横流速度下气泡群和 BEP 的分离点如图 4-11 所示，其中理论分离点通过 4.2.1 节中的数值模型计算得到。从图 4-11 可以看出，除试验Exp-Bb、Exp-Cb 和 Exp-Cc 之外，其他试验的理论和试验分离点吻合程度较高。对于 Exp-Bb、Exp-Cb

和 Exp-Cc，由于分馏效应，试验分离点略高于理论分离点。在这三组试验中，大多数微气泡分布在一个小区域内，并在 BEP 上施加较大的残余提升力，从而导致试验分离点比理论计算的分离点更高。这也进一步证明分馏产生的微气泡确实对分离后 BEP 轨迹有一定影响，靠近 BEP 的微气泡越多，影响就相对越大。图 4-13 所示为不同横流速度和注气流量下试验（Exp）和理论（The）数值计算的分离点。从中可以看出分离点随横流速度和注气流量的变化趋势。横流速度越大，注气流量越小，分离点越低；反之横流速度越小，注气流量越大，分离点就越高。

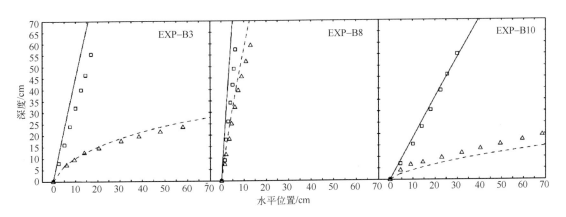

图 4-12 理论计算与 Socolofsky 试验对比

—— 气泡群中心线轨迹(本文模型)　　　　　□ 气泡群中心线轨迹(Socolofsky试验)
----- 羽流中心线轨迹(本文模型)　　　　　△ 羽流中心线轨迹(Socolofsky试验)

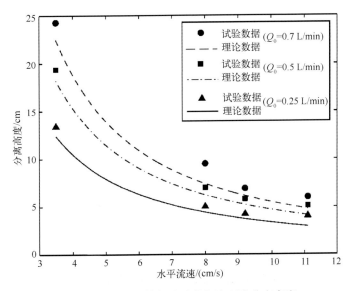

图 4-13 理论计算与试验的气泡羽流分离高度

为进一步验证该理论模型对分离点和分离高度计算的正确性,在此将 Socolofsky 试验的分离高度与该理论模型计算得出的分离高度进行了比较。通过代入 Socolofsky 研究中的对应条件,计算出不同的分离高度,如图 4-14 所示。三角形和"I"形符号分别代表该理论模型数值计算的分离高度和 Socolofsky 试验所得的分离高度。"I"形符号的顶端是 Socolofsky 试验测出的最大分离高度,"I"形符号的底端是最小分离高度。可以看出,该理论模型计算的分离高度基本都分布在 Socolofsky 测得的最大分离高度和最小分离高度的范围内,分离高度的变化趋势也与 Socolofsky 的试验结果基本一致,从而进一步验证了该理论方法的正确性和适用性。

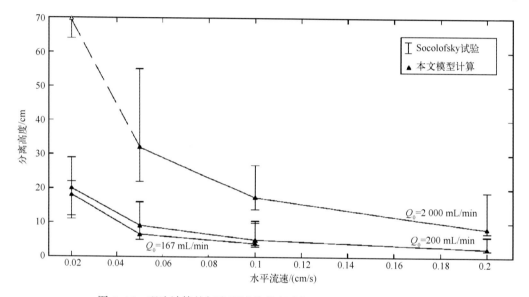

图 4-14　理论计算的气泡羽流分离高度与 Socolofsky 试验结果对比

3) 注气流量对气泡羽流的影响

为研究注气流量对气泡和 BEP 扩散速率的影响,在此对气泡羽流沿其中心轨迹线均匀地测量气泡羽流宽度。图 4-15 为静止水中不同注气流量下气泡群的半宽度,分别为试验 Exp-Aa、Exp-Ba 和 Exp-Ca,用于验证气泡羽流宽度模型。其中不同符号表示测量的气泡群半宽数据,不同线型的直线表示这些测量值的拟合结果。

图 4-16 中选择了 3 张代表性照片,其中实线表示气泡羽流的理论边界,虚线是气泡羽流的中心线。在静止水中气泡群边界比较规则稳定,气泡大多在理论边界内,且气泡群的宽度是线性增加的。气泡群的宽度和扩散速率随着注气流量增加而

增大。对于 0.25 L/min、0.5 L/min 和 0.7 L/min 的注气流量，气泡群的扩散速率分别为 0.058、0.068 和 0.073，而通过式（4-5）和式（4-17）求出的理论值分别为 0.058、0.063 和 0.067，可见试验测得的结果与理论模型计算差不多，验证了前面式（4-17）宽度模型的正确性。

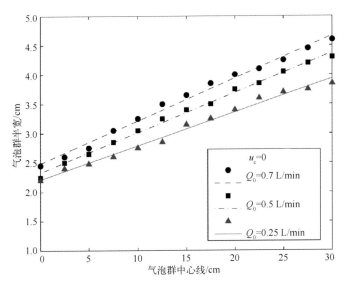

图 4-15　横流流速为 0 时气泡群半宽随注气流量的变化

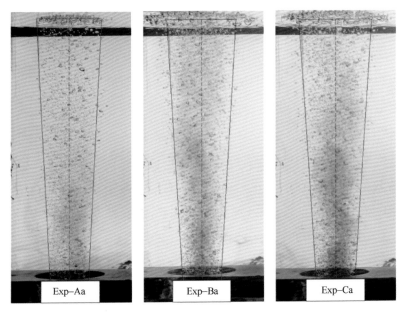

图 4-16　静止水体中气泡羽流试验照片

- - - 中心线　——— 理论边界

图 4-17 显示了在速度为 3.5 cm/s 横流中不同注气流量下 BEP 的半宽变化。可以看出，注气流量越低，BEP 的扩散速率越小。对于 0.7 L/min、0.5 L/min 和 0.25 L/min 的注气流量，BEP 的扩散速率分别为 0.110、0.106 和 0.099。

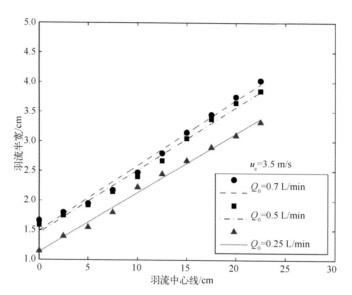

图 4-17　横流流速为 3.5 cm/s 时 BEP 半宽随注气流量的变化

4）横流速度对气泡羽流的影响

横流速度对气泡和 BEP 扩散速率的影响如图 4-18 和图 4-19 所示。图 4-18 显示了不同横流中气泡群的半宽变化，横流速度分别为 0 cm/s、3.5 cm/s、8.0 cm/s、9.2 cm/s 和 11.1 cm/s，注气流量固定为 0.7 L/min。对于 0~11.1 cm/s 的横流速度，气泡群的扩散速率分别为 0.058、0.026、0.021、0.013 和 0.009。在横流的扰动情况下，气泡群的边界有一定周期性波动，且气泡群的扩散速率随着横流速度的增加而减小。这种规律与横流中气泡的分馏效应密切相关。分馏的微气泡分布在横流下游，且横流速度越大，气泡群失去的微气泡越多，宽度相应地减小。

图 4-19 所示为 0.5 L/min 注气流量下不同横流速度中的 BEP 半宽变化。在横流速度 u_c 分别为 3.5 cm/s、8.0 cm/s、9.2 cm/s 和 11.1 cm/s 条件下，BEP 的扩散速率分别为 0.106、0.081、0.072 和 0.057。横流速度越大，BEP 宽度越窄，BEP 的扩散速率越小，与上面的气泡群变化一致。

从上面的讨论可以看出，气泡群和 BEP 的扩散速率随横流速度变化的趋势是明显的，它们都随着横流速度的增加而减小。这意味着不同注气流量和横流速度下存在的扩散速率的差异，可能导致气泡羽流轨迹理论预测和试验结果之间的偏差。然而，在人工上升流等实际预测中，这种偏差是可以接受的。它们之间的确切关系很难获得且仍然不确定。因此，需要更多的研究来确定扩散速率和横流速度与注气流量之间的具体关系，并进一步提高理论模型的准确性。

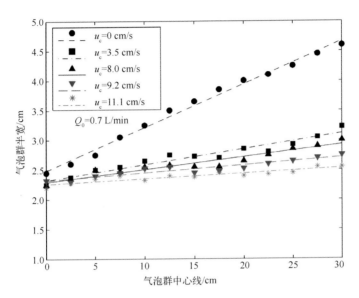

图 4-18　特定注气量下不同横流中气泡群的半宽变化

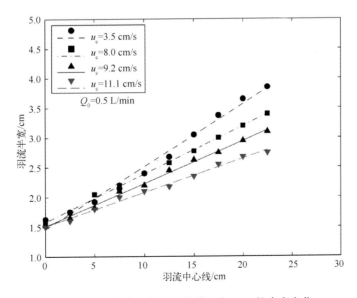

图 4-19　特定注气量下不同横流中 BEP 的半宽变化

4.3.2 气举式人工上升流气泡羽流试验研究

气举式人工上升流试验的主要目的在于研究浮力羽流在密度截面附近的运动特征以及随水平横流的扩散稀释过程，以便对气举式人工上升流系统的浮力羽流控制理论进行验证。关于气举式人工上升流基础理论，前人已做了大量实验室研究工作，此处不再单独进行验证。相对实验室研究而言，气举式人工上升流系统的工程研究数据要相对匮乏得多。本书将在人工上升流系统的集成与试验研究部分介绍气举式人工上升流系统的湖试和海试内容，并通过数据分析对气举式人工上升流理论模型进行验证。相关内容详见本书第5章。

试验在浙江大学海洋学院进行，试验平台如图4-20所示。试验水槽由3个长度和高度相同，宽度分别为10 cm、14 cm和14 cm的水槽前后重叠组成，为了方便区分，分别称之为实验槽、平行槽和背景槽。其中背景槽内配置有大面积灯箱作为背景光源，以提升羽流的辨识度并且减少反光的影响。在距离水槽底面25 cm处设置有一个可以在实验槽和平行槽中间移动的玻璃板，其作用是在构建密度跃层的过程中尽可能减少水层之间的物质交换，同时避免加水过程中发生的湍流混合。实验水槽上方安装有一条滑轨，通过电机和单板微型计算机调节滑块速度，模拟水平横流的影响。微量注射泵(WZS-50F6型)用于控制涌升深层水的

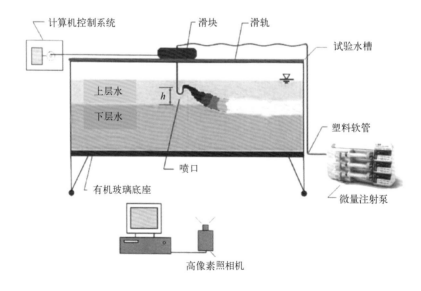

图4-20　气举式人工上升流试验平台配置

流量。其中被滑块固定的涌升管通过 U 形结构将调配好的深层水以某一向上的初速度注入到上层水中，以模拟被提升的浮力羽流。深层水用高锰酸钾溶液染色，以便通过照相机进行观测。在构建的密度界面时，利用电导率测试仪（梅特勒 SG78-FK-ISM）判断密度界面的具体位置和分布是否符合要求。高像素照相机（索尼 EOS 60D）用于记录深层水羽流的形成和最终在海水密度界面附近的浓度分布图像。主要试验设备如图 4-21 所示。

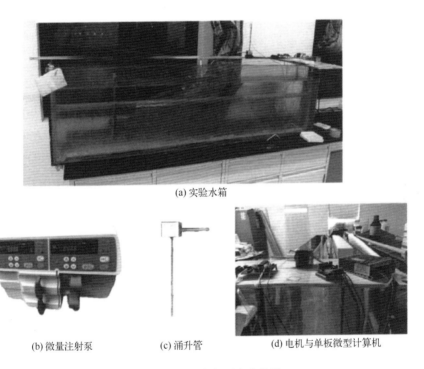

(a) 实验水箱

(b) 微量注射泵　　　　(c) 涌升管　　　　(d) 电机与单板微型计算机

图 4-21　试验设备与平台实物图

为方便对比验证，试验中模拟的海况数据与樊炜等发表的研究中保持一致。模型尺度（涌升管几何参数、布放深度）和试验参数（水平横流速度、涌升流量、各水层海水密度）的设计满足几何相似准则和弗劳德数相等准则。试验分两组进行，分别模拟涌升管管口距离密度跃层高度 $h = 2$ m 和 $h = 17$ m 两种情况。详细参数见表 4-4。在该工程参数下，根据樊炜等的研究结果，深层水羽流可以最大程度的停留在密度界面附近，为表层水体中的藻类和浮游生物持续提供营养盐补充。

表4-4　气举式人工上升流试验参数

		水平横流/（m/s）	涌升流量/（mL/h）	距密度界面/m	涌升管直径/m	上层水密度/（kg/m³）	下层水密度/（kg/m³）	深层水密度/（kg/m³）
$h=$ 2 m	实际海况	0.1	$6×10^{11}$	2	1	1 021.9	1 022.8	1 025.9
	试验参数	0.008 35	613.7	0.007	0.003 5	995.2	996.9	1 003.0
$h=$ 17 m	实际海况	0.1	$1×10^{12}$	17	1	1 021.9	1 022.8	1 025.9
	试验参数	0.008 35	334	0.034	0.002	995.2	996.9	1 003.0

在对试验观测结果的处理中，此处采用了一种基于光反射原理的图像分析法（Nogueira，2013）。利用图像在 RGB 模式中的 Green 值（简称 G 值）随红色深浅变化显著的特点，通过建立 G 值与深层水浓度之间的关系曲线，分析羽流的稀释程度和浓度空间分布。该方法不仅可以直观观测到深层水的混合稀释过程，也可以对羽流的浓度分布进行定量比较。试验数据的处理过程采用 Matlab 软件完成，结果的后处理采用 Photoshop 软件实现。

下面我们将从羽流的稀释过程以及在密度界面处的浓度分布两方面展开讨论，通过对比关键特征，对气举式人工上升流的羽流控制方法进行验证。

1）羽流稀释过程

我们在 4.2.2 节中提到，气举式人工上升流系统羽流的稀释过程可以分为三个阶段（图4-7）。其中第一阶段为营养盐海水作为负浮力羽流从管口排出后，先上升后下沉，并不断与周围海水混合，最终到达密度界面的过程。这一过程是本阶段试验重点关注的阶段。根据试验参数设计，所排出的营养盐羽流将长时间停留在密度界面附近。因此可根据该特征对理论进行验证。

在本阶段试验中，$h=2$ m 和 $h=17$ m 两组试验得出了完全不同的结果。在 $h=$ 17 m 的数据组试验中，喷出的深层海水以羽流的形式充分稀释扩散后，能够顺利被密度界面捕获，并在密度界面附近长时间停留，如图4-22所示。但在 $h=2$ m 的数据组试验中，深层海水羽流并未能停留在密度界面附近，其中大部分水团会突破密度界面下沉至深层水体［图4-23（b）］。经分析，我们认为这可能与模型比例缩放后某些关键尺度数值过小有关。例如在该组试验中，涌升管的出口距离密度界面 2 m，换算至试验模型中，该距离仅为 7 mm。在如此小的间距下，水槽内流场的不稳定性等因素可能会干扰稀释过程，使得羽流到达密度界面时的密度与理论值存在较大误差。为了验证这一猜想，我们在保持流量不变的前提下，将涌升管管径由

0.035 m 缩小至 0.02 m，提高了出口处的流速。从试验中可以观察到，随着出口流速的增加，羽流上升的高度也显著增加，从而增强了第一阶段中的稀释效果。经过更长时间的稀释后，羽流可以成功被密度界面所捕获[图 4-23(a)]。

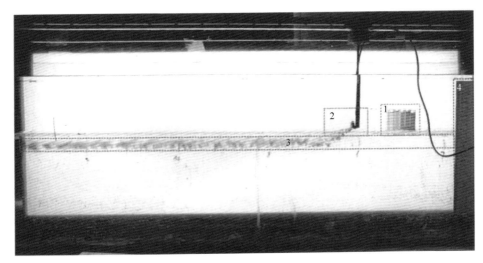

图 4-22 $h=17$ m 时深层水羽流的稀释过程

1—G 值标准曲线；2—第一阶段混合过程；3—密度界面；4—密度标尺

(a)   (b)

图 4-23 $h=2$ m 时深层水羽流的稀释过程

(a)涌升管直径为 0.02 m 时，上升流上升高度高，稀释后能被密度界面顺利捕获；

(b)涌升管直径为 0.035 m 时，上升流无法被密度界面捕获，大部分会沉入下层水体中

上述试验结果在一定程度上验证了气举式人工上升流羽流控制方法的有效性。此外，试验结果也表明通过合理调整人工上升流系统的工程参数，可以显著优化上升流的实施效果。这一结论不仅说明了人工上升流系统工程参数设计的重要性，也再次证明了通过观测结果不断调整系统工程参数，对于优化人工上升流技术的实施效果是行之有效的。这一结论对人工上升流系统自动控制策略的制定具有重要意义。

2）浓度分布对比分析

此处我们从羽流分布和停留位置两个方面，分析涌升管口距离密度界面高度分别为 17 m 和 2 m 两种情况下，实验室试验结果与 CFD 模拟计算结果之间的吻合程度。

用于对比的 CFD 数值计算结果来自樊炜等的研究。由于采用了完全相同的理论模型和环境参数，且采用的人工上升流系统工程参数由理论模型计算优化得出，因此试验结果与 CFD 计算结果的吻合程度可间接用于验证理论模型的有效性。

在 $h = 17$ m 的数据组中，不同浓度高锰酸钾的标准 G 值曲线描绘出的羽流形状和分布特征表明，深层水被提升后所形成的羽流浓度分布在 2.5%~10% 之间，且大部分浓度集中在 2.5%~5% 之间［图 4-24(b)］。这一结论与图 4-24(a) 中数值仿真计算的 3% 和 5% 基本吻合，并且图 4-24(b) 中两组重复试验所得结果十分接近，说

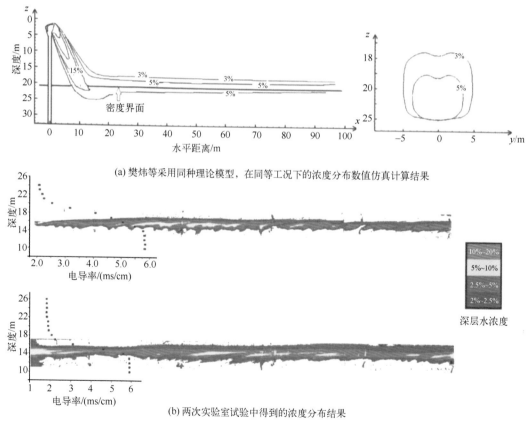

(a) 樊炜等采用同种理论模型，在同等工况下的浓度分布数值仿真计算结果

(b) 两次实验室试验中得到的浓度分布结果

图 4-24　深层水羽流浓度分布试验结果（$h = 17$ m）

明试验结果具有良好的可重复性。需要额外说明的是，试验中观测到的羽流浓度分布并不是完全均匀的，而是存在一定的波动性，这是试验微量注射泵的间歇性注入所导致的。

在 $h = 2\text{ m}$ 的数据组试验中，可以观察到图 4-25(b) 相对图 4-24(b) 来说，整体的深层水羽流浓度明显提高。由图 4-25(b) 可知，整体羽流深层水浓度应在 $2.5\% \sim 20\%$，大部分区域其浓度集中在 $5\% \sim 10\%$。这一结论与理论计算中羽流中心最高浓度 22%、边缘 11% 的浓度分布基本一致[图 4-25(a)]。不同浓度深层水羽流的分布也进一步证明了通过人工上升流工程参数调整深层水羽流浓度分布的可行性。

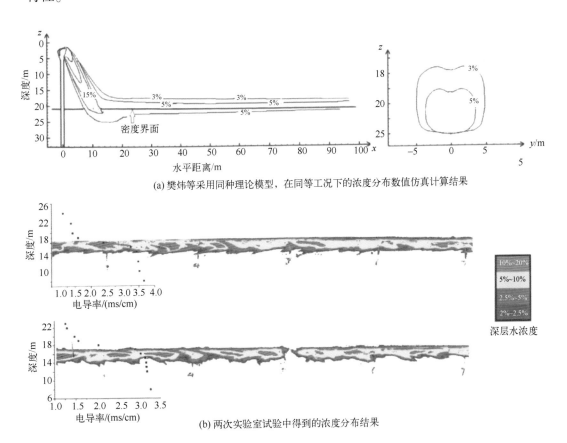

(a) 樊炜等采用同种理论模型，在同等工况下的浓度分布数值仿真计算结果

(b) 两次实验室试验中得到的浓度分布结果

图 4-25 深层水羽流浓度分布试验结果($h = 2\text{ m}$)

上述结果与用于对比的 CFD 计算数据高度吻合，在一定程度上验证了理论模型的有效性。但试验观测中得到的羽流形状与理论预测结果差距较大，初步推测是由水槽的边界效应导致的。具体原因还需要更深入的研究进行确认。

4.4　小结

本章以气力提升式人工上升流系统为例，介绍了海洋分层环境下上升流羽流的运动特征和控制调节问题。对于气幕式人工上升流系统，本章首先将静止水体中气泡羽流理论拓展到横流中，把横流中气幕式产生的气泡羽流的上升过程分为分离前和分离后两个阶段，并从宏观运动的角度对其运动轨迹进行推导，得到运动轨迹理论模型。在设计气幕式人工上升流工程时，可根据该模型计算不同横流下气泡带动羽流达到的最大高度，以确保有效的将底层水体提升到表层。对于气举式人工上升流系统，考虑到气举泵中气液两相流运动的复杂性，通过能量守恒法全面分析气举式人工上升流系统中各部分的能量收支情况，得到气举泵提升流量和注气流量之间的关系式，并对其进行简化。本章还给出了最优排出深度（即涌升管布放深度）的计算方法，便于在设计气举式人工上升流系统时，通过设计合适的排出深度，使得营养盐羽流经过扩散混合后，到达密度界面时的密度低于下层水体的密度，从而被密度界面捕获而更久地停留在上层水体，有效促进表层初级生产力。

在前述理论研究工作的基础上，本章同时给出了实验室条件下的上升流羽流运动特征观测结果以及上升流系统的工程参数在其中的影响。试验结果能够与理论计算结果相吻合，表明前述理论具有较好的准确性，能够指导实际工程的进行。

参考文献

胡东，王晓川，唐川林，等，2016. 气力提升理论模型建立及验证[J]. 高校化学工程学报，30(5)：1074-1081.

华绍曾，杨学宁，1985. 实用流体阻力手册[M]. 北京：国防工业出版社.

李彦鹏，关卫省，2006. 横向流中曝气气泡生成动力学及模拟研究[J]. 环境科学学报，26(10)：1751-1755.

廖开贵，李颖川，刘永辉，等，2007. 新型气举试验装置研制[J]. 石油矿场机械，36(7)：68-70.

林杉，2017. 波浪/海流引致人工上升流技术基础性研究[D]. 杭州：浙江大学.

林选才，刘慈慰，2000. 给水排水设计手册：第1册[M]. 北京：中国建筑工业出版社.

刘胜，杨成渝，王平义，2007. 水中气泡运动规律的研究[J]. 重庆交通大学学报，26(3)：136-139.

刘永辉，2002. 气举系统效率评价方法研究[D]. 成都：西南石油学院.

卢凌，2012. 海底营养盐注气提升技术的初步研究[D]. 杭州：杭州电子科技大学.

陆一心，顾建，凌智勇，2004. 液压与气动技术[M]. 北京：化学工业出版社.

王海，李小奇，陈宗林，等，2003. 文东油田气举采油井举升效率评价与应用[J]. 石油天然气学报，25（s1）：97-98.

徐克林，1997. 气动技术基础[M]. 重庆：重庆大学出版社.

薛霞，杨有林，李露霞，2003. 气举采油系统效率的计算与分析[J]. 石油天然气学报，25（s1）：95-96.

张利平，2007. 液压与气动技术[M]. 北京：化学工业出版社.

张青松，2017. 涌升管中的气液两相流研究[D]. 杭州：浙江大学.

左娟莉，李逢超，郭鹏程，等，2017. 不同进气方式下气力提升泵水力特性理论模型与验证[J]. 农业工程学报，33（21）：85-91.

ANSONG J K, ANDERSON-FREY A, SUTHERLAND B R, 2011. Turbulent fountains in one-and two-layer crossflows[J]. Journal of Fluid Mechanics, 689: 254-278.

AURE J, STRAND O, ERGAS R, et al., 2007. Primary production enhancement by artificial upwelling in a western Norwegian fjord[J]. Marine Ecology Progress Series, 352: 39-52

CHEN J, YANG J, LIN S, et al., 2013. Development of air-lifted artificial upwelling powered by wave[C] // IEEE. 2013 MTS/IEEE OCEANS Conference. San Diego: 1-7.

CLIFT R, GRACE J R, WEBER M E, 1978. Bubbles, drops, and particles[M]. New York: Academic Press.

COUTO H J, NUNES D G, NEUMANN R, et al., 2009. Micro-bubble size distribution measurements by laser diffraction technique[J]. Minerals Engineering, 22(4): 330-335.

DITMARS J D, CEDERWALL K, 1974. Analysis of air-bubble plumes[C] // society of civil engineers 14th International Conference on Coastal Engineering, copenhagen, Denmark, June 24-28. Copenhagen: 1(14): 2209-2226.

ELGER D F, LEBRET B A, CROWE C T, et al., 2016. Engineering fluid mechanics[M]. New York: Wiley.

FAN W, CHEN J, PAN Y, et al., 2013. Experimental study on the performance of an air-lift pump for artificial upwelling[J]. Ocean Engineering, 59: 47-57.

FAN W, PAN Y, LIU C C, et al., 2015. Hydrodynamic design of deep ocean water discharge for the creation of a nutrient-rich plume in the South China Sea[J]. Ocean Engineering, 108: 356-368.

GU Y Z, 1936. Friction factor of fluids in pipes[J]. Chemical Engineering, 3: 3-14.

GUET S, 2004. Bubble size effect on the gas-lift technique[D]. Delft: Delft University of Technology.

HABERMAN W L, MORTON R K, 1956. An experimental study of bubbles moving in liquids[J]. Transactions of the American Society of Civil Engineers, 121(1): 227-250.

HANDÅ A, MCCLIMANS T A, REITAN K I, et al., 2014. Artificial upwelling to stimulate growth of nontoxic algae in a habitat for mussel farming[J]. Aquaculture research, 45(11): 1798-1809.

KASSAB S Z, KANDIL H A, WARDA H A, et al., 2009. Air-lift pumps characteristics under two-phase flow conditions[J]. International Journal of Heat Fluid Flow, 30(1): 88-98.

KHALIL M, ELSHORBAGY K, KASSAB S, et al., 1999. Effect of air injection method on the performance of an air lift pump[J]. International Journal of Heat and Fluid Flow, 20(6): 598-604.

KOBUS H E, 1968. Analysis of the Flow Induced by Air-Bubble Systems[J]. Coastal Engineering, 2(65): 1016-1031.

KOH R C, BROOKS N H, 1975. Fluid mechanics of waste-water disposal in the ocean[J]. Annual Review of Fluid Mechanics, 7(1): 187-211.

LEE J H-W, CHU V, 2012. Turbulent jets and plumes: a Lagrangian approach[M]. New York: Springer Science and Business Media.

LIANG N K, PENG H K, 2005. A study of air-lift artificial upwelling[J]. Ocean Engineering, 32(5-6): 731-745.

LIU C C, SOU I M, LIN H, 2003. Artificial upwelling and near-field mixing of deep-ocean water effluent[J]. Journal of Marine Environmental Engineering, 7(1): 1-14.

LU L, PAN H, FAN W, et al., 2011. A preliminary study on efficiency of air-lift upwelling[J]. Advanced Materials Researh, 422: 424-429.

MCCLIMANS T A, EIDNES G, AURE J, 2002. Controlled artificial upwelling in a fjord using a submerged fresh water discharge: computer and laboratory simulations[J]. Hydrobiologia, 484(1-3): 191-202.

MCCLIMANS T A, HANDÅ A, FREDHEIM A, et al., 2010. Controlled artificial upwelling in a fjord to stimulate nontoxic algae[J]. Aquacultural engineering, 42(3): 140-147.

MOORE D, 1956. The velocity of rise of distorted gas bubbles in a liquid of small viscosity[J]. Journal of Fluid Mechanics, 23(4): 749-766.

NICKLIN D, 1963. The air-lift pump: theory and optimisation[J]. Transaction of the American Institute of Chemical Engineers, 41: 29-39.

NOGUEIRA H I S, ADDUCE C, ALVES E, et al., 2013. Image analysis technique applied to lock exchange gravity currents[J]. Measurement Science & Technology, 24(4): 14-47.

OHTA J, MAYINGER F, FELDMANN O, et al., 2001. An algorithm for evaluating overlapping bubble images recorded by double pulsed laser holography[J]. Journal of visualization, 4(3): 285-298.

ORLANSKI I, POLINSKY L, 1983. Ocean response to mesoscale atmospheric forcing[J]. Tellus Series A-Dynamic Meteorology & Oceanography, 35(4): 296-323.

PAN H, ERANTI E, 2007. Applicability of air bubbler lines for ice control in harbours[J]. China Ocean Engineering, 21(2): 215-224.

PAN H, ERANTI E, 2009. Flow and heat transfer simulations for the design of the Helsinki Vuosaari harbour ice control system[J]. Cold regions science technology, 55(3): 304-310.

PAN Y, FAN W, HUANG T H, et al., 2015. Evaluation of the sinks and sources of atmospheric CO_2 by artificial upwelling[J]. Science of the Total Environment, 511: 692-702.

PAN Y, FAN W, ZHANG D, et al., 2016. Research progress in artificial upwelling and its potential environmental effects[J]. Science China Earth Sciences, 59(2): 236-248.

PEEBLES F N, 1953. Studies on the motion of gas bubbles in liquid[J]. Chemical Engineering Progress, 49(2): 88-97.

PENG H K, 1999. Experimental and theoretical study of air-lift artificial upwelling[D]. Taibei: Taiwan University.

QIANG Y, FAN W, XIAO C, et al., 2018. Effects of operating parameters and injection method on the performance of an artificial upwelling by using airlift pump[J]. Applied Ocean Research, 78: 212-222.

RAUTENBERG J, 1972. Theoretische und experimentelle Untersuchungen zur Wasserförderung nach dem Lufthebeverfahren[D]. Karlsruhe: Karlsruher Institut für Technologie.

SHARMA N, SACHDEVA M, 1976. An air lift pump performance study[J]. AIChE Journal, 32: 61-64.

SOCOLOFSKY S A, 2001. Laboratory experiments of multi-phase plumes in stratification and crossflow[D]. Cambridge: Massachusetts Institute of Technology.

SOCOLOFSKY S A, ADAMS E E, 2002. Multi-phase plumes in uniform and stratified crossflow[J]. Journal of Hydraulic Research, 40(6): 661-672.

TAYLOR G, 1955. The action of a surface current used as a breakwater[J]. Proceedings of the Royal Society of London Series a-Mathematical and Physical Sciences, 231(1187): 466-478.

TODOROKI I, SATO Y, HONDA T, 1973. Performance of air-lift pump[J]. Bulletin of JSME, 16(94): 733-741.

XIAO X, AGUSTI S, LIN F, et al., 2017. Nutrient removal from Chinese coastal waters by large-scale seaweed aquaculture[J]. Scientific Reports, 7(1): 46613.

ZHANG D, FAN W, YANG J, et al., 2016. Reviews of power supply and environmental energy conversions for artificial upwelling[J]. Renewable Sustainable Energy Reviews, 56: 659-668.

5 气力提升式人工上升流系统集成与试验研究

与日本、美国、挪威等传统海洋强国相比，我国在人工上升流技术领域的研究起步相对较晚。尽管 21 世纪以来，我国加大了对上升流研究领域的支持力度，国内学者也先后取得了一系列有价值的成果，但对于人工上升流系统的工程研究大多仍处于实验室或湖试阶段。在本书相关内容发表之前，国内尚未有人工上升流技术海域试验研究的报道，研究人员对海洋人工上升流系统的设计、集成经验依然欠缺。

本章以浙江大学研究团队近年来实施的人工上升流技术的湖泊和海域试验研究为基础，结合具体案例详细介绍人工上升流系统的结构设计、供电方案、工程参数设计、海域布放等方面的工作。研究过程中既有成功的尝试，也不乏失败的探索。但就最终结果而言，这些研究工作都达到了预期的目标，完成了人工上升流系统工程可行性的验证。特别是 2018 年末在山东省鳌山湾建立的人工上升流工程试验平台，在将气幕式人工上升流技术成功应用到海藻养殖的基础上，通过建立海上供能浮台，实现了系统供能的自给以及海域环境参数的无人在线监测。作者希望这些研究案例能对未来我国人工上升流技术的工程实施起到抛砖引玉的作用。

本章前两节主要围绕气举式人工上升流的工程实现研究开展。受经费和经验等条件的限制，早期的气举式人工上升流试验在浙江省淳安县千岛湖地区开展，目的在于验证气举式人工上升流的工程可行性，监测上升流提升效果（上升流流量）及其对周围环境的影响，并为后续的海域试验积累工程经验。随后，在积累了足够的技术和工程经验后，浙江大学团队在东海海域再次实施了气举式人工上升流系统试验，同样取得了良好的效果。相关内容将在 5.2 节中详述。

5.3 节主要介绍浙江大学团队在气幕式人工上升流方向的工程实践。以研究团队在山东鳌山湾建立的人工上升流工程试验平台为例，详细介绍系统的构成、装备设计、布放选址等工程化研究内容。考虑到该项目实施的主要目标是研究人工上升流技术在提升局部海域固碳方面的作用，有关人工上升流系统的实施效果和试验结果分析将在本书第 7 章中作详细介绍。

5.1 气举式人工上升流系统千岛湖湖试研究

在前述章节中，我们已经提到气力提升式人工上升流系统的实现方式可以分为气举式与气幕式两种，两者的差异主要体现在是否使用涌升管。尽管在原理层面上，两种系统非常接近，但在实际工程应用中，无论是应用场合，还是装备的设计与布放，两者之间都存在着不小的差异。其中气举式上升流系统常用于水深较大的水域，其涌升管的结构设计、布放是影响上升流实施效果的关键因素。此外，由于布放位置通常离岸较远，电能获取不易。在有长期运行的计划时，供能也是需要重点考虑的问题。

为验证气举式人工上升流技术的理论正确性以及工程可行性，浙江大学团队在千岛湖地区开展了湖试研究。研究团队采用一根以 PVC 为主材料的半柔性管作为涌升管搭建了气举式上升流系统，通过观测水体不同深度的温度变化曲线确认上升流的形成和影响范围；同时通过测量注气流量和上升流流量，研究不同工程参数组合下(喷头的形态、气孔的数量以及注气速度等)系统提升效率的变化。

下面将从装备设计、试验实施和结果分析三个方面，对两次试验进行介绍。

5.1.1 试验地点与环境特征

第一次湖试于 2011 年 10 月 25—27 日在浙江省淳安县千岛湖开展。千岛湖位于钱塘江上游，是典型的北亚热带深水水体。此次试验区域位于 $29°33'51''$N，$119°11'9''$E 附近。该区域平均水深 50 m，水质清澈，湖水平静，为装备的布放和水下观测提供了良好的条件。除自然条件之外，该水域还有中国船舶重工集团第七一五研究所(中船 715 所)建造的湖上试验中心。该试验中心拥有多艘试验船只，能够为此次试验的顺利进行提供有力的支撑。

试验开始前，采用 CTD(温盐深仪，型号 CTD48M，由德国 Sea-Sun-Tech 公司生产)对水体剖面参数进行测量，得到湖水温度和密度随深度的变化，如图 5-1所示。从图 5-1 中可以看出，试验时湖水水体存在显著的分层现象。在 0~17 m 的范围内，湖水温度变化不大，约为 22℃，湖水密度约为 997.8 kg/m³；在 17~30 m 的范围内湖水温度逐渐降低，降至 14℃ 左右，湖水密度逐渐升高，最高可达

$999.4\ kg/m^3$。17 m处为温跃层，湖水温度和密度急剧变化。水体分层现象的存在表明当地水体上下层的对流交换微弱，是人工上升流工程的典型应用场景。而水体上下层较大的温度差异也为通过上层水温变化直观地观测人工上升流技术的实施效果提供了可能。

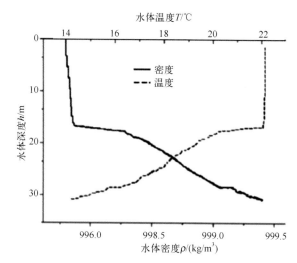

图 5-1 试验区域湖水温度和密度剖面分布

5.1.2 试验装备集成与试验过程

试验依托中船715所湖上试验中心所属的试验船开展。该试验船为一双体船，船体拥有良好的稳定性，同时两艘子船体之间的空隙恰好为涌升管的布放提供了合适的空间，是试验开展的理想场所。船上配备有试验所需的电源、起重机、甲板作业单元等基础设施，并根据试验需求配置了空压机、流体/压力控制阀、气体流量计以及数据采集系统等设备，以实现注气和观测作业。试验的总体装备配置方案如图 5-2 所示。

试验中所用的涌升管管径为 0.4 m，管长 28 m。涌升管的上半段(注气喷头以上)为注气段，采用 PVC 材质；下半段(注气喷头以下)为吸水段，采用钢架支撑的尼龙软管构建。注气口位于注气段与吸水段衔接位置，采用法兰结构与两端管路连接。空压机产生的气体依次经过气体控制阀、压力控制阀、气体流量计、注气管，通过喷头注入涌升管内。为探索气泡大小和分布对上升流实施效果的影响，本次试验共采用了 4 种喷头。其中按气孔布置方式可分为圆环形和十字形两种，按喷头气孔数可分为 24 孔和 384 孔两种，如图 5-3 所示。4 种喷头的具体参数见表 5-1。

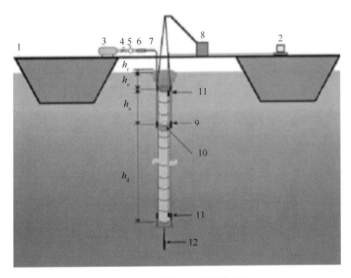

图 5-2 试验装置配置示意图

1—试验双体船；2—数据采集系统；3—空气压缩机；4—流体控制阀；5—压力控制阀；6—气体流量计；

7—注气管；8—起重机；9—注气口；10—电磁流量计；11—温度压力传感器；12—重块

(a) 十字形喷头　　　　　　　　　(b) 圆环形喷头

图 5-3 喷头形状

表 5-1 喷头参数

喷头编号	气孔布置方式	气孔数/个	孔径/mm	出气有效面积/mm²
N1	十字形	384	0.5	75.4
N2	十字形	24	2.0	75.4
N3	圆环形	24	2.0	75.4
N4	圆环形	384	0.5	75.4

系统在距管口 8 m 位置处安装有电磁流量计，用于监测通过涌升管截面积的上升流流量。注气口位于电磁流量计上方 0.5 m 处。温度传感器共有两个，分别位于涌升管管口的内部和管底的外部。温度传感器的探头由负温度系数热敏电阻组成，其具有灵敏度高、体积小、质量轻、热惯性小、寿命长、温度特性波动小以及价格便宜等优点，可进行高灵敏度、高精度的检测。对于负温度系数的热敏电阻来说，其阻值与温度之间的关系式可表示为

$$R_T = R_0 \cdot \exp\left[B\left(\frac{1}{T} - \frac{1}{T_0}\right) \right] \tag{5-1}$$

式中，R_T 为温度 $T(\text{K})$ 时的电阻值；R_0 为热力学温度为 T_0 时的电阻值，$R_0 = 272.8 \text{ k}\Omega$；$B$ 为热敏电阻的材料常数；T_0 为基准温度，通常为 298.15 K；T 为测得的温度，$T(\text{K}) = t(\text{℃}) + 273.15$。式(5-1)可用于温度数据采集器的输入设置和热电偶的校准。

温度传感器测得的数据由传输电缆线传送到自主研发的数据采集器[图 5-4(a)]。数据采集器包含电源电路、处理传感器信号的调理电路、控制数据采集器循环操作和进行 A/D 转换的 Flash 存储器、通信接口。计算机通过 LabVIEW 软件，可以通过编程软件及其操作界面[图 5-4(b)]，实现数据的实时采集、显示和存储，从而实现系统的原位、实时监测。

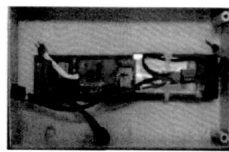 

(a) 数据采集卡硬件   (b) LabVIEW 系统操作界面

图 5-4 数据采集系统

此外，试验中还配备了一部德国 SST(Sea-Sun-Tech)公司的 CTD48M 型温盐深仪(CTD)，用于辅助记录水层剖面参数。

试验开始前，首先对包括热电偶以及 CTD 在内的测量仪器进行校准。之后依次组装并连接涌升管、电磁流量计、喷头、注气管、温度传感器等，并利用吊机将组装完成的装备下放至湖水中，涌升管管口距离水面约 1 m。连接并安装好调压阀、

气体变送器、气体流量计等水面设备后，进行气密性与通信系统检查，确保系统各部分运行正常。试验现场照片如图5-5所示。

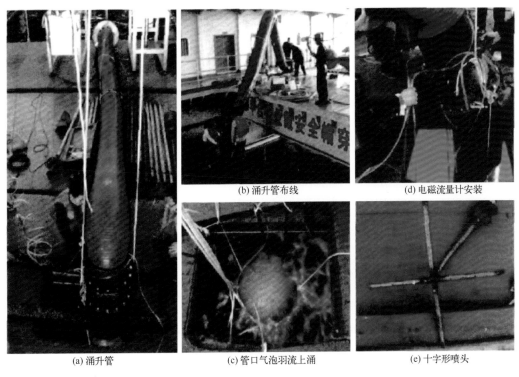

(b) 涌升管布线　　　　　　　(d) 电磁流量计安装
(a) 涌升管　　　　　(c) 管口气泡羽流上涌　　　　　(e) 十字形喷头

图5-5　试验现场照片

所有测试项目正常后，打开调压阀和空气压缩机，开始注气。期间利用热电偶记录时间-温度序列，利用流量计记录流量-时间序列，以供后续分析。每组工况测量完毕后，关闭空气压缩机，将设备吊离水面，更换喷头等组件后，继续进行下一组工况下的测量。两次测量之间用CTD测量涌升管附近的水体参数分布，方便对比分析。

5.1.3　试验结果分析

1) 注气流量对上升流流量的影响

图5-6展示了采用不同注气喷头时，上升流流量随注气流量的变化。注气喷头编号与几何参数的对应关系详见表5-1。注气流量的数值在1个标准大气压下测得。

试验结果表明，理论计算得到的上升流流量可以与试验测量值较好地吻合，表明前述章节中介绍的理论模型具有良好的准确性。

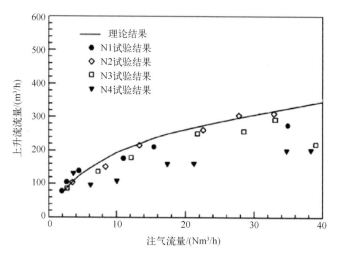

图 5-6　人工上升流流量随注气流量的变化

此外，从对试验现象的观察中可以发现，当注气量非常小时，涌升管中仅产生少量气泡，没有出现上升流的迹象。这表明对于实际工程系统而言，注气量存在某个最小阈值。当注气流量大于阈值时，上升流流量将随着注气流量的增加而增加，但增加速度逐渐减缓。

为了更直观地体现人工上升流的发生效率，这里引入提升比作为评价指标。提升比定义为所产生的人工上升流流量与注气流量的比值。提升比越大，即认为当前工况下系统的提升效率越高。本次试验中提升比随注气流量的变化情况如图 5-7 所示。

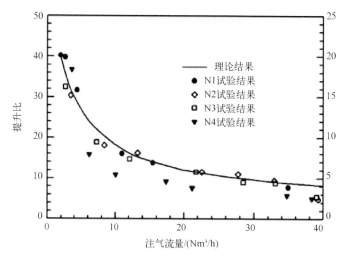

图 5-7　人工上升流提升比随注气流量的变化

从图 5-7 中可以看出，提升比随注气流量的增加而明显下降。该结果表明，尽管随着注气流量的增加，人工上升流的流量也会显著增加，但代价是系统提升效率的降低。这意味着工程师需要根据实际的工况限制（如系统能耗）决定最优的注气流量，以达到上升流流量和效率之间的平衡。

此外，对比不同喷头之间的表现，可以发现无论是在上升流流量还是提升效率的分析中，N2 型喷头（十字形，24 孔）均有最好的表现。这一结果对喷头的设计有一定的指导意义。但考虑到工况数量较少，依然需要更多的数据来完善注气喷头的设计准则。

2）人工上升流系统实施效果分析

人工上升流系统实施效果的重要评价指标之一是上升流羽流与表层水体的混合程度。本次试验中，研究团队在系统运行过程中测量了周围水体的密度和温度分布，如图 5-8 所示。测量时，上升流系统已经以 298.5 m³/h 的平均提升速率持续运行了约 2 h。

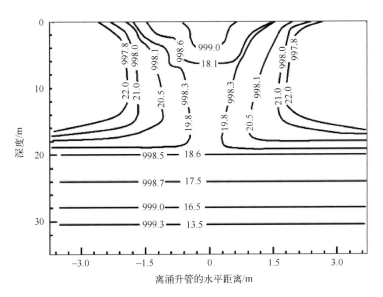

图 5-8　水体密度和温度变化图

水体密度单位为 kg/m²；水体温度单位为℃。

从图 5-8 中可以看到，涌升管上端管口附近有显著的深层水成分存在。与周围水体相比，其密度较大，而温度较低。由于试验在静水条件下进行，因此上升流羽流与周围水体的混合近似沿涌升管对称分布。混合最剧烈的区域位于管口附近，水平距离小于 2.7 m 处。在这个范围内，羽流的初始动能以及与表层水之间的密度差造成的沉降加速了混合过程。

上述结果表明，气举式人工上升流系统能够成功提升深层湖水至表层。被提升的深层低温湖水将与表层水团发生一定程度的混合，完成温度和营养盐交换，从而达到提高表层水体初级生产力的目标。

5.1.4 试验工作总结

千岛湖湖试作为浙江大学团队在人工上升流技术研究中的第一次大规模工程探索，无论在理论验证还是工程经验积累方面都具有重要意义。一方面，它通过试验观测数据与理论计算结果的对比，证明了第 4 章中介绍的气举式人工上升流理论模型的正确性，同时为相关领域的理论研究提供了宝贵的工程数据；另一方面，它在人工上升流系统的工程化研究中做出了诸多探索。比如应用浙江大学团队提出的浅层注气理念，结合尼龙钢架式涌升管，极大地降低了系统的工程实施难度。此外，通过对试验数据的分析，初步得出了注气喷头的几何工程参数对上升流流量和效率的影响。总体而言，本次湖试顺利完成了试验目标，同时也为下一步的研究工作指明了方向和目标。

5.2 气举式人工上升流系统东海海试研究

尽管千岛湖湖试取得了较为理想的结果，但用其结果评估人工上升流系统在海域中的应用尚存不足。一方面，湖试中的涌升管采用 PVC 结合尼龙材料制作，强度较低。试验过程中的水下摄像结果表明提升过程中涌升管存在一定程度的扭曲变形。在未经优化前，难以胜任海域作业任务。另一方面，在湖试条件下，由于上层水与底层水之间的密度差不大，提升相对容易。而在海域应用中，考虑到需要实施人工上升流的海域通常存在水体分层现象，上下层密度差较大，因此在提升流量方面可能存在较大差异。

鉴于此，浙江大学团队进一步策划并实施了东海海域试验。在这次试验中，研究团队对气举式人工上升流装备进行了改进，增强了其生存性和可靠性，同时探索人工上升流系统在开放海域的提升性能，为将来的实际应用提供数据参考。

5.2.1 试验地点与环境特征

气举式人工上升流系统第一次海域试验于 2014 年 9 月在东极岛附近海域 (30°8′14″N，122°44′59″E)进行，试验地点距离东极岛约 5 km，如图 5-9 所示。该开放海域同时位于长江口南边，杭州湾边缘，属于规则半日潮区域。长江冲淡水 (CDW)和台湾暖流(TWWC)是该水域的主要水团来源，分别在表层和底层占主导地位。持续向南流动的黄海海岸流和向北流动的浙闽海岸流也影响着研究地点的水文条件。整个试验持续一周时间，主要测试改进后的气举式人工上升流装备在海上的可行性和可靠性以及提升深层海水的能力。

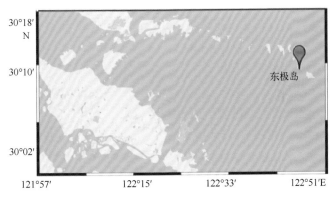

图 5-9　东海海试地点

东极岛海域的密度剖面由多参数水质检测仪 YSI(型号 EXO2)测得，如图 5-10 (a)所示。该海域平均水深 45 m 左右。持续补充的长江冲淡水盐度低，温度高，而台湾暖流来自寒冷、高盐度的黑潮底层水，它们在 20~30 m 的深度相遇混合，导致了该海域以温度、盐度引致的密度分层现象。表层海水温度为 25.2℃，而 40 m 深处的海水温度只有 20.5℃左右。表层海水盐度约为 22 psu，下层海水盐度接近 35 psu。密度界面在 20 m 左右。

该海域的流速剖面由悬挂在工程船边的声学多普勒流速仪(acoustic doppler current profilers，ADCP)(型号 RTDP600)测得，如图 5-10(b)所示。平潮时，该海域平均流速 0.2 m/s，而涨潮时流速可达 1~1.4 m/s。台湾暖流是垂直于潮流方向上的流速主要贡献者。从图 5-10 中可以看出潮流静止时，该海域的流速为 0.2 m/s，即为台湾暖流的流速，方向与涨落潮方向大致成 90°。减去台湾暖流的成分，可得出该海域潮流的速度为 0~1.4 m/s。此外，底部边界和密度界面也影响着该海域流速的垂直分布结构。该海域底部边界和密度界面分别在 45 m 和 20 m 左右，边界的摩擦效应导致水平流速减缓，从而使得该海域垂直流速剖面出现双峰值的分布结构。复杂的水动力条件和较强的密度分层使得该海域成为检验气举式人工上升流装备可靠性以及测试其提升高密度深层水能力的理想场所。

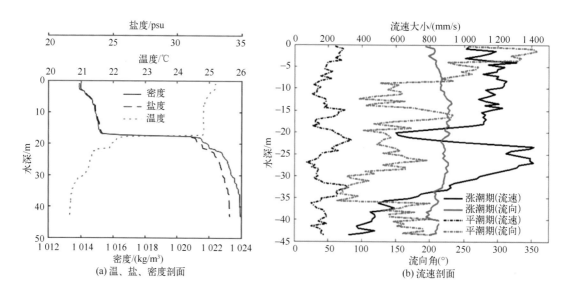

图 5-10　试验海域水文剖面

5.2.2　试验装备集成与试验过程

5.2.2.1　"上刚下柔"的气举式人工上升流装置

浙江大学团队在东海试验中设计采用的气举式人工上升流系统主要由注气泵、涌升管、注气喷头、重块和管路部分等组成。为解决柔性涌升管受内外压力变化而变形的问题，此处采用了两种改进后的涌升管：一种为纯钢结构的涌升管；另一种为"上刚下柔"型涌升管。

纯钢结构涌升管由多段钢管通过法兰连接而成，涌升管总长 20 m，直径 0.4 m，如图 5-11（a）所示。为研究不同注气喷头、不同注气潜没比对提升效率的影响，在钢管管内的三个深度（分别距管口 2 m、4 m、6 m）处焊接了十字架，以安装注气喷头。各处的喷头通过内径 10 mm 的气管与工程船上的手动换向阀相连，然后与空气压缩机(JBao 3540，1.1 kW)连接。试验中调节注气深度可通过手动调节换向阀来实现。

"上刚下柔"改进型涌升管，总长 20 m，直径 1 m，刚性管长约 4 m，其余部分为由帆布制成的柔性管，如图 5-11(b)所示。在"上刚下柔"涌升管中，喷头安装在刚性管的底部位置，以保证气液两相流只存在于刚性管中，而柔性帆布管中只有液相单相流。在刚性管的保护下，气液两相流段不会被外部水压压扁。为保证帆布柔性管不被外力拉扯、挤压而破坏，帆布柔性管采用钢圈帆布管，钢圈分布在管内或管外。每个钢圈上带有 4 个吊环，4 根钢丝通过这些吊环与底端的重块和上端刚性管相连接，使得重块的重量由钢丝分担，保证帆布柔性管不受拉力的同时，还能保持整根管子的竖直状态。

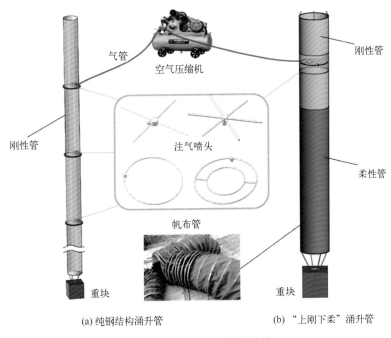

(a) 纯钢结构涌升管　　　　　　　(b) "上刚下柔"涌升管

图 5-11　两种类型的涌升管

5.2.2.2　人工上升流装置的供电系统

为了给气举式人工上升流装置提供电能，浙江大学团队设计了一套多能互补的小型供能浮台，如图 5-12(c)所示。该浮台长 5 m，宽 2.5 m，高 2 m 左右，整个浮台采用双体船式结构，以提升其在波浪中的稳定性。浮台上表面铺设 4 块太阳能板，总面积6.4 m²。太阳能板上面还安装了一个功率 600 W 的小型风机。该多能互补浮台为原理样机，在此次试验研究工作中，主要测试了其在海上工作的稳定性和可靠性，初步探索人工上升流系统中的能源原位供给技术。试验结果表明，该原位供能平台能够实现对人工上升流装置的电能供给。

5.2.2.3 人工上升流传感器测量系统

试验中共设计了三套测量系统用于观测人工上升流系统的工作情况。

一套是基于自容式温度传感器（VEMCO，型号 VFR-110）的温度测量系统，用于测量涌升管内海水温度的变化。温度传感器共 2 个，分别安装在涌升管的上端管口内和下端管口内；另一套是基于水质监测仪（YSI）和温盐深仪（CTD，型号 SBE 16plus）的多参数测量系统。试验中，分别在涌升管的上管口内和下管口内安装了多参数 YSI 和 CTD，用于观测涌升管内水体的一些重要参数变化，如温度、盐度和溶解氧等；还有一套是基于染色剂的示踪系统，用于观测气举涌升管提升水体的运动情况。该流量测量系统包括高锰酸钾示踪剂溶液、潜水泵、输水管、水下相机以及在示踪剂出口处的背光白板。试验中，示踪剂通过潜水泵和输水管注射到涌升管底部，并水平地喷出以避免带来垂直方向的初始速度。两个水下相机分别安装在顶部管口和底部管口，通过电缆实时观测水下情况。此外，试验中高锰酸钾溶液是通过海水配出的，以便减少因密度差别造成的测量误差。

5.2.2.4 试验实施过程

本次海域试验从 2014 年 9 月 1 日开始，一直持续到 9 月 8 日。海试期间测试了改进后的"上刚下柔"涌升管以及小型多能互补供能平台的生存性和可靠性，并利用安装不同注气喷头的纯钢结构涌升管研究了不同注气方式和工程参数对气举式人工上升流系统提升性能的影响。

试验中为了方便涌升管和小型浮台平稳地布放，此次试验租用了一艘工程船（浙普 123，800 t）。工程船上有臂长 30 m 的起重机，用于涌升管和供能浮台的布放，如图 5-13 所示。其中气管用于注气，水管用于在试验过程中添加高锰酸钾溶液，示踪上升流流体。涌升管上有三处不同位置安装了喷头，用于研究不同注气深度和喷头形式对上升流工程的影响。布放涌升管前，首先利用气举式人工上升流提升理论并结合相关工程参数（如涌升管管长、管径、注气深度等）和海域水文条件（密度剖面），通过理论数值计算求出一定注气流量范围内涌升管提升深层海水的流量范围，然后将该流量范围代入理论模型中。同样结合相关工程参数和水文条件，通过理论数值计算预测涌升管的最佳布放深度，然后利用起重机将涌升管布放到该深度。起重机在布放涌升管时保持适当的速度，及时排除管道内的空气，以防止因外部挤压而产生的管道变形。此外，为保证涌升管竖直，一个 250 kg 的重块挂在涌升管的底端，由外部钢丝承受重力。

图 5-12 所示为海试现场照片，包括纯钢结构涌升管、"上刚下柔"涌升管和小型供能浮台的布放作业以及海面上观察到提升至表面的深层海水。

图 5-12 海域试验现场照片

(a)布放纯钢结构涌升管；(b)布放"上刚下柔"涌升管；(c)布放供能浮台；(d)海面上观察到羽流

涌升管提升深层海水流量的基本测量步骤为：①开启注气系统，等待整个人工上升流系统持续稳定工作后，深层海水持续稳定地被提升至表层；②开启潜水泵，将紫红色的高锰酸钾溶液泵入涌升管底部，通过水下相机观测到红色液体出来时，暂停潜水泵；③记下该时刻，再次开启潜水泵，持续地注射示踪溶液；④等待顶部管口相机观测到红色示踪溶液后，记下时刻；⑤用管长除以两次相机观测的时间间隔即为提升海水的平均流速，重复测量多次取平均值后，再乘以涌升管横截面积即为流量。

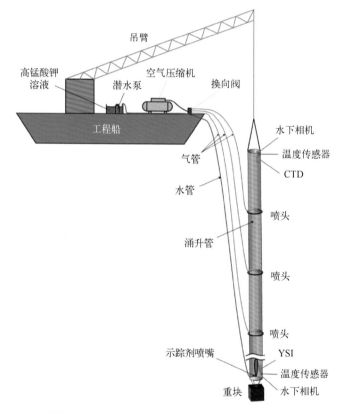

图 5-13 气举式人工上升流装置及传感器测量系统

更具体的观测过程将结合下面的试验结果分析部分进行说明。

5.2.3 试验结果分析

5.2.3.1 上升流现象观测

海试中，当开启注气系统后，涌升管内的深层海水被提升至表面，此结论可根据自容式温度传感器以及 YSI 和 CTD 测量到的数据分析证明得到。如图 5-14 所示，安装在涌升管顶部管口的温度传感器测量的温度为 24.5℃ 左右，底部管口温度传感器测量的温度为 22℃。注气系统在 13:30 前后开启，经过一段时间后，顶部温度传感器测量的温度降低，并逐渐趋于底部温度，由此可以证明温度较低的深层海水被提升至涌升管管口。

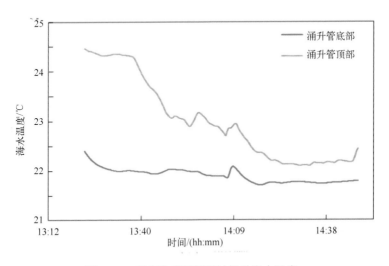

图 5-14　温度传感器测量被提升海水温度

图 5-15 所示为 YSI 和 CTD 的测量数据。气泵未开启前，涌升管上下管口水体的温度分别为 26℃ 和 21.5℃ 左右，上下管口水体的盐度分别为 23 psu 和 32 psu，上下管口水体的溶解氧饱和度分别为 160% 和 50% 左右。12:10 前后开始注气，之后可以看出测量的温度、盐度和溶解氧等数据出现抖动，但并无明显差异出现，原因是当时潮流对涌升管影响较大，涌升管出现了 10°~15° 的倾斜，因此涌升管下管口并未穿过密度跃层，提升的水并非深层高密度的海水。经过调整涌升管的布放深度后，在 12:30 前后各项数据出现了明显变化。此时上管口测量的水温降低为 22℃ 左右，盐度升高至 32 psu 左右，溶解氧饱和度变为 90%~100%，从而证明了深层低温、高盐度的海水被提升至上管口。

5.2.3.2　上升流流量测量

本次试验利用纯钢涌升管进行了一系列测量研究。通过在纯钢涌升管的不同深度安装喷头，并在试验过程中更换喷头，在不同注气方式下测量人工上升流的流量，以研究不同注气方式对气举式人工上升流系统提升性能的影响。试验中使用的不同类型喷头如图 5-16 所示，其中有四种不同的类型：点状、星形、圆环和双环。

喷头由不锈钢块或不锈钢管子制成，其表面均匀分布着一定数量的注气孔。点状喷头由4根细长钢棒固定于空心钢块，注气孔均匀分布在块体的上表面；星形喷头由一端封闭、另一端焊接在一起的钢管制成，钢管内径为8 mm，注气孔均匀分布在每个钢管的上表面；圆环和双环的喷头，是将钢管弯曲成环，使注气孔均匀地分布在环的上表面。在纯钢涌升管每个固定喷头的深度处，设有一个十字架用以固定喷头。注气喷头安装在涌升管横截面中心处，避免与管壁碰撞。每个喷头都有一个六边形的接口与气管连接，然后与空气压缩机相连。几次试验中，一共用到15种不同形状和注气孔径的喷头。试验中，设计了不同的注气孔径（0.5 mm、1 mm、1.5 mm和2 mm）以及不同的注气孔数（24孔、42孔、96孔和384孔），并且所有喷头注气孔的总面积保持基本一致（约75.4 mm²）。喷头基本情况详见表5-2。

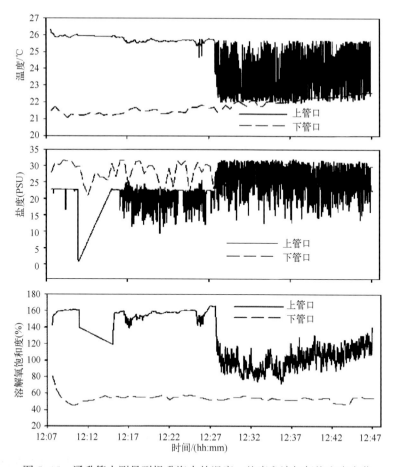

图5-15　涌升管内测量到提升海水的温度、盐度和溶解氧饱和度变化

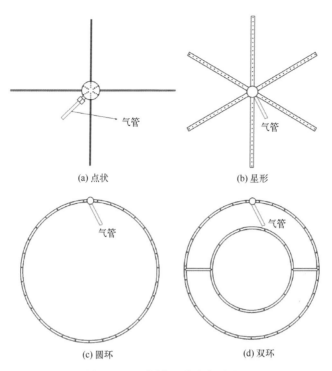

(a) 点状　　　　　　　　　　　　(b) 星形

(c) 圆环　　　　　　　　　　　　(d) 双环

图 5-16　不同类型的注气喷头

表 5-2　不同类型喷头的参数

喷头形状	喷头编号	气孔数/个	孔径/mm	出气有效面积 /mm²
点状	P1	42	1.5	75.4
	P2	96	1	75.4
	P3	384	0.5	75.4
星形	S1	24	2	75.4
	S2	42	1.5	75.4
	S3	96	1	75.4
圆环	R1	24	2	75.4
	R2	42	1.5	75.4
	R3	96	1	75.4
	R4	384	0.5	75.4
双环	D1	42	1.5	75.4
	D2	384	0.5	75.4

　　试验中通过相机观测示踪剂的方法测量涌升管内提升底层海水流量。图 5-17 (a)所示为安装在涌升管下端管口内的水下相机观测到的示踪剂画面。试验中等涌升管内上升流稳定后，记录从打开潜水泵将示踪剂从涌升管管口底部喷头喷出到表面涌升管上管口处观测到示踪剂时［图 5-17(b)］的时间。多次测量后取平均值，从

而可得到涌升管提升流量。表 5-3 所列为测量流量的结果，本次海试一共进行了
12 组流量测量试验。

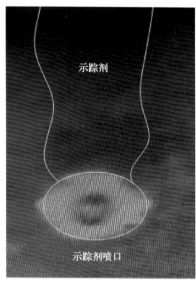

(a) 涌升管底部示踪剂观测

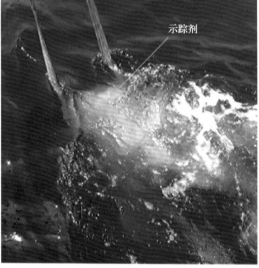

(b) 海面示踪剂观测

图 5-17　示踪剂观测结果

表 5-3　海试中测量上升流流量数据整理

试验编号	注气流量/(L/min)					试验编号	注气流量/(L/min)				
	提升流量/(L/min)						提升流量/(L/min)				
S1-1	40	60	80	100	120	S1-7	40	60	80	100	120
	1 470	2 153	2 318	2 740	3 173		—	—	—	—	—
S1-2	40	60	80	100	120	S1-8	40	60	80	100	120
	1 913	2 318	3 014	3 258	4 019		0	0	0	0	1 340
S1-3	40	60	80	100	120	S1-9	40	60	80	100	120
	0	670	965	1 608	2 010		0	0	201	379	394
S1-4	40	60	80	100	120	S1-10	40	60	80	100	120
	0	0	0	0	913		0	517	574	709	996
S1-5	40	60	80	100	120	S1-11	40	60	80	100	120
	0	0	529	1 137	1 370		488	887	1 355	1 977	2 412
S1-6	40	60	80	100	120	S1-12	40	60	80	100	120
	804	1 283	1 800	2 192	—		0	0	265	425	569

注："—"表示注气量不够或注气深度不够时，未观测到上升流。

图 5-18 所示为试验中不同情况下测量涌升管提升流量的结果。图 5-18 中，虚线表示理论模型计算的提升流量和注气流量的关系，可以看出该理论模型和海试数据 S1-6 和 S1-11 基本吻合，从而在实际工程中验证了气举泵提升模型的正确性。但另一组海试数据与理论计算结果的偏差较大，其原因主要是不同的注气方式影响了涌升管的提升效率。

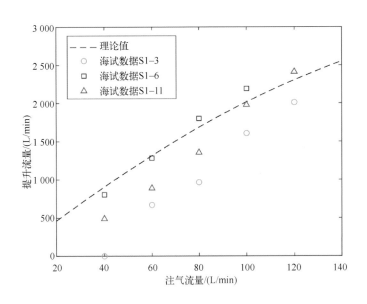

图 5-18　提升流量理论模型与海试数据对比

为进一步验证提升模型，在此用到了更早进行的湖试数据（表 5-4）进行对比。由于每组湖试试验测得的数据相对较多，在表 5-4 中只对每组试验列出了部分数据。从图 5-19 中不难看出，该理论模型计算的提升流量和提升率与其中的 L1-1、L1-2 和 L1-3 这三组湖试数据吻合度较高，但对于另一组数据，差距较为明显。通过分析，该理论模型主要用能量守恒的方法进行计算，未考虑不同注气方式，如喷头形状、注气孔径等对涌升管提升效率的影响。通过与海试、湖试数据对比，我们发现与理论模型更吻合的是星形和圆环等形状且注气孔径为 1~2 mm 的喷头。对于其他的喷头形状和注气孔径，提升流量与理论模型存在一定的差距。由于不同的注气方式对涌升管的影响较为复杂，很难从理论推导去弄清其间的关系。下节将通过对比分析多组湖试和海试数据，从工程应用的角度总结不同注气方式和工程参数对提升效率的影响。

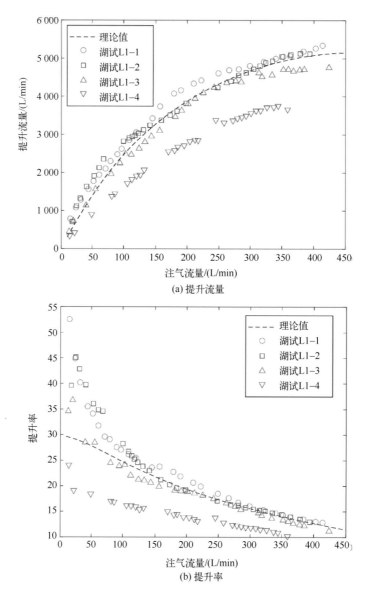

图 5-19　提升流量理论模型与湖试数据对比

表 5-4　气举式人工上升流系统各次试验情况

试验类别	试验时间	试验地点	管长/m	管径/m	管材材质	喷头类型
湖试 1	2012 年 9 月	29°33′51″N，119°11′9″E	28.3	0.4	尼龙加强PVC	圆环

续表

试验类别	试验时间	试验地点	管长/m	管径/m	管材材质	喷头类型
湖试 2	2012 年 12 月	29°33′51″N, 119°11′9″E	26	0.5, 1, 1.5, 2	尼龙加强 PVC	点状、星形、 圆环、双环
海试	2014 年 9 月	30°8′14″N, 122°44′59″E	20	0.4	铁/帆布	点状、星形、圆环

5.2.3.3 工程参数和注气方式对提升性能的影响

此处我们引用浙江大学团队在东极岛和千岛湖进行的上升流试验中采集到的数据，研究不同工程参数和注气方式对气举式人工上升流系统提升性能的影响。两次千岛湖湖试时间分别为 2011 年 9 月和 2012 年 12 月，两次湖试的温盐深剖面数据由温盐深仪(CTD，SST CTD48M)测得，如图 5-20 所示。第一次湖试时温跃层在 17～31 m，上层湖水和底层湖水温度范围为 14.2～22.2℃，最大密度差约为 1.61 kg/m³；第二次湖试时温跃层大约在 26 m，上层湖水和底层湖水温度范围为 10.3～16.0℃，最大密度差约为 0.76 kg/m³。

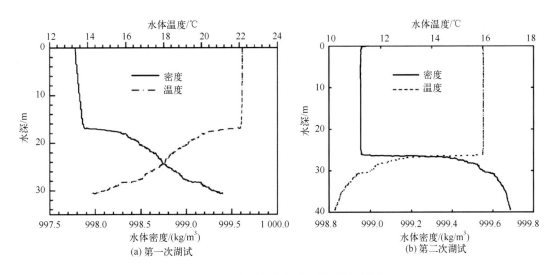

图 5-20　两次千岛湖湖试温盐深剖面数据

两次湖试和东极岛海试的基本情况统计见表 5-4。表 5-5 为整理后的气举式人工上升流系统两次湖试提升流量数据。

表 5-5　气举式人工上升流系统湖试提升流量数据

试验编号	注气流量/（L/min）											
	提升流量/（L/min）											
L1-1	15	52	90	120	157	190	222	266	299	340	384	414
	788	1 774	2 479	3 057	3 735	4 158	4 425	4 693	4 805	4 996	5 187	5 343
L1-2	18	41	68	109	131	173	198	248	281	315	350	394
	713	1 630	2 353	2 913	3 124	3 510	3 820	4 237	4 561	4 807	5 049	5 122
L1-3	13	55	94	133	156	191	225	262	285	334	378	424
	450	1 565	2 247	2 806	3 102	3 630	4 092	4 361	4 384	4 570	4 699	4 763
L1-4	14	49	86	113	132	170	204	245	279	301	326	359
	337	904	1 450	1 822	2 071	2 555	2 820	3 382	3 423	3 565	3 717	3 663
L2-1	14	21	53	60	66	106	115	122	197	207	216	227
	188	261	442	485	516	756	808	858	1 333	1 389	1 441	1 502
L2-2	47	73	99	123	154	187	206	227	250	330	357	387
	1 404	1 821	2 234	2 596	1 894	2 949	2 976	2 959	2 966	2 749	2 618	2 525
L2-3	47	67	105	124	147	172	206	222	250	279	308	322
	664	1 083	1 574	1 821	2 041	2 287	2 623	2 671	2 731	2 785	2 809	2 817
L2-4	52	64	103	113	151	177	203	231	257	271	301	344
	670	860	1 341	1 449	1 936	2 333	2 623	2 789	2 810	2 824	2 827	2 813
L2-5	45	75	104	128	152	180	194	232	252	269	284	296
	765	1 360	1 916	2 161	2 414	2 617	2 689	2 846	2 848	2 840	2 838	2 867
L2-6	47	73	97	128	152	170	205	224	242	282	307	329
	856	1 743	2 600	3 467	3 906	4 233	4 431	4 511	4 547	4 526	4 659	4 691
L2-7	50	72	98	124	147	176	187	255	265	278	299	338
	650	960	1 353	1 738	2 131	2 619	2 795	3 935	4 084	4 268	4 394	4 332
L2-8	48	77	100	128	151	173	201	227	250	275	301	320
	380	812	1 252	2 002	2 388	2 498	2 683	2 829	2 873	2 845	2 789	2 680
L2-9	54	86	93	120	140	171	195	226	257	290	301	347
	650	1 249	1 365	1 808	2 104	2 505	2 716	2 984	3 200	3 213	3 251	3 232
L2-10	47	71	100	132	149	180	200	222	247	271	301	324
	576	871	1 870	2 937	3 121	3 105	2 995	2 906	2 809	2 795	2 792	2 788
L2-11	51	76	100	127	147	173	202	224	253	279	294	325
	713	998	1 436	2 038	2 529	3 079	3 409	3 436	3 126	2 989	2 952	2 912
L2-12	48	82	105	131	153	174	203	232	248	269	311	338
	318	475	589	736	846	990	1 126	1 337	1 375	1 473	1 706	1 658

续表

试验编号	注气流量/(L/min)											
	提升流量/(L/min)											
L2-13	51	73	101	124	148	173	200	228	250	277	301	331
	197	277	344	415	490	568	658	736	872	945	940	899
L2-14	49	79	100	127	150	171	200	229	251	275	299	324
	187	258	321	411	489	562	649	715	760	778	759	743
L2-15	52	75	100	130	150	177	198	228	248	275	300	323
	233	314	415	517	586	658	707	759	796	843	321	936
L2-16	40	68	91	121	154	171	194	226	253	273	307	339
	301	331	352	376	404	414	422	437	444	450	421	366
L2-17	55	75	99	123	150	176	200	225	252	274	300	325
	188	269	339	389	429	446	458	469	456	455	431	415
L2-18	48	72	100	125	151	177	200	223	253	274	298	320
	311	366	431	494	553	580	591	574	540	500	460	436
L2-19	47	67	100	125	149	180	199	223	250	275	301	331
	180	234	268	301	331	361	374	391	403	406	403	395

1)管径对提升性能的影响

不同的工程参数包括管道直径和布放深度。几次试验研究中，我们对不同管径（0.4 m、0.5 m、1 m、1.5 m 和 2 m）和不同浸没深度（0.15 m、1 m、2.3 m 和 3 m）的气举式人工上升流系统进行了研究。图 5-21 展示了 4 组不同管径涌升管的提升流量试验结果，4 组试验编号分别为 L2-1、L2-4、L2-12 和 L2-16。每组试验使用的喷头形状为点状，喷孔直径 1.5 mm，喷孔数量 42 个。为了避免不同喷头尺寸对提升流量结果的影响，几组试验中采用相对于涌升管尺寸比例一致的喷头尺寸。试验 L2-1、L2-4 和 L2-12、L2-16 的涌升管布放深度分别为 1.7 m 和 2.0 m。根据试验地点的温盐垂直剖面数据，由这 0.3 m 的深度差引起的密度差距少于 0.1 kg/m^3，相比于不同管径造成的影响来说可以忽略。因此可近似认为除涌升管管径不同外，每组试验在相同的试验条件下完成。从图 5-21 中可看出，当注气流量低于 25 L/min 时，不同直径的涌升管提升流量没有显著差异。随着注入的空气流量增加，管径分别为 1 m 和 2 m 的涌升管提升流量的差异明显，管径分别为 0.5 m 和 1.5 m 的涌升管提升流量几乎保持相同的趋势。在相同注气量下，直径为 1 m 的涌升管提升流量最大，其次是直径为 0.5 m、1.5 m 的涌升管，最后推荐使用的是直径为 1 m 的涌升管。此外，随着注气流量的不断增加，深层海水的提升流量增加速度减缓，甚至有下降趋势，这意味着持续增加的空气体积虽然使得提升流量增加，但以降低提升率为代价。

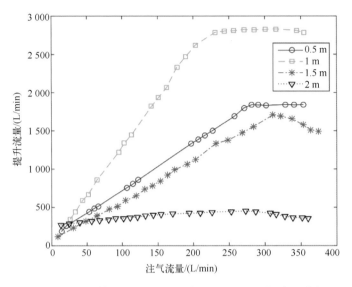

图 5-21　不同管径对上升流系统提升流量的影响（湖试数据）

为了更容易比较不同气举涌升管的提升性能，在此引入提升率，定义为提升深层海水流量和注气流量之比。图 5-22 所示为这四组不同管径涌升管的提升率，从中可以看出注气流量越大时，涌升管的提升率反而越低。对于管径 2 m 的涌升管，当注气流量增加至 350 L/min 时，其提升率降低至 1 左右。

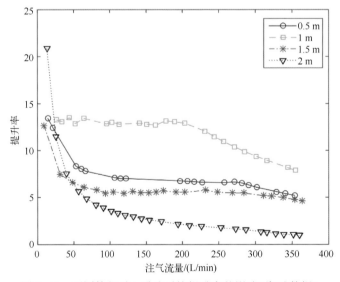

图 5-22　不同管径对上升流系统提升率的影响（湖试数据）

从图 5-21 和图 5-22 中可以看出，在这四个管径中，管径 1 m 的涌升管效果最佳。这主要与两个因素有关：管内壁上的摩擦损耗和注气的有效面积。当管径小于 1 m 时，摩擦损耗对提升效果的影响相对大于有效注气面积，管径的增大导致摩擦损耗较小，提升率更高。当管径大于 1 m 时，有效注气面积的影响大于摩擦损耗，管径的增加造成较小的有效注气面积，产生的升力较小，甚至导致管道中的 M 形流动，从而最终导致较低的提升率。因此，上升流的提升率随着涌升管直径的增加（从 0.5 m 增加到 1 m）而增加，然后随着管径不断增大（从 1 m 到 2 m）而减小。综上，工程中推荐使用管径 1 m 的涌升管，当注气流量为 50~350 L/min 时，其提升深层海水的提升率为 7~14。

2）布放深度对提升性能的影响

湖试试验中不同布放（潜没）深度对提升流量的影响如图 5-23 所示。在此对 2.3 m 和 0.15 m 两个布放深度下的涌升管提升流量的试验结果进行对比，试验编号分别为 L2-5 和 L2-6。从图 5-23 中可以看出，注气流量小于 100 L/min 时，提升流量和提升率随着注气流量的增加而增加；当注气流量超过 100 L/min 时，提升流量随着注气流量增加的速度放缓，提升率开始降低。当注气流量大于 200 L/min 时，两种布放深度的涌升管提升流量都渐趋平缓。当注气流量低于 50 L/min 时，两个布放深度的提升流量之间没有显著差异。然而，随着注气流量的增加，这种差异变得明显。当注气流量低于 400 L/min 时，布放深度 0.15 m 和 2.3 m 的涌升管的最大提升流量分别约为 4 800 L/min 和 2 800 L/min。对于两个布放深度，当注气流量小于 300 L/min 时，提升率保持在 10 以上。对于 2.3 m 布放深度的涌升管，当注气流量为 75 L/min 时，最大提升率为 18；对于 0.15 m 布放深度的涌升管，当注气流量为 125 L/min 时，最大提升率为 27。

图 5-24 所示为海试试验 S1-6（布放深度 1 m）和 S1-9（布放深度 3 m）的结果对比。根据试验结果，当注气流量过小时，气举涌升管无法克服密度水头（约 8 kg/m³），从而无法将深层海水提升上来。为顺利达到提升效果，存在一个最低注气量，如 40 L/min。湖试中，由于上下层密度差较小（约 1.6 kg/m³），因此在相对较低的注气流量下也能达到提升效果。此外，虽然两种布放深度的涌升管提升流量随着注气流量的增加具有相同的变化趋势，但仍能从图 5-24 中看出布放深度越小提升的流量越大。当注气流量低于 120 L/min 时，布放深度 1 m 和 3 m 的涌升管最大提升流量分别为 2 200 L/min 和 400 L/min，最大提升率分别约为 18 和 4。

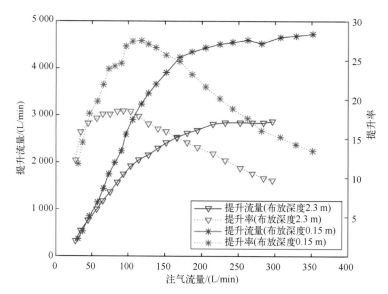

图 5-23　不同布放深度对上升流系统提升流量和提升率的影响(湖试数据)

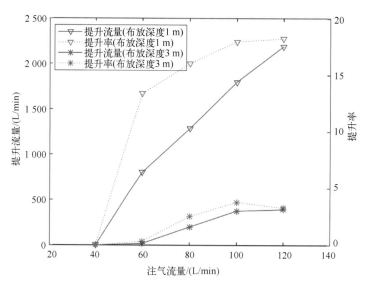

图 5-24　不同布放深度对上升流系统提升流量和提升率的影响(海试数据)

　　综上所述,从图 5-23 和图 5-24 中可以得出涌升管的提升流量和提升率随着布放深度的增大而降低,其原因主要与海水密度的垂直分布有关。在试验中,涌升管的下端管口位于温跃层内,当涌升管的布放深度越深时,提升的深层海水密度越大,因此相同注气流量下提升的深层海水流量就越少,提升率就越低。

3) 喷头类型对提升性能的影响

本节研究的不同注气方式主要包括不同的喷头注气孔尺寸和喷头形状。不同注气孔径对提升流量的影响如图 5-25 所示。其中两种喷头 P2(孔径 1 mm)和 P3(孔径 0.5 mm)在此进行了比较,分别对应海试试验 S1-3 和 S1-12。在相同注气流量下,注气孔径 1 mm 的 P2 喷头比注气孔径 0.5 mm 的 P3 喷头提升水量更多。在给定注气流量 120 L/min 的情况下,喷头 P2 和 P3 提升深层海水流量的差别约为 1 500 L/min,喷头 P2 的提升率是喷头 P3 的 3 倍。此结果初步说明提升流量和提升率随着注气孔径的增加而增大。

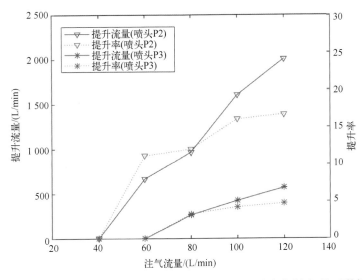

图 5-25 不同注气孔径对上升流系统提升流量和提升率的影响(海试数据)

图 5-26(a)所示为湖试 1 中两种喷头 R1 和 R4 的试验结果,其注气孔径大小分别为 2 mm 和 0.5 mm。除注气孔径的不同,其他的试验条件都一致。对于这两种喷头,其提升流量有着相同的变化趋势,即提升流量随着注气流量的增加而快速增加,当注气流量达到 250 L/min 后,其增加速度变缓。可以看出,喷头 R1(孔径 2 mm)提升深层海水的效果比喷头 R4(孔径 0.5 mm)的提升效果更好,其提升深层海水流量差异明显,在注气流量 350 L/min 时,差异达 25% 左右。图 5-26(b)所示的两种喷头提升率随着注气流量的变化趋势也一致,起初快速下降,经一段时间后逐渐平缓。其原因是随着注气流量的增加,涌升管内空隙率增加,含液率降低,因而导致提升率相对降低。

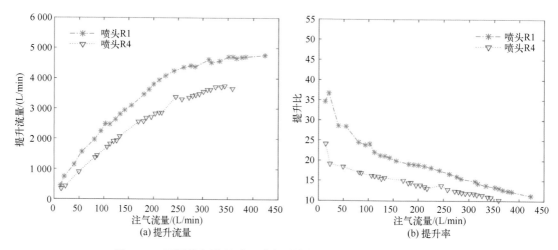

图5-26　不同注气孔径对上升流系统提升性能的影响(湖试数据)

　　综上所述，提升率随着喷头孔径的增大而增加，如果喷头上的孔径相对于上升管太大，则气泡在涌升管中容易形成塞状流，不利于水体的流动，从而大大降低气力泵的提升效率。因此，对于一定直径的上升管，可能存在一个最佳的注气孔径。

　　不同的喷头形状对上升流系统提升流量的影响如图5-27(a)所示，图中展示了四种不同喷头形状(点状、星形、圆环和双环)的试验结果，试验编号分别为L2-4、L2-7、L2-9和L2-11。从中可以看出，不同形状喷头的提升流量都具有相同的趋势，随着注气流量的增加，提升深层海水流量逐渐增加到某个最大值，然后或保持(点状和圆环)或开始降低(星形和双环)。4种喷头的提升率如图5-27(b)所示，可以看出随着注气流量的增加，提升率增加到一定值后也开始降低。另外还发现，在所有的注气流量范围内没有最好的喷头。当注气流量小于75 L/min时，双环喷头在四种喷头形状中提升水量最多；当注气流量在75~120 L/min之间时，这四种形状的喷头提升率的差异在2以内，但是圆环喷头相对好一些；当注气流量在120~220 L/min之间时，双环形喷头显然是最佳的喷头设计，其提升水量最多，最大提升率可达18左右，而点状喷头的性能最差，其最大提升率为13左右。对于其余的注气流量范围，双环形喷头的提升率急剧下降，甚至与点状喷头相同，而此时星形喷头成为最佳设计，星形喷头与其他喷头的提升率差异明显，大约为5。可以看出，对于所有条件，没有一种喷头是最好的喷头。但总的来说，当注气流量小于或大于220 L/min时，气举涌升管中的最佳喷头形状分别是双环和星形。

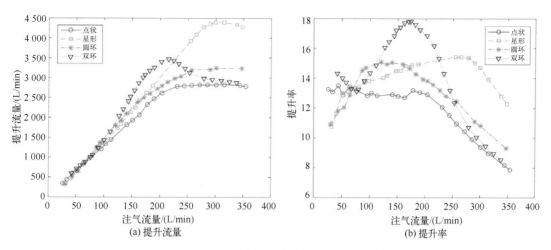

图5-27 不同喷头形状对上升流系统提升性能的影响(湖试数据)

图5-28所示为星形、圆环和点状三种喷头的海试结果。此四组试验根据试验条件分为两组进行对比,一组试验编号为S1-2和S1-11,另一组编号为S1-5和S1-12。试验S1-2、S1-5和S1-11、S1-12中涌升管的布放深度分别为1 m和1.5 m。根据当时海域的密度剖面,涌升管管长20 m,分别从21 m和21.5 m吸取深层海水,其海水密度分别为1 022.77 kg/m³和1 022.81 kg/m³,这两种布放深度所造成的提升海水密度差很小,约为0.04 kg/m³。因此可以忽略这四组试验布放深度的差异,近似认为除了喷头形状不同,其他试验条件一样。

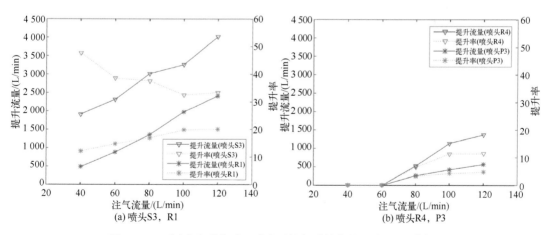

图5-28 不同喷头形状对上升流系统提升性能的影响(海试数据)

根据上述的注气孔径对提升流量和提升率的影响,不同注气孔径的喷头提升能力由高至低排序分别为2 mm、1 mm和0.5 mm。图5-28(a)中,在相同注气流量下，注气孔径 1 mm 的星形喷头(S3)提升的流量多于注气孔径 2 mm 的圆环喷头 (R1)，且它们的平均差异约为 1 700 L/min。由此可以证明星形喷头比圆环喷头的提升能力更强。在图 5-28(b)中，当注气流量一定时，注气孔径 0.5 mm 的圆环喷头(R4)提升流量多于注气孔径 0.5 mm 的点状喷头(P3)。因此这三种形状喷头的提升能力排序由高至低分别为星形、圆环、点状，此结论与上面一致。

4)潜没比对提升性能的影响

传统的气举泵是将管道部分浸没在水中，而气举式涌升管不同于传统的气举泵，它将整个管道全浸没在水中。因此，潜没比(SR)的定义不同于传统的气举泵，在此它表示喷头距涌升管上管口与涌升管总长度的比值。几次试验中一共研究了多组不同潜没比(0.125、0.25、0.28、0.32 和 0.375)的气举式上升流，试验详细工程参数见附录 A。不同潜没比(SR)对提升流量的影响如图 5-29 所示，两组试验 S1-6 ($SR=0.375$)和 S1-10($SR=0.125$)在此进行了对比。由图 5-29 可见，不同潜没比的两组涌升管提升效果差异显著，在注气流量为 120 L/min 时，两者之间的提升率最大差值约为 10。可以明显看出潜没比为 0.375 的涌升管提升率更高，因为在这两组试验中，潜没比为 0.125 的涌升管上使用的喷头注气孔径大于潜没比为 0.375 的涌升管使用的喷头注气孔径。因此恰好进一步证明提升深层海水的流量和提升率随着潜没比的增加而增大。这一结果是可预期的，因为增加潜没比表明气泡与周围水体之间的相互作用时间增加了，从而增加了气举泵的提升能力。

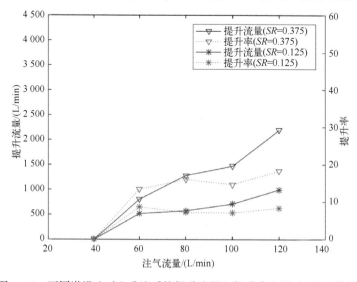

图 5-29　不同潜没比对上升流系统提升流量和提升率的影响(海试数据)

5.2.4　试验工作总结

本次海域试验成功验证了改进后的"上刚下柔"型涌升管在海上的可行性和生存性，同时探究了不同注气方式和工程参数对气举式人工上升流系统提升深层海水效率的影响。虽然改进后的气举式人工上升流装置能有效提升底层海水，但在实际工程应用中还需注意一些问题。现将这些问题以及本次海试中的经验进行总结，为将来工程应用提供参考。

（1）本次试验中采用悬吊的方式布放涌升管，在试验中我们发现潮流对涌升管的布放和提升效率影响较大。在水平潮流的作用下，由于涌升管顶部被悬挂，涌升管底部向下游倾斜，导致海水从上管口灌入涌升管内，从而极大地阻碍了管内的上升流。所以本次试验中，在测量提升底层海水流量时都选在平潮时期进行。在有潮汐的海湾开展工程应用时，可通过锚定涌升管底部，上管口用浮球悬浮的方式，如图 5-30(a) 所示。当有潮流时，涌升管上管口会向下游方向倾斜，更有利于提升深层水，从而有效解决了上述问题。浮球悬挂装置可以参考浙江大学团队已有的设计，如图 5-30(b) 所示，该装置在厦门海域进行了测试，验证了其在海上的可行性。

（2）本次试验在相对开放的海域进行，提升至表层的富营养盐深层海水在潮流带动下漂至远处，没有停留足够的时间被浮游植物吸收，因而人工上升流技术对初级生产力促进的效果并不明显。由于水下运动复杂，被提升上来的营养盐羽流很难被追踪观测到，给人工上升流工程带来了很大的困难。因此建议开展类似人工上升流工程时，应选取半封闭的海湾或者有小尺度涡旋的海域作为地点，尽可能降低洋流对富营养盐羽流的影响，让富营养盐羽流更久地停留在应用海域，以提高浮游植物对其利用率，从而提高人工上升流技术促进初级生产力的效果。

（3）能源原位供给问题是气力提升式人工上升流系统中首要解决的问题之一，尤其在远离陆地的海域开展气举式人工上升流技术应用时，需要考虑通过何种方式提供电能。在本次海域试验中，不仅采用了船载供电，还采用了多能互补发电浮台进行供电。供能浮台将多种可再生能源如太阳能、风能和波浪能等转化为电能，以维持气举式人工上升流系统的正常运作。虽然本次试验的供能浮台为试验样机，但不同海况下的测试结果表明了该技术手段在人工上升流工程中的可行性。因此在以后的人工上升流技术应用工程中，可考虑建造大型供能浮台为整个上升流工程提供能源。

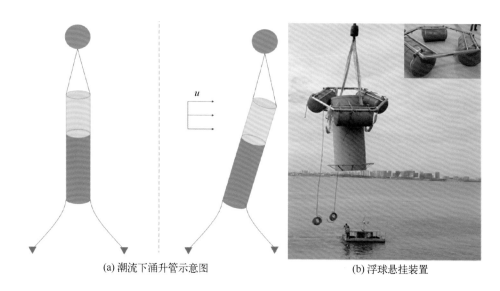

(a) 潮流下涌升管示意图　　　　　　　(b) 浮球悬挂装置

图 5-30　涌升管改进布放方式

5.3　气幕式人工上升流工程示范系统

本节介绍的内容基于浙江大学团队于山东鳌山湾实施的人工上升流工程示范工作。该系统采用气幕式人工上升流系统阵列，实现了对表层海带养殖区的大范围覆盖。系统设有集成式海上太阳能供能浮台，具有供能、注气、观测、控制、通信等多重功能，是气幕式人工上升流技术在近海应用的典型之一。

与前两节的内容不同，本节中介绍的气幕式人工上升流系统并非为单次试验设计的装备，而是用于支持在试验区进行长期人工上升流技术研究的完整系统。因此，在本节中，我们将介绍的重点放在系统装备设计与集成方面。对于系统在试验中的具体性能表现以及上升流的最终实施效果，我们将在下一章中以海带养殖试验为例进行详细介绍。

5.3.1 试验地点与环境特征

本节介绍的气幕式人工上升流系统是山东省鳌山湾工程示范平台系统的一部分,由国家重点研发计划项目支持。项目于 2016 年 7 月起执行,目标是在鳌山湾海域建立一处海带养殖试验区,并利用人工上升流技术为其提供营养盐,促进其生长。2018 年 11 月,负责海带养殖的公司在试验区进行筏架搭建和海带挂苗等工作。先通过打桩船在海区打桩搭建海带养殖筏架。打桩分两排进行,两排之间距离为 120 m。每个桩与桩之间距离 4 m,每排打桩数量为 100 个左右,从而形成了长400 m、宽120 m 的矩形养殖区域,面积约为 $4.8 \times 10^4 \mathrm{m}^2$。然后通过两排对应的木桩牵引一根缆绳作为养殖筏架主缆绳,并在缆绳上每间隔 3 m 系上塑料浮球。挂海带苗的养殖缆绳则挂在相邻两根主缆绳之上。养殖筏架搭建完成后,海带苗从育苗室运输到渔船上,然后在养殖筏架上进行挂苗。整个养殖区域如图 5-31 所示。

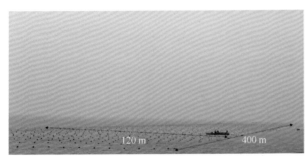

(a) 养殖筏架搭建　　　　　　　　　　(b) 海带挂苗

图 5-31　试验区海带养殖建设

该示范系统建立的主要科学研究目标是研究近海海洋人工上升流形成方法,提出适用于我国近海地区的海洋人工上升流技术并开展相关试验研究。与之相对应的,试验区内设计的海带养殖场与气幕式人工上升流系统整体构架如图 5-32所示。

2017 年 3 月,浙江大学团队赴青岛鳌山湾赶嘴岛(东礁)进行现场考察和选址。重点研发计划项目中的一家单位已经取得了该小岛及其附近海域的使用权,因此重点项目决定将试验研究定在此处海域(36°23′52″N,120°51′16″E 附近)。图5-33(a)所示为试验研究地理位置示意,图 5-33(b)所示为试验区域相对赶嘴岛的位置。

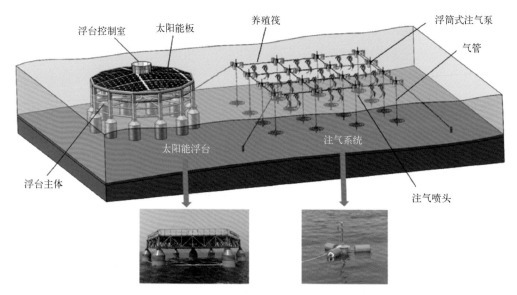

图 5-32　气幕式人工上升流试验系统整体构架示意图

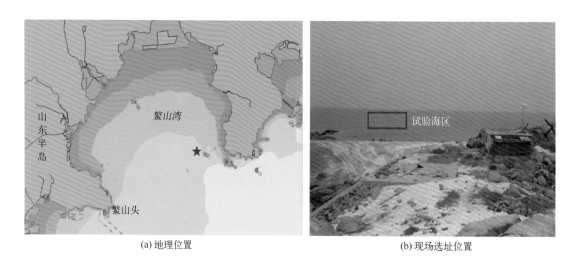

(a) 地理位置　　　　　　　　　　　(b) 现场选址位置

图 5-33　试验研究海域选址

5.3.2　整体方案设计

在建立示范系统的过程中，围绕如何实现气幕式人工上升流系统的能源原位供给技术，如何将气幕式注气系统与海带养殖有效结合这两个关键问题，浙江大学团队设计了一套高效率、大范围的气幕式人工上升流方案，如图 5-34 所示。该系统中位于海底的注气喷头阵列将空气持续注入海水中引起上升流，带动周围含有营养物质的底层海水一同上升。当营养物质被提升到透光层时，大型藻类和微生物就可以利用这些成分产生有机物，并在这一过程中吸收海水中的二氧化碳，进而降低水体中的二氧化碳分压，提高海域固碳。人们通过在藻类成熟季节对海藻进行收获，即可实现试验海域的固碳。

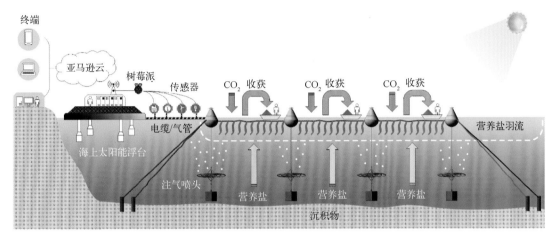

图 5-34　气幕式人工上升流系统总体方案

　　该方案主要由两部分组成：太阳能供能浮台和注气系统。鳌山湾养殖试验区靠近赶嘴岛，由于距离岸边码头最近约 3.3 km，从码头铺设电线或气管来为养殖试验区供电或注气的方法显然难度较大，且成本巨大，不易维护。为满足养殖试验区的能源原位供给，参照浙江大学团队在前期工作中设计的多能互补能源供给浮台，设计了海上太阳能光伏发电浮台为气幕式人工上升流注气系统供电，以下简称为海上太阳能浮台。

　　基于海上太阳能浮台，注气系统在养殖试验区的布放方案有三种。第一种是将气泵密封在单独的浮筒里，制成浮筒式注气装置，然后从海上太阳能浮台引出电线为其供电，如图 5-34 所示。此布放方式由于采用电缆而没有长距离布放气管，减少了气路沿程损耗，但存在海上电路遇水短路致使供电系统瘫痪的风险；第二种是将气泵集中安装在浮台上，从浮台引出主气管直接牵引到养殖区，然后在不同位置分出支路气管分别连接海底的注气喷头，多个气泵负责一路主气管的注气；第三种也是将气泵集中安装在浮台上，然后从浮台引出单路气管分别连接海底的注气喷头，每个气泵负责一路单气管和喷头的注气。后两种布放方式增加了海上气路的沿程损耗，但同时也保证了浮台用电的安全性。本项目对三种布放方法分别进行了探索研究，最终在实践之后选定了第三种方式，即单路气管的布放方式。

下面按功能模块逐次介绍该上升流系统的主要装备设计方案。

5.3.3 主要装备设计

5.3.3.1 海上太阳能浮台结构与功能设计

海上太阳能浮台主体结构为半潜式小水线面结构，大部分浮体淹没于水面之下，以便最大限度地减少波浪、海流等对浮台稳定性的影响，如图5-35所示。

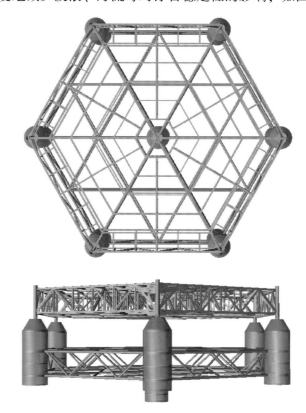

图5-35 海上太阳能浮台三维结构

浮台主体材料主要采用Q235A钢材，俯视为一整体六边形结构，其外接圆直径24 m，单层总面积达439 m²。包括浮筒在内，整个浮台最大外接圆直径约26 m。浮台最大总高约13 m，其中露出水面高度5.9 m，水下高度7 m。浮台设有7只浮筒，周边6只，圆心处1只。周边浮筒直径2.2 m，总高度6 m，其中圆柱部分5 m，端部锥体1 m；中间浮筒直径2.2 m，总高度8 m，其中圆柱部分7 m，端部锥体1 m。浮台结构整体由上部平台和底盘两部分组成。上部平台为格构式，设6榀环向钢架，12 榀径向钢架，钢架高度 2 m。钢架上弦、下弦、斜杆和竖杆，均为 H 型钢；底盘由 7 只浮筒及浮筒间支撑杆件组成，支撑杆件为圆管截面。图 5-36 和图 5-37 所示为浮台的详细结构图。上部平台的上舷平面铺满安全钢丝网，在中心

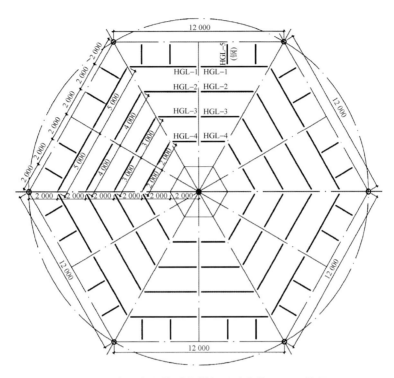

图 5-36　海上太阳能浮台详细尺寸参数(mm)(俯视)

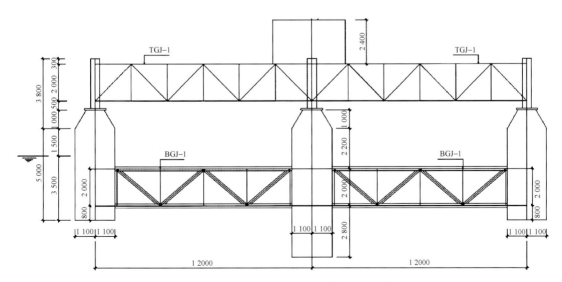

图 5-37　海上太阳能浮台详细尺寸参数(mm)(侧视)

处铺设钢板，并在钢板上设置了 15 m² 的中央控制室，高 2.4 m，用于放置太阳能光伏系统的蓄电池、逆变器、控制器以及远程控制系统。另外浮台上铺设有 36 m 走道，便于在浮台上进行作业。此浮台与现有的海工半潜式平台类似，故请专业的公司参考 ABS MODU 海工规范和 CCS 海上移动平台规范校核了其整体强度和稳性，可抗鳌山湾 50 年一遇的恶劣海况。

浮台上铺设有约 300 m² 的光伏太阳能板，采用分布式布放，将总功率 36 kW 的光伏系统分为 12 套，每套系统发电功率为 3 kW。每套光伏系统包括 15 块功率为 270 W_p（峰值功率）的光伏太阳能板，一台功率为 3 kW 的控制逆变一体机，4 节 12 V/150 AH 的胶体蓄电池。图 5-38 所示为光伏太阳能板铺设示意图。浮台上表面分为 6 个正三角形区域，每个区域设计放置 30 块太阳能板，即 2 套太阳能组件。光伏组件安装在铝合金支架龙骨上，龙骨设计成使光伏组件能够倾斜 5° 的结构。当遇到强风导致下部气压增大时，可以有效排掉空气，防止组件被掀翻，提高其抗风等级。龙骨材料为阳极氧化铝合金，其耐腐蚀性能好，质量轻，强度大。光伏组件之间利用 MC4 接头与光伏电缆连接，每两块光伏组件串联，电压 48 V，用于对 48 V 蓄电池充电，然后多组并联。

图 5-38　光伏太阳能板铺设方案

　　太阳能浮台发电量可根据美国国家航空航天局(NASA)公开发布的2016—2017年太阳光照相关数据计算。山东省青岛鳌山湾的年平均辐照度为171 W/m²，当地年平均日照时间为6.8 h(图5-39)。参考《光伏发电站设计规范》(GB 50797—2012)，光伏系统发电量与水平面太阳能总辐照量和组件安装容量等有关。发电量E_p可按中国电力企业联合会2012年版的《光伏发电站设计规范》公式计算：

$$E_p = H_A \times \frac{P_{AZ}}{E_{ir}} \times K \tag{5-2}$$

式中，H_A为水平面太阳能总辐照量(kWh/m²)；P_{AZ}为组件安装容量(kW_p，峰值功率)；E_{ir}为标准条件下的辐照度(1 kW/m²)；K为系统修正系数，即线路、光伏组件表面污染、逆变器效率、光照利用率等给系统造成的损耗，经验数值为79%~82%。

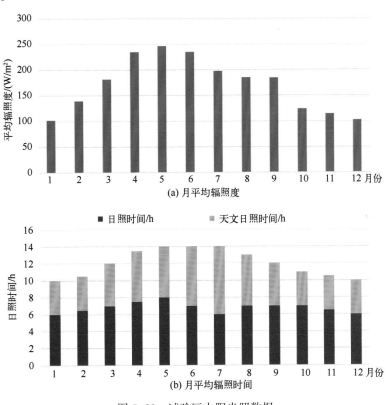

图5-39　试验区太阳光照数据

　　根据NASA每日光照数据，计算出太阳能系统理论上预计每日发电量如图5-40所示。

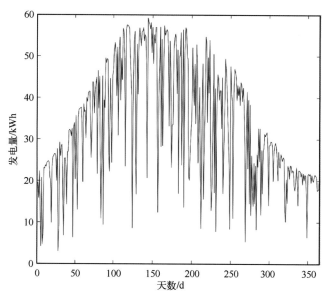

图5-40　海上太阳能浮台每日发电量计算

5.3.3.2　注气系统设计

1) 注气管路设计

注气管路设计采用了前文提及的单路气管方案。24个注气泵构成的气泵阵列被安置于太阳能浮台上,采用24根PU塑料气管分别与海底对应的注气喷头相连接。每根单路气管外径16 mm,内径12 mm。注气泵额定功率1.1 kW,出气量100 L/min。所有24根气管经捆扎后一起延伸至养殖区。为防止气泵附近的气管因过热而爆管,在每路气管的开始端采用5 m长度的尼龙气管,其最高工作温度可达120℃。每根气管总长大约300 m,到达养殖区后沿着养殖缆绳继续向前布放,每隔一段距离便与养殖缆绳进行捆扎,然后延伸25 m左右在不同地方分为4排,每排6根注气管,一直延伸到对面的养殖缆绳,如图5-41所示。

2) 注气泵选型

注气泵选型主要考虑压力、流量和功率等因素。在功率一定时,压力和流量往往不可兼得。鱼塘和污水处理厂中经常使用的罗茨风机具有较大的排气流量,但其工作压力通常为9.8~200 kPa,无法满足海上长距离输气并在10 m的水深注气。加之罗茨风机的体积庞大,因而并不适用。为满足长距离输气的工作压力条件,研究选择了空压机机头作为注气泵。采用的具体型号为OUTSTANDING,其尺寸为

310 mm×155 mm×300 mm(长×宽×高)，脚距 240 mm×12.5 mm，功率 1.1 kW，排气量 100 L/min，最大工作压力 0.8 MPa，电机转速 1 380 r/min。气泵集中安放于太阳能浮台上，共配备 24 台气泵，分两层均匀安装于定制的电机支架上，如图 5-42(a)所示。电机支架长 1.1 m，宽 1.1 m，高 0.85 m，其外部设有喷漆防护外罩，以避免电机受雨水以及空气中高盐度水汽的腐蚀。每个气泵通过快插接头引出一根 PU 气管(内径 8 mm，外径 12 mm)，然后每 6 根气管通过定制七通不锈钢接头连接到主气管路(主气管式)或每根气管单独成一路(单路气管式)。另外，每个气泵通过电线连接浮台中央控制室内配电箱中的交流接触器，再通过继电器最终连至控制单元(树莓派)，可实现远程控制。配电箱和控制单元安放在太阳能浮台的控制室内。在此未加装储气罐，其原因：①海上空气较潮湿，压缩空气产生的液化水在储气罐底部蓄积，系统开启后需要人员频繁地去浮台维护，带来了不便。如果长时间未进行排水操作，很有可能会影响空压机的正常运行；②储气罐的体积较大，浮台上的空间有限，难以铺设。虽然未安装储气罐的注气泵输送的空气呈脉动状态，但这并不影响注气喷头正常注气，在实验室也通过了验证。

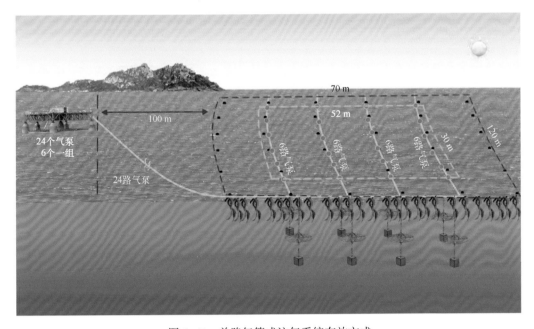

图 5-41　单路气管式注气系统布放方式

3) 注气喷头设计

本次试验采用水泥盘加工而成的注气喷头，如图 5-43 所示。在水泥盘上埋设星形不锈钢架，钢架的每条边上焊接有一定数量的穿孔螺栓，并使穿孔螺栓露出水泥盘表面一定高度，然后浇筑水泥制成水泥盘。也可通过在已加工好的水泥盘上安装膨胀螺栓，然后将穿孔螺栓拧在其上制成。水泥盘制作好并且晒干之后，将气管通过水泥盘上的穿孔螺栓顶部的小孔盘绕成螺旋形，然后再在气管上打孔，制成水泥盘式注气喷头。打孔时，气管内圈的注气孔径为 0.5 mm，外圈(靠近注气管最末端部分)的孔径为 1 mm，以尽量使注气喷头均匀地出气。每个水泥盘直径为 0.8~1 m，厚度约 60 mm，重 60~75 kg。此外，水泥盘上的穿孔螺栓全部为不锈钢的，延长了其使用寿命。

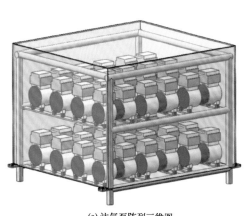

| (a) 注气泵阵列三维图 | (b) 注气泵阵列实物图 |

图 5-42　太阳能浮台注气装置

图 5-43　水泥盘式注气喷头加工实物图

5.3.4　装备布放

5.3.4.1　海上太阳能供能浮台布放

2017 年 9 月，由青岛扬帆船厂负责建造的人工上升流海上太阳能供能浮台在青岛鳌山湾扬帆船厂吊装下水，如图 5-44 所示。该浮台的建造时间历经 1 个月左右，主要功能为利用太阳能给整个气幕式人工上升流注气系统以及其他设备提供电能。浮台下水后，通过拖船将其拖到附近的试验海域，并利用 4 根 3 t 重的铁锚将其锚泊在试验海域。

(a) 浮台建成下水　　　　　　　　　　(b) 浮台布放在试验海域

图 5-44　海上太阳能浮台建成及布放

5.3.4.2　注气系统布放

2018 年 12 月，浙江大学团队赴试验海域布放和调试注气系统。气管主要采用定制 PU 塑料气管，内径 12 mm，外径 16 mm，整根气管无开口，整长为 200~250 m。由于从气泵出来的气体发热严重，在夏天最高温度能达到 80℃以上，而 PU 气管虽然价格便宜，但其最大工作温度为 80℃，因而容易因高温导致气管出现爆裂的情况。所以先采用了一段 5 m 左右的尼龙管与气泵相连，尼龙管内径 8 mm，外径 12 mm，然后再通过转接头与 PU 气管相连。尼龙管的最大工作温度能达到 120℃，因而可以解决因高温爆管的问题。

为了确保系统供电余量充足，在实际布放时，注气系统启用了 16 台气泵，略少于设计数量。其余 8 台作为后备气泵，用于在其余气泵意外损坏时进行替换。每台气泵引出一根气管，汇集后一并铺设，图 5-45 所示为详细布放方案。气管到达养殖区后继续向深处延伸 25 m 左右，然后在不同地方分为 4 排，每排 4 根气管、4 个喷头。因此注气喷头集中分布在 18 m×18 m 的正方形范围内，以增强人工上升流的效果。

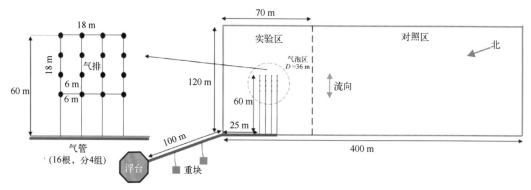

图 5-45　单路气管式注气系统铺设方案调整

为了保护养殖筏架到浮台之间的那段注气管不受太大的拉力而疲劳损坏，布放时还在养殖筏到浮台之间投放了两个 200 kg 左右的石块，并用粗绳绑住海面的气管。此外，在气管到达浮台处，用绳子绑住气管，使绳子承受主要拉力而保护气管。图 5-46 所示为注气系统布放现场，整个注气系统布放持续一周左右的时间，于 2018 年 12 月中旬顺利完工。

(a) 海上铺设气管现场

(b) 注气喷头投放现场

图 5-46　单路气管式注气系统海上铺设现场

5.3.5　气幕式人工上升流系统现场试验效果

图 5-47 所示为整个气幕式人工上升流系统试验研究的现场照片。整个海带养殖区为一矩形区域，长 400 m，宽约 120 m，面积约为 $4.8×10^4$ m²。为测试人工上升流技术的效果，养殖区被分为两块，如图 5-47 所示。靠近浮台的一块为人工上升流技术试验区，长约 70 m，宽约 120 m；远离浮台那块海域为对照区，长约 330 m，宽约 120 m，即不受人工上升流系统的影响或影响很小。该海域的潮流方向为东南—西北流向，近似与养殖区的绑浮球的缆绳平行。

图 5-47　建设完成的试验研究现场情况

施工完成后，我们对注气系统进行了简单测试。图 5-48 所示为开启几个气泵 35~50 s 后，海面上出现了明显的气泡群，周围的水体扰动较明显。持续工作 2 h 后，该系统依旧稳定运行，海面上气泡持续冒出。

为了简单估测单个注气喷头的气泡范围，以估测整个上升流的影响范围，需要测量气泡群在海面的尺寸。气泡群浮到海面后，其影响区域的形状为圆形或椭圆形，如图 5-49 所示。由于海上很难精确测量尺寸，所以在此采用了估测的方法。如图 5-49 所示，每两根海带养殖缆绳的距离为 6 m，图中观测到 4 个气泡区域，其直径都分布在一至两排海带缆绳的距离内，因此估测海面上气泡群的直径范围为 7~11 m。

图 5-48　注气测试时海面观测到的上升流气泡

图 5-49　海面气泡群范围估测

5.4　小结

本章详细介绍了气力提升式人工上升流工程的系统设计、集成以及在实际搭建中所需要考虑的因素。对于气举式人工上升流系统，需要特别注意涌升管的设计与布放。气幕式人工上升流系统虽然不需要涌升管，但其应用场景一般为浅海开阔海域，通常需要布放多路气管来形成大范围气幕，因此需要关注气路的设计和校核。

本章以浙江大学团队近年来的一次湖试和两次海试为例，介绍了人工上升流系统的硬件集成设计、工程布放以及实际实施效果。在介绍的三个案例中，随着时间的推进和经验的积累，所设计的人工上升流系统也日渐复杂和完善。除了硬件设计外，本章也提及了环境选址、布放等工程实施中的重要经验，并通过试验数据对工程实施结果和试验结论进行了分析。该人工上升流工程示范系统自建成之后一直在鳌山湾工作，已逾四年之久，为当地的海产品养殖产业做出了重要贡献。希望通过上述案例的介绍为我国后续的人工上升流技术工程实施领域的研究提供有价值的参考。

参考文献

陈家勇，2018. 我国首座全潜式大型智能网箱下水[J]. 中国水产，511(6)：19.

黄方平，2005. 变频闭式液压动力系统的设计及应用研究[D]. 杭州：浙江大学.

黄方平，徐兵，杨华勇，2004. 一种新型变频液压动力单元的设计与应用[J]. 液压与气动(10)：14-16.

杨绍辉，2015. 阵列阀式波浪能发电技术研究[R]. 舟山：第二届全国海洋技术学术会议.

俞阿龙，2007. 基于 RBF 神经网络的热敏电阻温度传感器非线性补偿方法[J]. 仪器仪表学报，28(5)：899-902.

张大海，2010. 浮力摆式波浪能发电装置关键技术的研究[D]. 杭州：浙江大学.

中国电力企业联合会，2012. 光伏发电站设计规范：GB 50797—2012[S]. 北京：中国计划出版社.

CAVALERI L, RIZZOLI P M, 1981. Wind wave prediction in shallow water：Theory and applications[J]. Journal of Geophysical Research：Oceans, 86(C11)：10961-10973.

CHEN C T A, 2008. Distributions of nutrients in the East China Sea and the South China Sea connection[J]. Journal of Oceanography, 64(5)：737-751.

CHEN C T A, 2009. Chemical and physical fronts in the Bohai, Yellow and East China seas[J]. Journal of Marine Systems, 78(3)：394-410.

CHEN C T A, WANG S L, 1999. Carbon, alkalinity and nutrient budgets on the East China Sea continental shelf[J]. Journal of Geophysical Research：Oceans, 104(C9)：75-86.

DREW B, PLUMMER A, SAHINKAYA M N, 2009. A review of wave energy converter technology[C] // The Institution of Mechanical Engineers, Part A：Journal of Power and Energy. Thousand Oaks：SAGE Publications：223(8)：887-902.

FALCÃO A F O, 2010. Wave energy utilization：A review of the technologies[J]. Renewable and Sustainable Energy Reviews, 14(3)：899-918.

FANG G, WANG Y, WEI Z, et al., 2004. Empirical cotidal charts of the Bohai, Yellow, and East China Seas from 10 years of TOPEX/Poseidon altimetry[J]. Journal of Geophysical Research：Oceans, 109(C11)：1-13.

HENDERSON R, 2006. Design, simulation, and testing of a novel hydraulic power take-off system for the pelamis wave energy converter[J]. Renewable Energy, 31(2): 271-283.

KHALIL M, ELSHORBAGY K, KASSAB S, et al., 1999. Effect of air injection method on the performance of an air lift pump[J]. International Journal of Heat and Fluid Flow, 20(6): 598-604.

KUANG C P, LIU P C, PAN Y, et al., 2012. Development of wave power generation technology [J]. Advanced Materials Research (512-515): 905-909.

LIN Y, BAO J, LIU H, et al., 2015. Review of hydraulic transmission technologies for wave power generation [J]. Renewable and Sustainable Energy Reviews, 50: 194-203.

MUETZE A, VINING J G, 2006. Ocean wave energy conversion-a survey[C] //IEEE. Conference Record of the 2006 IEEE Industry Applications Conference Forty-First IAS Annual Meeting, October 8-12. Tampa: 1410-1417.

PRICE A, DENT C, WALLACE A, 2009. On the capture width of wave energy converters[J]. Applied Ocean Research, 31(4): 251-259.

TITAH-BENBOUZID H, BENBOUZID M, 2015. An up-to-date technologies review and evaluation of wave energy converters[J]. International review of electrical engineering, 10(1): 52-61.

YANG D, YIN B, LIU Z, et al., 2012. Numerical study on the pattern and origins of Kuroshio branches in the bottom water of southern East China Sea in summer[J]. Journal of Geophysical Research: Oceans, 117 (C2): 2014.

YANG J, ZHANG D, CHEN Y, et al., 2017. Feasibility analysis and trial of air-lift artificial upwelling powered by hybrid energy system[J]. Ocean Engineering(129): 520-528.

ZHAO W, CHEN Y, YANG C, et al., 2009. Design of low-power data logger of deep sea for long-term field observation[J]. China Ocean Engineer, 23(1): 133-144.

6 海洋人工上升流技术促进海洋碳增汇的探索

海洋人工上升流技术由于能够将深层水体带到温跃层以上，改变目标海域的物理化学特征，因此，在解决了原位能源供给、效率提升、环境负效应抑制等问题之后，其应用将会极为广泛。其中的一个热点应用研究方向，就是用海洋人工上升流技术促进海洋固碳，从而为实现海洋碳增汇打下坚实基础。浙江大学团队在国家重点研发计划、国家自然科学基金项目的资助下，与厦门大学、台湾中山大学等单位合作，开展了相关的探索性研究，取得了初步的进展。本章就这些进展进行介绍和讨论。

6.1 海洋固碳基本方法综述

二氧化碳是最为重要的温室气体之一，在调节地球系统气候方面扮演了非常重要的角色。工业革命以来，人类活动(主要是燃烧化石燃料和改变土地利用等方式)引起大气二氧化碳浓度快速上升，其增加速率比过去百万年提高了至少一个数量级。目前，大气二氧化碳浓度已经从工业革命前的约 280 ppm 上升至超过 400 ppm。随之造成的全球气候变化以及相关的生态效应，引起人们极大的关注。海洋碳汇，是指海洋从大气中移除二氧化碳以及甲烷等导致温室效应的气体、气溶胶或它们初期形式的过程、活动和机制。与此相反的海洋碳源，是指海洋向大气释放二氧化碳和甲烷等导致温室效应的气体、气溶胶或它们初期形式的过程、活动和机制。

海洋是重要的碳储库，每年吸收 25%~30% 人为排放的二氧化碳，对缓冲大气二氧化碳浓度的升高具有重要作用。虽然海洋总体上是大气二氧化碳的汇(从大气吸收二氧化碳)，但不同海区的不同环境条件和生物地球化学过程，导致海洋二氧化碳的源汇呈现显著的空间和时间差异性。近几十年的海洋调查数据积累使我们对开阔大洋海区的碳源汇格局，已经有了基本清晰的认识。但是，陆地边缘海区由于其复杂的物理过程、较高的生物生产力以及强烈的人为活动影响，其碳通量和固碳能力的估算，仍具有非常显著的不确定性。

经典的海洋学理论通常用"溶解度泵"（solubility pump）、"物理泵"（physical pump）和"生物泵"（biological pump）来阐述海洋中的固碳过程［图6-1（a）］，其中，"溶解度泵"由物理因素主导，主要是由于海水物理性质（如温度、盐度等）变化引起的气体溶解度改变所导致的海洋对二氧化碳吸收的改变，有时也被并入广义的物理泵概念。如，高纬度海区的低温表层水具有更高的气体溶解度，可以溶解更多的二氧化碳；靠近赤道部分的海水由于高温和上升流作用，具有较高的溶解二氧化碳的深层海水涌升到表层后会向大气释放二氧化碳。物理泵是海水表层中物理混合作用，使得溶解碳（主要为HCO_3^-）随着海水中的混合作用或通过扩散和传递进入海洋底层。其中最大的物理泵作用区域紧随着大洋的环流作用，即海洋的热盐环流作用。这些进入深层海洋的二氧化碳可以在百年到千年的时间尺度上与大气隔绝，从而降低大气中二氧化碳的浓度。

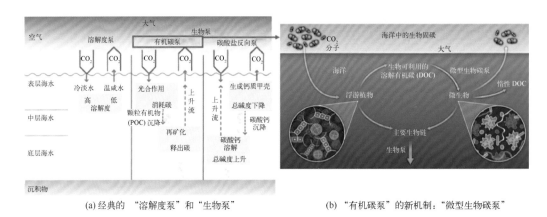

(a) 经典的 "溶解度泵" 和 "生物泵"　　　　(b) "有机碳泵" 的新机制："微型生物碳泵"

图6-1　海洋固碳机制示意图

生物泵包括"有机碳泵"（organic carbon pump）和"碳酸盐反向泵"（$CaCO_3$ counter pump）。其中"有机碳泵"指的是海洋浮游植物通过光合作用，将二氧化碳以有机碳的形式固定［式（6-1）］，藻类以雷德菲尔德（Redfield）比值进行光合作用并通过食物链传输，海洋生物形成的颗粒有机碳的沉降会将二氧化碳向深层海洋输送，其中部分颗粒有机碳在沉降过程中分解重新以二氧化碳的形式释放回水体并通过物理混合过程在海洋中重新分配，另一部分未分解的颗粒有机碳则进入海洋沉积物，并在较长的时间尺度上进行埋藏封存。

$$106CO_2 + 16HNO_3 + H_3PO_4 + 122H_2O \xrightleftharpoons[\text{呼吸作用, 有机物分解}]{\text{光合作用}}$$

$$(CH_2O)_{106}(NH_3)_{16}H_3PO_4 + 138O_2 \qquad (6-1)$$

"碳酸盐反向泵"指的是海洋中的钙化生物(珊瑚、贝类等形成碳酸钙骨骼或壳体的海洋生物)在形成碳酸钙骨骼或壳体过程中，导致海水碱度降低和海水二氧化碳分压增加[式(6-2)，海水中碳酸钙的形成与溶解反应式]，形成的碳酸钙输送入深层海洋或进入海底沉积物系统，在较长的时间尺度上形成埋藏和封存。值得注意的是，与"有机碳泵"相反，"碳酸盐反向泵"降低了海水的碱度并增加了海水中的二氧化碳，实际观测和地球化学证据显示在钙化作用活动旺盛的珊瑚礁区域大多表现为大气二氧化碳的源。

$$Ca^{2+} + 2HCO_3^- \xrightleftharpoons[\text{CaCO}_3 \text{ 分解}]{\text{CaCO}_3 \text{ 形成}} CaCO_3 + CO_2 + H_2O \qquad (6-2)$$

近年来，研究者们提出了不依赖于颗粒碳沉降的海洋"有机碳泵"的新机制——"微型生物碳泵"[microbial carbon pump, 图 6-1(b)，也称"微生物泵"]，该机制提出海洋微生物可以将碳转化为难以分解的惰性溶解有机碳，并在海洋中进行长时间的储存。此外，相关学者指出，在陆架边缘海可能存在"陆架泵"的碳输送形式，即形成含有高溶解无机碳的水体向邻近大洋的中深层进行输送。

6.2 海洋人工上升流固碳机理研究

大气二氧化碳浓度的不断升高已经对地球生态系统、生存环境和生命健康、社会经济的可持续发展形成了巨大的威胁。中国作为发展中国家，以大国姿态向国际社会做出了大幅降低单位 GDP 能耗和温室气体排放并实现"碳达峰""碳中和"的国际承诺。近年来中国越来越重视推进生态文明建设，推动绿色低碳循环的发展模式。海洋作为地球上除地质碳库外最大的碳库，也是参与大气碳循环最活跃的部分之一。海洋的固碳能力约为 4×10^{15} t，年新增储存能力为 $5 \times 10^8 \sim 6 \times 10^8$ t，能吸收人类活动产生的大约 1/3 的二氧化碳，发挥着全球气候变化"缓冲器"的作用。因此，从国家战略出发，除了通过节能减排控制人为二氧化碳的排放外，利用海洋的固碳作用，发展海洋低碳技术，是实现我国的"碳中和"战略目标的一条重要途径。

在大多数远洋开放海域，初级生产力主要受到可用营养盐的限制。在养殖密度较高的近岸海域，也会出现因养殖密度过高、水流交换不畅引起的局部、阶段性营养盐匮乏或失衡现象。这些营养盐包括常量元素氮、磷、硅和微量元素铁等。海洋人工上升流技术，是通过放置人工系统，形成自海底到海面的海水流动。人工上升流技术可以持续地将低温、高营养的海洋深层水带至真光层。这个过程不仅会提升总的营养盐浓度，同时也会调节氮/磷/硅/铁的比例。浮游植物的光合作用将因此而增高，局部海域的初级生产力增高，继而海洋生物量增大，并通过增加生物碳泵的方式增大向深海输出的有机碳量，从而实现海洋增汇功能。因此，海洋人工上升流技术，因其存在促进海洋吸收大气二氧化碳的可能性，被认为是环境修复的有效手段之一。与另一项地球工程方法——"铁施肥"技术不同的是，人工上升流系统没有向海洋系统额外投放物质，这大大降低了该工程造成海洋系统其他生态风险的可能性。Levelock 等（2007）在《自然》上撰文提出，人工上升流技术促进生物的光合作用，生物光合作用的增强既增加了海洋向大气释放的甲硫醚含量（可形成光反射云的核子），又加速了海洋向深海输运二氧化碳的生物泵作用。甲硫醚是一种浮游生物在代谢过程中会释放的微量气体，与海洋气溶胶的形成和生长有关。有报道监测到，海表面甲硫醚浓度与浮游生物的种群和活性的变化有密切的关系。光反射云的增加加大了对太阳光的反射，海洋生物泵的增强增加了海洋的碳封存能力，这两个作用都有助于遏制地球变暖速率，是一种可能使地球治愈自己的有效方法。

在人类活动显著增加大气温室效应的背景下，研究人工上升流技术以增加海洋的碳储量是必不可少的一种技术储备，已受到世界许多海洋科技强国的重视。近年来，一些国家在人工上升流技术方面已经取得了一系列重要的理论突破和应用成果。McClimans 等在挪威西部峡湾贻贝养殖区布设了气力提升的人工上升流装置，以提高峡湾内夏季层化现象严重时真光层营养盐浓度不足且氮磷比例失衡所导致的一系列生态灾害问题。通过几次人工上升流系统海试发现，气力提升式人工上升流系统的运行提高了峡湾内透光层的营养盐浓度，有效抑制了该峡湾原有的夏季层化期间有害藻华的频发，基本解决了有害藻华过程对该海域主要养殖贻贝蓝青口（blue mussels）的毒害影响。Maruyama 等在西太平洋菲律宾海和马里亚纳群岛附近海域，通过放置软管形成了温盐梯度驱动的人工上升流，大幅度地提升了软管周围的叶绿素含量。试验结果成功地验证了人工上升流技术可以提高海域初级生产力的假设。然而，人工上升流技术是否能对局部海域碳源或碳汇产生重要影响，该过程更为复杂，受到多种因素的影响，需要开展进一步的研究与多次海试研究及验证工作。

从人工上升流系统对海域吸收或释放二氧化碳的机制分析，上升流带来的深层水不仅拥有高浓度的营养盐，也具有高浓度的无机碳。这些深层水被上升流带到真光层后，高浓度的营养盐，包括二氧化碳，通过光合作用促进了海域浮游生物的生长，加强了海域生物泵吸收二氧化碳的功能；但另一方面，高浓度的溶解无机碳，则会直接向大气释放二氧化碳。明确人工上升流系统对碳封存的影响是重要的，但非常难，要看二氧化碳吸收和释放之间的差值。对碳封存效应的评估不仅需要考虑到浮游生物最初所固定碳的数量，也要通过对二氧化碳长时间尺度的变化过程进行监测来获得。因此，这有可能需要在数千平方千米范围内的开放海域进行为期数月之久的长期监测。到目前为止，尚未见到对人工上升流技术实施过程中碳酸盐参数长时间在线检测结果的相关报道，或对某个人工上升流技术实施过程中海域的碳源碳汇情况造成了积极或消极影响的相关报道。

目前对于人工上升流系统对大气二氧化碳的吸收或释放作用的研究，主要是通过建模仿真来进行理论研究。对于人工上升流作用下的海域究竟是碳源还是碳汇，学术界还存在着较大的分歧。Dutreuil 等模拟结果显示，人工上升流使海洋真光层向下输送有机碳的输出量有大幅升高，但并没有提高海洋吸收大气二氧化碳的量。Yool 等(2009)模拟了在海洋中放置大量漂浮"涌升管"，提出人工上升流技术可促使海洋初级生产力的增高，但对吸收大气二氧化碳的作用非常小。Oschlies 等(2010)通过建模分析，提出人工上升流系统能够以大约 0.9 PgC/a 的速率(即每年 0.9×10^{15} g 的碳)封存大气二氧化碳，接近全球开放海域二氧化碳吸收速率的一半。虽然根据模拟数据，其中 80% 的碳由于人工上升流过程引起的全球温度降低，固定在陆地上，20% 的碳固定在海洋中。根据 Oschlies 的模式显示，低温对陆地植被土壤等呼吸作用的抑制高于光合作用，因此低温会使得陆地系统固定更多的碳。即便如此，海洋中也有 0.8 PgC/a 的碳增汇，相当于人为排放到大气中二氧化碳的 7%。Keller 等(2014)的模拟结果显示，人工上升流系统可以降低大气中的二氧化碳浓度，且人工上升流系统的固碳效率与实施的时间和空间有着密切关系。类似地，国内外对海洋自然上升流的碳源或碳汇研究表明，自然上升流海域的碳源碳汇性质是一个复杂的时间和空间变量，部分海域的自然上升流系统为吸收大气二氧化碳的汇，而部分海域则为释放二氧化碳的源。甚至在同一上升流系统，碳源碳汇的特性也会随着时间、空间和季节的变化而发生转变。综合现有对人工上升流系统的固碳效应仿真研究，从机理上说其主要的疑虑在于在人工上升流刺激下海洋上层产出的有机碳到底有多少能够到达深海，同时当具有高二氧化碳浓度的深层水被提升到表层时，会不会发生原来生产/输出和下沉/分解循环过程中积累的二氧化碳又被释放回大气的现象。Pan 等(2015)根据海域实测剖面数据，对人工上升流影响下的海域碳源碳汇响应情况进行了深入的研究与评估，海域站位点见表 6-1。Pan 等提出：①人工上升流对海域二氧化碳分压的变化会产生显著影响；②人工上升流对目标海域碳源碳汇的影响具有明显的时空变化特征；③在不同海域，或相同海域的不同季节，或相同海域相同季节但提升不同深度的深层水，都能影响局部海域的碳循环，甚至导致人工上升流对海域碳源碳汇作用的转变。即人工上升流系统对局部海域碳源或碳汇的影响，与人工上升流系统工程参数的设置有着密切的关系。

表 6-1 人工上升流增汇研究涉及的海域站位信息

采样海域	采样点	北纬	东经	深度/m
		夏季数据		
南海	S40	12°07′19″	110°40′99″	2 296
	S43	15°39′87″	112°59′71″	2 505
	S44	17°35′50″	115°22′42″	3 794
	S1	17°30′06″	119°15′50″	3 178
	S4	11°59′96″	115°59′92″	4 191
	S9	21°54′05″	121°53′09″	2 240
	T17	25°00′02″	122°31′09″	1 470
东海	E7	27°02′00″	126°05′00″	1 090
	E25A	29°07′06″	127°48′02″	1 090
	E46A	29°43′01″	128°36′07″	1 020
日本海	Stn4	37°00′04″	130°00′33″	2 210
	Stn14	42°20′07″	137°01′03″	3 670
		冬季数据		
南海	ST17	15°40′02″	112°59′48″	2 579
	ST6	17°30′28″	115°20′05″	3 762
东海	Stn12	25°09′00″	122°42′00″	>1 500
日本海	KS-3634	41°28′83″	136°59′30″	3 582

通过对人工上升流影响海域碳循环的作用机制分析可知，虽然人工上升流系统对目标海域碳源碳汇的作用十分复杂，但可以将该作用分为物理作用和生化作用两部分，并且这两部分的作用都与人工上升流系统的工程参数设置有着密切的关系。由图 6-2 可知，在合适的工程参数设置下，人工上升流可以在温跃层上部形成羽

流,该羽流的物理化学参数是人工上升流工程参数的函数。羽流是由深层水卷积表层水后形成的,它具有与同层海水相比更高浓度的溶解无机碳和营养盐。高浓度的溶解无机碳会导致物理放碳的发生,因此,物理放碳的强度与工程参数的设置有着密切的关系。羽流内高浓度的营养盐和二氧化碳可以促进浮游生物的光合作用,从而加强海域生物泵吸收二氧化碳的功能。但是生物固碳过程比较复杂,生物固碳作用的大小不仅是消耗营养盐(ΔN)的函数,也与所刺激藻类的生长状态密切相关。从人工上升流引起的生物固碳机制分析,人工上升流形成的局部海域环境是否能够刺激藻类的生长、所刺激藻类的生物量变化、所刺激的优势藻种演替以及该藻种的生长状态等因素,共同决定了它的生物固碳效应,即藻类在人工上升流刺激下形成的不同响应,会大大影响其光合作用过程所吸收二氧化碳的量和以颗粒碳形式输送到深海的碳量。

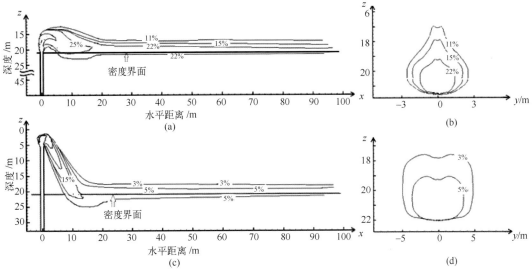

图6-2　以南海已知剖面站位为例,人工上升流系统在不同参数下在温跃层以上能形成的羽流及其浓度仿真图

(a)(b)代表最优化参数设置下,所形成的羽流中深层水浓度最高可达22%;

(c)(d)是在非最优参数设置下,所形成的羽流中深层水的最高浓度只有5%

国内外的研究现状显示,人工上升流会引起藻类怎样的响应尚不明确。Karl 等(2008)提出,当人工上升流系统以合适的速率提升合适深度的深层水到真光层后,将刺激局部海域的藻类形成一个两阶段的暴发生长过程。在第一阶段,深层水带来的营养物质会首先刺激硅藻的生长。硅藻在数小时到数天内,会以接近雷德菲尔德比值(Redfield Ratio,$C:N:P=106:16:1$)吸收海水中的 DIC、NO_3^-、PO_4^{3-}。生成的有机物,小部分重新溶解成无机营养盐,大部分则进入更深的大洋,从而形成生

物碳泵。由于深层水中的 N：P<16，颗粒碳随着硅藻生长以接近 16：1 的比值移出，真光层中将处在 NO_3^- 耗尽而 PO_4^{3-} 还有富余的状态。此时，第二阶段的固氮菌开始大量繁殖，固氮菌将以 C：N：P≈331：50：1 的比例吸收大气二氧化碳，进一步增强人工上升流系统的固碳效应。根据国外报道的人工上升流系统海试研究表明，人工上升流能刺激藻类的生长(叶绿素 a 增加)，但所刺激的优势藻种是不同的。在挪威的几次长时间的人工上升流系统海试中，Aure 等(2007)将 30 m 水深的海水提升到真光层后，检测到海域内硅藻(*Chaetoceros* spp.)替代原来的有毒甲藻，成了优势藻种；Handå 等(2014)提升 40 m 水深的海水到真光层后，检测到人工上升流刺激了无毒甲藻(*Ceratium furca* 和 *C. tripos.*)的生长。在日本相模湾(Sagami Bay)，Masuda 等(2011)追踪提升 205 m 水深的海水在真光层形成的羽流，在追踪 63.9 h 过程中发现，蓝细菌聚球藻(*Synechococcus*)是羽流内暴发的藻类优势种。虽然，藻类如何响应人工上升流的作用是一个非常复杂的问题，但如果我们把藻类复杂的响应机理暂且搁置一边就可以发现，藻类的生长状态就是羽流层的物理化学参数的综合影响结果(物理化学参数包括温度、盐度、光照、营养盐浓度及比例、碳酸盐参数、湍流场等)，而羽流层的环境条件受到了人工上升流系统工程参数设置、选址和实施季节的共同调控。所以，如果把寻址和实施季节也纳入人为可选择的范畴内，作为广义的人工上升流工程参数设置，我们可以得到结论，虽然生物固碳作用的内在机制复杂，但其作用在本质上受到人工上升流工程参数设置的调控。也就是说，设置合适的人工上升流参数是可以达到人类所希望的碳增汇目标的。

作为生物碳泵的主体——藻类，它的生长状态和种群结构受环境因素的影响是一个非常复杂的过程。环境因素中温度、光照、营养盐浓度与比例、紊流度等都会对藻类的生长有影响。藻类的生长状态和种群结构，又会导致其生物泵固碳效率的巨大差异。很多学者致力于研究藻类的 C：N：P 元素比如何受环境因素的影响。Hillebrand 等(2010)和 Finkel 等(2003)通过搜集各实验室发表的藻类实验数据(50份)，提出藻类的 C：N：P 元素比不仅与藻的种群相关，也与藻的大小和生长速率密切相关。科学家们在前期研究中发现，藻类具有调控生长速率的能力，在适于生长的环境中，藻类主要目标是繁殖后代；而在严苛的环境下，藻类的主要目标是存活。因此，藻类 C：N：P 元素比和藻类的生长速率，都是藻类适应环境的生长状态的表现，都是环境因素综合影响的结果。人工上升流系统的工程参数改变，对所形成羽流的环境因素的影响也是综合性的。目前，通过实验室培养，研究环境对藻类生长的影响，多集中在光照、温度、营养盐及配比等单因素条件对藻类的生理机制或种群的影响，可以为研究藻类在人工上升流羽流环境中的生长状态提供理论指导，但不能直接用于计算人工上升流工程参数变化所引起的局部海域生物固碳量的改变。厘清人工上升流作用下海域生物固碳过程的响应，是揭示人工上升流固碳机理的难点。要弄清楚藻类在人工上升流形成的多种物理化学参数的羽流环境中是如何响应的，其中的主要控制因素是什么，不同的响应状态下藻类对二氧化碳的吸收固定和输运到深海的效率又是如何的，等等，这部分工作需要大量的实验室培养、甲板培养和野外调查研究工作的支撑，也是明晰人工上升流引起固碳过程的关键。

6.3　基于海洋人工上升流技术的固碳计算

浙江大学团队的前期研究显示，根据试验海域的温盐剖面和流速，通过调节提升深层水深度、释放深度、流量和流速等人工上升流系统工程参数，可以选择在海域温跃层界面上部的不同层位，形成不同物理化学参数的羽流层。以南海已知站位（22°09′86″N，118°23′47″E）的剖面数据为例，通过数值仿真计算，模拟将 300 m 的深层海水提升到真光层，以期在 25 m 深度形成稳定羽流。假设海水在 25 m 以上是均匀的混合层，当海流流速为 0.1 m/s，涌升管提升流量为 1 000 m³/h，涌升管直径为 1 m，将 300 m 的深层水提升到 20.5 m 和 4 m 释放，如图 6-2 所示。虽然两种情况下都能在温跃层上方形成羽流，但是不同的释放高度将导致羽流层中深层水的比重从最高的 22%降低到 5%，因此羽流就具有不同的物理化学参数。这种初始物理化学参数的不同首先会导致物理放碳过程的差别，也会导致羽流中所刺激生长的藻类的种群和生长状态不同，即生物固碳量的不同。

由于不同深度的深层水的温度、营养盐浓度、无机碳酸盐浓度都不同，形成的羽流中的深层水比例也不同。研究团队统计了位于中国南海、东海以及日本海的多个海域站位的水层采样信息，分别开展仿真计算研究，涉及的站位信息见表 6-1。下面以东海 T17 站位的水层数据为例对仿真计算结果进行讨论。T17 站位位于我国台湾岛东北侧海域，水深超过 1 000 m。根据 KEEP-MASS 航次在该站位的调查数据通过计算可知，提升不同深度的深层水，释放的高度不同，会形成差异巨大的羽流层。表 6-2 中，Case 1 是在各不同深度的深层水状态下的最优设置，可以看到随着深层水深度的增加，即使是在最优比例下，羽流中的深层水比重也在下降。

Case 2 是同样深度的深层水提升到表层后释放时，所形成的羽流中的深层水的比重。由表 6-2 可知，与最优比例相比，提升到表层才释放的情况下所形成的羽流中，深层水比重远小于最优情况。而这将会极大地影响后续的物理放碳过程和生物固碳过程，甚至会转变人工上升流系统对局部海域碳源或碳汇的影响。最佳羽流状态可以利用 Fan 等于 2013 年和 2015 年所建立的仿真方法进行计算。

表 6-2　比对把深层水（DOW）提到不同的高度时，所形成羽流的差异

Case 1	ρ_d/(kg/m³)	DOW/m	Z_{opt}/m	C_{DOW}(%)
1-1	1 024.4	93	24	14.3
1-2	1 025.6	185	18	9.1
1-3	1 025.9	278	17	8.3
1-4	1 026.5	463	14	7.1
1-5	1 026.9	648	13	6.5
1-6	1 027.0	740	13	6.4
1-7	1 027.1	925	12	6.3
1-8	1 027.3	1 113	12	6.0
1-9	1 027.3	1 203	12	6.0
Case 2	ρ_d/(kg/m³)	DOW/m	Z_{opt}/m	C_{DOW}(%)
1-1	1 024.4	93	2	2.31
1-2	1 025.6	185	2	2.63
1-3	1 025.9	278	2	2.69
1-4	1 026.5	463	2	2.8
1-5	1 026.9	648	2	2.86
1-6	1 027.0	740	2	2.88
1-7	1 027.1	925	2	2.89
1-8	1 027.3	1 113	2	2.92
1-9	1 027.3	1 203	2	2.92

注：Case 1 为提升到最优高度，使其以最佳混合比停留在 24 m；Case 2 为提升到表层后，深层水释放过程中混合的水团密度为 $\rho_0 = 1\ 022.3$ kg/m³，停留层 24 m 的水团密度为 $\rho_1 = 1\ 022.6$ kg/m³。表中 ρ_d 和 DOW(m) 是不同深度的深层水的水团密度以及对应的深度；Z_{opt}(m) 代表根据计算，该深层水想要在 24 m 形成羽流时最佳的释放深度；C_{DOW} 代表生成的羽流中深层水所占的浓度比。

当明确了提升深层水的深度和在羽流中的混合比例后，就可以通过两端元混合法算得羽流的初始物理化学参数，通过 CO_2 system 计算软件（Lewis et al.，1998）可以计算羽流中由于高无机碳深层水的加入造成的羽流潜在的放碳量。而生物固碳量的

计算，目前只能基于假设。当假设羽流中的浮游藻类会以接近 Redfield 比值 106：138：16：1 进行光合作用，并用完营养盐中的磷酸盐时，就可以计算藻类的光合作用对羽流中溶解无机碳（DIC）和总碱度（TA）的定量影响，并依次计算获得藻类的生物作用对羽流固碳量的作用。由式（6-3）可知，其 C：O：N：P 的比例不完全等于雷德菲尔德化学计量比。实际上研究藻类的论文提示，藻类的 C：O：N：P 比例会随着藻类的种群、生活环境的不同，甚至藻的不同生长阶段发生很大波动。因此，虽然全球范围内雷德菲尔德化学计量比作为一个平均数具有很重要的科学意义，但是如果用于计算地域性海域，该常数应该做相应的修正。我们计算过程中所用的修正比例为 C：H：O：N：S：P = 103.1：181：93：11.7：2.1：1，该比例来自西太平洋、中国的东海及台湾海峡、日本海的 74 个样品加上来自中国西南部、东南亚的 73 条大河入海样品数据，据此推断出浮游生物光合作用的化学方程如下：

$$103.1CO_2 + 11.7HNO_3 + H_3PO_4 + 2.1H_2SO_4 + 86.5H_2O =$$
$$C_{103.1}H_{181.7}O_{93.4}N_{11.7}S_{2.1}P + 123.4O_2 \qquad (6-3)$$

假设藻类确实以这样的比例进行光合作用，那么在此过程中，藻类每消耗 1 mol 的磷酸盐，会同时消耗 103.1 mol 的二氧化碳、11.7 mol 的硝酸盐和 2.1 mol 的硫酸盐。该过程对海水中溶解无机碳的减少量为每消耗 1 mol 磷酸盐减少 103.1 mol 的溶解无机碳，对总碱度的增加量为 16.9 mol。因此，我们已经知道了通过两端元混合作用后在羽流中得到的溶解无机碳和总碱度的初始值，又知道了在若干假设后藻类的生物固碳过程可以以上述比例定量地改变溶解无机碳和总碱度值，那么通过 CO_2system 计算软件就可以算出生物固碳过程中二氧化碳分量 f_{CO_2} 的减少量。于是人工上升流系统在各参数下形成的不同物理化学参数的羽流下，经过物理混合过程和生物固碳过程后的固碳量就可以知道了。继续以东海 T17 站位为例，经过上述计算，如图 6-3 所示，提升不同层位的深层水形成最优化羽流或形成非最优化羽流两种情形下，经过物理放碳和生物固碳共同作用后羽流 f_{CO_2} 的差别巨大。从 f_{CO_2} 的计算值可见，优化人工上升流参数对于它的局部海域固碳效应有非常大的影响。对比提升同一深层水水层 93 m，最优情况下 f_{CO_2} 的值为 316.4 μatm，而提升到表面释放时 f_{CO_2} 的值为 362.4 μatm。最优状态比非最优状态时 f_{CO_2} 的值减小了超过 45 μatm，而目前大气中的 f_{CO_2} 浓度为超过 400 μatm。因此，在人工上升流工程的实施过程中，根据剖面参数、流速等自然因素，调节人工上升流参数达到优化状态对于人工上升流系统的碳源碳汇效应有重要作用。

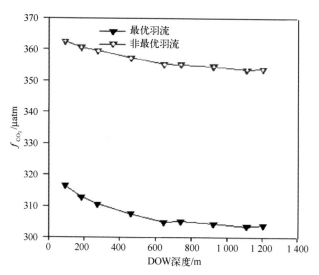

图 6-3　以 T17 站位为例，对比最优羽流和非最优羽流情况下，将不同深度的深层海水提升到 24 m 形成稳定羽流的过程中，所形成的羽流 f_{CO_2} 值的差异

进一步深入研究后我们发现，实际海域的温跃层并不是一个简单的两密度层模型，温跃层是由很多层密度明显差异的水层叠加起来的。因此，理论上同样可以控制上升流的羽流在温跃层以上的停留高度。我们同时发现，即使每次人工上升流系统的参数都设置成最佳，但因为海域的不同站位有着不同的温盐剖面，随着选取的站位不同，海流的速度不同，提升的深层水深度不同，最终形成的羽流深度位置不同，人工上升流系统能形成的最佳羽流状态中深层水的浓度比是不同的，因此实际的碳增汇情况也会随之发生改变。仍以东海的 T17 站位为例，从密度剖面数据看，实际海域的温跃层从 24 m 开始到 200 m 都存在且拥有梯度相等的密度差。因此，在其他参数不变的情况下，在最优参数设计下，不同深度的深层水可以在 24 m 或 46 m 或其他水层形成最佳羽流。当然，羽流停留深度的选择还要考虑光照的需求和剖面数据的采样深度。表 6-3 为分别计算得到的在 24 m 和 46 m 形成最优化羽流时的深层水深度、释放高度以及所形成羽流中深层水的比重。在确定了提升深层水的原始参数和在羽流中的混合浓度后，就可以利用上述物理放碳和生物固碳的方法计算获得人工上升流系统对局部海域碳源碳汇的影响，并可对比两种状态下，人工上升流系统对局部海域碳源碳汇过程的影响。如图 6-4 所示，在 T17 站位，最优羽流无论是停留在 24 m 还是停留在 46 m，对羽流的 f_{CO_2} 值影响不大，但是在 S9 站位，选择最优羽流停留在 24 m 还是 46 m 则对

局部海域的碳源碳汇状态有较大的影响。也就是说，即使人工上升流系统在各个站位下都找到了最佳工程设置，那么也不是在所有海域、所有季节进行人工上升流工程时对海域的作用一定是增加碳汇。这里碳增汇的意思是与海域原来水层相比，如果实施人工上升流技术之后使得海域表层变得向大气释放更少的二氧化碳或者吸收更多的二氧化碳，都视为增加碳汇。而这种站位间的差距主要是由站位原始的剖面参数分布所决定的，这种现象也说明了人工上升流系统的实施究竟能不能形成海洋碳增汇过程，与实施地点以及人工上升流系统的参数设置有密切关联。

表 6-3　以东海 T17 站位为例，羽流提升深度对人工上升流系统
单位能耗所能固碳的效率影响

T17/站位		ρ_d/ (kg/m³)	DOW 深度 /m	Z_{opt}/ m	C_{DOW}/ %	f_{CO_2}	Δf_{CO_2}	L/ m	E_i/ W	E_0/ W	E_r/ W	E_k/ W
case 1	1-1	1 024.4	93	24	14.3	316.4	-34.17	69	210	168	24	18
	1-2	1 025.6	185	18	9.1	312.8	-37.79	167	672	594	60	18
	1-3	1 025.9	278	17	8.3	310.5	-40.05	261	889	778	93	18
	1-4	1 026.5	463	14	7.1	307.5	-43.05	449	1 568	1 390	160	18
	1-5	1 026.9	648	13	6.5	305.0	-45.61	635	2 237	1 992	227	18
	1-6	1 027.0	740	13	6.4	305.2	-45.38	727	2 455	2 177	260	18
	1-7	1 027.1	925	12	6.3	304.4	-46.12	913	2 758	2 414	326	18
	1-8	1 027.3	1 113	12	6.0	303.6	-47.00	1 101	3 374	2 962	394	18
	1-9	1 027.3	1 203	12	6.0	303.91	-46.66	1 191	3 406	2 962	426	18
case 2	2-1	1 024.4	93	52	23.1	317.0	-53.67	41	100	68	14	18
	2-2	1 025.6	185	43	12.0	313.7	-56.96	142	475	406	51	18
	2-3	1 025.9	278	42	10.7	311.0	-59.67	236	669	567	84	18
	2-4	1 026.5	463	39	8.8	307.7	-62.91	424	1 300	1 131	151	18
	2-5	1 026.9	648	38	7.9	304.9	-65.77	610	1 939	1 703	218	18
	2-6	1 027.0	740	37	7.7	305.3	-65.30	703	2 162	1 893	251	18
	2-7	1 027.1	925	37	7.5	304.6	-66.02	888	2 444	2 109	317	18
	2-8	1 027.3	1 113	36	7.2	303.4	-67.26	1 077	3 058	2 655	385	18
	2-9	1 027.3	1 203	36	7.2	303.81	-66.83	1 167	3 090	2 655	417	18

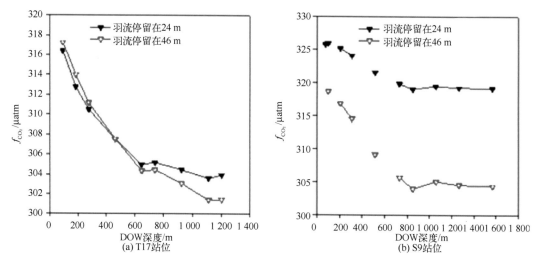

图 6-4　以 T17 站位和 S9 站位为例，对比在 24 m 深度处形成最优羽流与在 46 m 深度处形成最优羽流情况下，将不同深度的深层海水提升过程中，所形成羽流的 f_{CO_2} 值的差异

　　根据类似方法，可对在不同海域站位、不同季节进行人工上升流系统的固碳效应进行预测评估。主要站位见表 6-1，部分海域数据来自夏季航次，部分数据来自冬季航次。经过之前上述类似的计算方法，我们发现人工上升流系统的固碳效应会随着实施地点的不同和实施季节的不同，发生很大的改变。如图 6-5 所示，如果将人工上升流系统的实施站位选择在南海的 S4、S1 站位和长江口的 E7 站位，无论人工上升流系统的参数如何调整，局部海域都会显示出很强的碳源效应。为什么会出现这种现象呢？当我们分析这些站位的特点时可以发现，它们都离岸较近，以 E7 站位为例，地理位置上该站位受到长江的影响。它的深层水应当有很高的无机碳含量，虽然营养盐也不低，但是一旦深层水被提升到真光层后，消耗营养盐过程可以固定的无机碳远小于深层水中的高无机碳含量。因此在类似站位实施人工上升流技术，强化的是深层水中有机碳继续分解为无机碳的部分，是高无机碳海水持续放碳的过程，会导致海域碳源现象的加剧。这也是很多做模式的学者对人工上升流工程固碳过程的最大担忧。而如果在远离河口大陆影响的大洋中，深层水中的营养盐浓度所能固定的碳量高于其水体中的无机碳的含量，再加上到了真光层后各海域温度的差别，就会出现某些海域碳汇增加的现象。实施季节对人工上升流碳源碳汇的影响作用也是类似的。

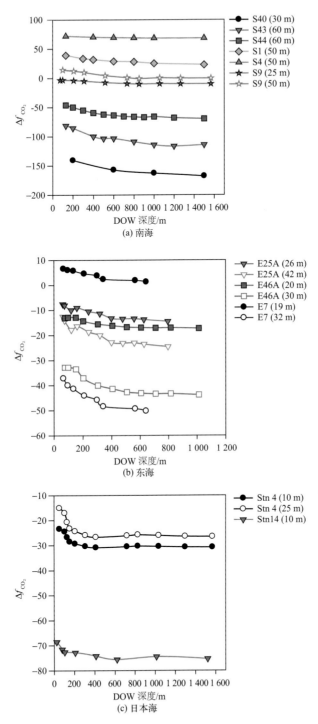

图 6-5 在不同海域实施人工上升流可能引起的局部海域的固碳效应

实心点代表在较浅的位置形成稳定羽流层，空心点代表在较深的位置形成稳定羽流层

这里要额外强调的一点是，在模式计算中最难处理的生物固碳部分是用了简化的模型和修正后的雷德菲尔德化学计量比。正如 6.2 节对固碳机理的研究中所述，人工上升流技术改变局部羽流层环境后，到底会如何促进生物的生长，又会如何影响到固碳过程是一个非常有趣当然也是极其复杂的过程。从这个意义上来说，人工上升流引起的局部海域的环境系统变化，还是一个非常好的研究实际海域过程中藻类响应过程的平台。

从人工上升流系统单位能耗所能固碳的效率来看，羽流提升深度对人工上升流固碳的影响不是很大，但是对人工上升流系统单位能耗所能固碳的影响效率则非常大。人工上升流技术作为一项工程手段，如何实现高效率是其永恒的追求，这个高效率即单位能耗下的固碳量。在前面的计算中，我们已经明确了不同水层提升到不同停留深度形成最优或非最优羽流过程中所能产生的固碳效应。在最优化参数形成羽流状态下，为了考虑单位能耗的固碳效应，我们就需要计算把不同深度的深层水提升上来的过程中所需要消耗的最低能耗（E_i）。为此，我们将提升深层水所需消耗的能量分解成了三部分：克服密度水头差（E_0）、深层水在涌升管中克服摩擦阻力（E_r）和上升水流的动能（E_k）。其中，克服密度水头差所需消耗的能量 E_0，克服涌升管中的摩擦阻力 E_r 和上升水流的动能 E_k 分别可以用式（6-4）、式（6-5）和式（6-6）表示：

$$E_0 = \int_0^L Q_w \rho \, \mathrm{d}g'(l)\,\mathrm{d}l = Q_w \frac{\rho_d}{\rho_0} \int_0^L \left[\rho(l) - \rho_0\right]\mathrm{d}l \qquad (6-4)$$

$$E_r = \lambda \frac{\rho_d}{2} v_m^2 \frac{L}{D} Q_w \qquad (6-5)$$

$$E_k = \frac{1}{2} A \times v_w \times v_w^2 \times \rho_d = \frac{1}{2} \frac{Q_w^3}{A^2} \times \rho_d \qquad (6-6)$$

式中，L 为涌升管的长度；D 为涌升管管径；v_w 为管内的实际平均流速；ρ_d 和 ρ_0 分别为涌升管口下层入水口和上层出水口周边的海水密度；$\rho(l)$ 是在深度为 l 处的海水密度；A 为涌升管的横截面面积；v_m 为加速管内流均呈高斯分布情况下的平均流速，它符合高斯分布；Q_w 为涌升管提升的水体积流量，可用下式计算：

$$Q_w = (\pi/4) D^2 v_w \qquad (6-7)$$

$g'(l)$ 为减少的重力加速度，可用下式计算：

$$g'(l) = g[\rho(l) - \rho_0]/\rho_0 \qquad (6-8)$$

λ 为摩擦系数，可用下式表达：

$$\lambda = 0.012\ 27 + \frac{0.7543}{Re^{0.38}} \tag{6-9}$$

其中，Re 为雷诺数。

仍以 T17 站位为例，计算提升不同深度的深层水到 24 m 或 46 m 形成羽流的过程中需要耗费的相关能量，如图 6-6 所示，可以看到所耗费的能量和提升深层水的深度几乎呈线性增大趋势，其中克服密度水头所用到的能量占了所消耗能量总数的绝大部分。可见，从单位能耗的固碳效率出发，虽然提升浅层水形成的羽流中能实现的固碳量略小于提升深度更深的水层，但是提升浅层水会消耗少得多的能量，从而更能实现高的单位能耗固碳效率。比较提升相同深度的深层水使其停留在 24 m 和 46 m 形成羽流时，则发现停留在 24 m 所需要耗费的能量高于停留在 46 m 所耗费的能量。这也说明了所用能量中克服密度差所耗费能量的占比是很大的。为了更直观地比对单位能耗的固碳效率，我们定义了一个固碳效率指标 CSEI（index of carbon sequestration efficiency），该指标的计算方式如下：

$$CSEI = \frac{-\Delta f_{CO_2}}{E_i} \tag{6-10}$$

式中，$E_i = E_0 + E_r + E_k$；Δf_{CO_2} 是羽流层经过物理混合和生物固碳作用之后（Δf_{CO_2} 可以用 $f_{CO_2 mixed}$ 表示）与同层海水的 f_{CO_2}（为了显示差别可以用 $f_{CO_2 amb}$ 表示）的差值。

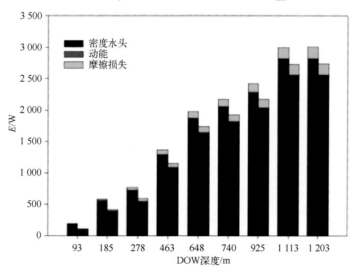

图 6-6　提升不同深度的深层水所需要耗费的能量以及能量组成

其中，每个深层水的深度上对应的两个柱子中左边和右边的两个值分别代表提升到

24 m 和 46 m 时所需要花费的能量和能量的组成结构

如图 6-7 所示，在 T17 站位上，补上了提升不同深层水到 24 m 和 46 m 所形成的碳增汇值，因为是与停留的同层水体相比较的值，因此负值代表形成的羽流中的二氧化碳分压低于同层水体，代表碳增汇过程；对比图 6-7 与图 6-3 可知，虽然在 24 m 的羽流和 46 m 的羽流中 f_{CO_2} 接近，但是由于原始剖面中 24 m 和 46 m 的 f_{CO_2} 值不同，因此从碳增汇的角度来说，羽流停留在 46 m 的增汇效益更高。图 6-7 同时补上了提升不同深度的水到羽流层所需要耗费的能量值(E_i)以及计算所得的单位能耗下的固碳值(CSEI)，我们发现，无论停留在 24 m 还是 46 m，CSEI 都呈现出随提升深层水深度的增加而迅速降低的现象。这就说明，从单位能耗的角度出发，提升较浅的深层水其固碳效率一定比提升较深的深层水高得多。当然，这里我们要加上一个前提，那就是所提升的较浅的深层水确实能实现固碳的目标即能获得负值的 Δf_{CO_2}，只是计算的 Δf_{CO_2} 绝对值略小于提升更深的深层水。这个结论非常令人振奋！要知道人工上升流技术作为一种潜在的有效地球工程手段，最大限制其发展的瓶颈之一就是工程的可靠性。而从工程的角度分析，无论从技术可靠性、实施成本，还是维护费用等方面来说，提升 100~200 m 较浅层的深层水到真光层都要比提升 1 000 m 的深层水容易得多。

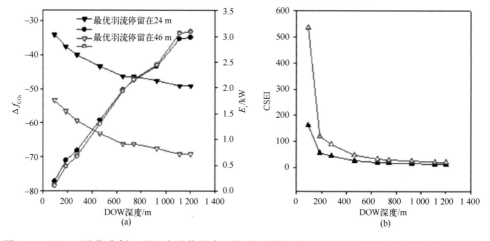

图 6-7　以 T17 站位为例，对比在最优状态下提升不同深度深层水到 24 m 或 46 m 形成羽流时，羽流能实现的碳增汇值(Δf_{CO_2})，所需消耗的能耗值(E_i)以及单位能耗的固碳值(CSEI)

最后，以类似估算方法，以表 6-1 中的海域站位为对象，分别验证实施海域的不同、实施季节的不同对人工上升流技术的碳增汇效应、固碳效率的评估。图 6-8 所示的是在与图 6-5 比较了夏季不同海域站位碳增汇效应的基础上加上了对固碳效率即单位能耗的固碳值的评估数据。图 6-9 则比较了冬、夏两个季节的临近站位

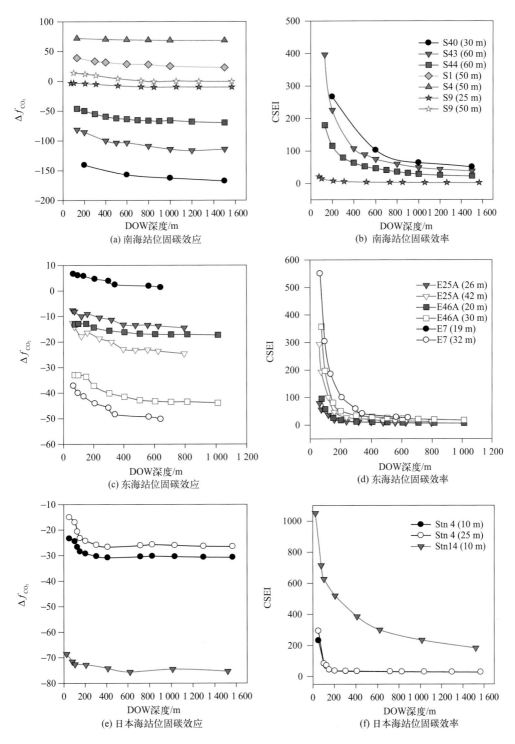

图 6-8 在不同海域实施人工上升流系统可能引起的局部海域的固碳效应与相对应的固碳效率

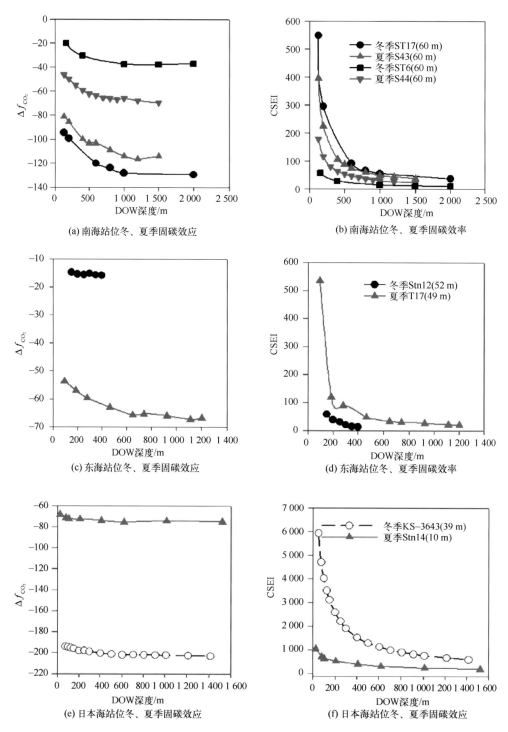

(a) 南海站位冬、夏季固碳效应

(b) 南海站位冬、夏季固碳效率

(c) 东海站位冬、夏季固碳效应

(d) 东海站位冬、夏季固碳效率

(e) 日本海站位冬、夏季固碳效应

(f) 日本海站位冬、夏季固碳效应

图 6-9　不同季节对人工上升流系统可能引起的局部海域的固碳效应与相对应的固碳效率

的碳增汇效应及固碳效率的评估。与在 T17 站位实施人工上升流系统的情况类似，从单位固碳效率来说，无论是冬季还是夏季，无论是哪个海域，各站位均呈现出 CSEI 随着提升深层水深度的增加迅速降低的现象，即各海域站位都证明了提升较浅的深层水的固碳效率高于提升很深的深层水。比较冬季、夏季临近海域的碳增汇效应，从评估结果能看到不同的实施季节会显著影响该海域的碳增汇效应，但是对于是冬季实施好还是夏季实施好则很难得出统一的结论。当然这里还要明确的一点是，冬季实施过程的前提是藻类的光合作用可以充分进行，这只存在于假设中，实际的情况需要实际分析。但是无论如何，评估的结果告诉我们实施季节和实施海域的不同对人工上升流系统是否碳增汇、增汇的效应以及增汇的效率一定会有很大的影响。

6.4　小结

二氧化碳是最为重要的温室气体之一，在调节地球系统气候方面扮演了非常重要的角色。海洋是重要的碳储库，每年吸收 25%～30% 的人为排放二氧化碳，对缓冲大气二氧化碳浓度的升高具有重要的作用。研究海洋固碳理论与方法，是近年来学术界的一个研究热点。海洋固碳机制通常有三种："溶解度泵""物理泵"和"生物泵"，有时溶解度泵和物理泵也被合在一起称为广义物理泵，最新研究又提出了"微生物泵"。三种不同机制的泵，在海洋固碳过程中，起着重要的但不一样的作用。

目前，国内外对于人工上升流系统对大气二氧化碳的吸收或释放作用的研究，主要是通过计算机建模仿真的方法来进行理论研究。对于人工上升流作用下的海域究竟是碳源还是碳汇，学术界尚存在着较大的分歧。国内外对海洋自然上升流的碳源或碳汇研究表明，自然上升流海域的碳源碳汇性质是一个复杂的时间和空间变量，部分海域的自然上升流系统为吸收大气二氧化碳的汇，而部分海域则为释放二氧化碳的源。甚至在同一上升流系统，碳源碳汇的特性也会随着时间、空间和季节的变化而发生转变（Santana-Casiano et al.，2009；Rommerskirchen et al.，2011；Sobarzo et al.，2007；McGregor et al.，2007）。浙江大学团队对人工上升流影响下的海域碳源碳汇响应情况进行了深入研究，提出了如下结论：①人工上升流技术对海域二氧化碳分压的变化会产生显著影响；②人工上升流技术对目标海域碳源碳汇的影响具有明显的时空变化特征；③在不同海域，或相同海域的不同季节，或相同海域相同季节但提升不同深度的深层水，都可能导致人工上升流技术对海域碳源碳汇作用的转变。即人工上升流技术对局部海域碳源或碳汇的影响，与人工上升流系统工程参数的设置有着密切的关系。

虽然在6.2节和之前的计算中，我们已经强调了以上的碳源碳汇的估算是建立在许多假设的前提下，其中还有部分假设是需要再进一步研究的，但即便如此，这些估算工作还是加深了我们对人工上升流固碳的认识。

总而言之，相比其他基于海洋的地球工程来说，人工上升流工程，虽然固碳过程非常复杂，但本质上是一种促进海洋自调节的方法，工程手段可控有序地帮助促进了交换过程，没有向海洋系统额外投放物质，这大大降低了该工程造成其他生态风险的可能性。因此，面对海洋这个巨大的碳库，在必须控制全球升温效应的今天，海洋人工上升流工程是海洋固碳的一种可行的安全的方法，值得展开研究，且迫切地需要开展研究。

参考文献

ANDERSON L A, SARMIENTO J L, 1994. Redfield ratios of remineralization determined by nutrient data analysis[J]. Global Biogeochemical Cycles, 8(1): 65-80.

AURE J, STRAND Ø, ERGA S, et al., 2007. Primary production enhancement by artificial upwelling in a western Norwegian fjord[J]. Marine Ecology Progress Series, 352: 39-52.

BORGES A V, 2005. Budgeting sinks and sources of CO_2 in the coastal ocean: diversity of ecosystems counts [J]. Geophysical Research Letters, 32: 2-5.

BREWER P G, GOLDMN J C, 1976. Alkalinity changes generated by phytoplankton[J]. Limnology and Oceanography, 21(1): 108-117.

CAI W J, DAI M, WANG Y, 2006. Air-sea exchange of carbon dioxide in oceanmargins: a provincebased synthesis[J]. Geophysical Research Letters, 33(12): 347-366.

CHEN C T A, 2008. Distributions of nutrients in the East China Sea and the South China Sea connection[J]. Journal of Oceanography, 64(5): 737-751.

CHEN C T A, GONG G C, WANG S L, et al., 1996. Redfield ratios and regeneration rates of particulate matter in the Sea of Japan as a model of closed system[J]. Geophysical Research Letters, 23(14): 1785-1788.

CHEN C T A, HUANG T H, CHEN Y C, et al., 2013. Air-sea exchanges of CO_2 in the world's coastal seas

[J]. Biogeosciences, 10: 6509-6544.

CHEN C T A, LIN C M, HUANG B T, et al., 1996. Stoichiometry of carbon, hydrogen, nitrogen, sulfur and oxygen in the particulate matter of the western North Pacific marginal seas[J]. Marine Chemistry, 54 (1-2): 179-190.

CHEN C T A, PYTKOWICZ R M, OLSON E J, 1982. Evaluation of the calcium problem in the South Pacific[J]. Geochemical Journal, 16(1): 1-10.

CHEN C T A, WANG S L, 1999. Carbon, alkalinity and nutrient budgets on the East China Sea continental shelf[J]. Journal of Oceanography, 104(C9): 75-86.

CHEN C T A, WANG S L, BYCHKOV A S, 1995. Carbonate chemistry of the Sea of Japan[J]. Journal of Geophysical Research Oceans, 100(C7): 37-45.

CHUNG C C, GONG G C, HUNG C C, 2012. Effect of typhoon Morakot on microphytoplankton population dynamics in the subtropical Northwest Pacific[J]. Marine Ecology Progress, 448: 39-49.

DUTREUIL S, BOPP L, TAGLIABUE A, 2009. Impact of enhanced vertical mixing on marine biogeochemistry: lessons for geo-engineering and natural variability [J]. Biogeosciences Discussions, 6 (1): 901-912.

DYRSSEN D, 1977. The chemistry of plankton production and decomposition in seawater [J]. Marine Science(5): 65-84.

FAN W, CHEN J, PAN Y, et al., 2013. Experimental study on the performance of an air-lift pump for artificial upwelling[J]. Ocean Engineering, 59(1): 47-57.

FAN W, PAN Y, LIU C C K, et al., 2015. Hydrodynamic design of deep ocean water discharge for the creation of a nutrient-rich plume in the South China Sea[J]. Ocean Engineering, 108(1): 356-368.

HANDÅ A, MCCLIMANS T A, REITAN K I, et al., 2014. Artificial upwelling to stimulate growth of nontoxic algae in a habitat for mussel farming[J]. Aquaculture Research, 45(11): 1798-1809.

HE X, BAI Y, PAN D, et al., 2013. Satellite views of the seasonal and interannual variability of phytoplankton blooms in the eastern China seas over the past 14 yr (1998-2011)[J]. Biogeosciences, 10(7): 4721-4739.

KARL D M, LETELIER R M, 2008. Nitrogen fixation-enhanced carbon sequestration in low nitrate, low chlorophyll seascapes[J]. Marine Ecology Progress, 364(6): 257-268.

KELLER D P, FENG E Y, OSCHLIES A, 2014. Potential climate engineering effectiveness and side effects during a high carbon dioxide-emission scenario[J]. Nature Communications, 5(3004): 1-11.

LEWIS E, WALLACE D, 1998. Program developed for CO_2 system calculations[G] // ORNL/CDIAC-105. Oak Ridge, Tennessee: Carbon Dioxide Information Analysis Center, Oak Ridge National Laboratory, U. S. Department of Energy.

LI J, GLIBERT P M, ZHOU M, et al., 2009. Relationships between nitrogen and phosphorus forms and ratios and the development of dinoflagellate blooms in the East China Sea[J]. Marine Ecology Progress, 383: 11

-26.

LIU K K, ATKINSON L, CHEN C T A, et al., 2000. Exploring continental margin carbon fluxes on a global scale[J]. EOS Transaction American Geophysical Union, 81(52): 641-644.

LOVELOCK J E, RAPLEY C G, 2007. Ocean pipes could help the Earth to cure itself[J]. Nature, 449: 403.

MARUYAMA S, YABUKI T, SATO T, et al., 2011. Evidences of increasing primary production in the ocean by Stommel's perpetual salt fountain[J]. Deep-Sea Research Part I: Oceanographic Research Papers, 58 (5): 567-574.

MASUDA T, FURUYA K, KOHASHI N, et al., 2011. Lagrangian observation of phytoplankton dynamics at an artificially enriched subsurface water in Sagami Bag, Japan[J]. Journal of Oceanography, 66(6): 801-813.

OSCHLIES A, PAHLOW M, YOOL A, et al., 2010. Climate engineering by artificial ocean upwelling: Channelling the sorcerer's apprentice[J]. Geophysical Research Letters, 37(4): 1-5.

PAINTING S J, LUCAS M I, PETERSON W T, et al., 1993. Dynamics of bacterioplankton, phytoplankton and mesozooplankton communities during the development of an upwelling plume in the southern Benguela [J]. Marine Ecology Progress, 100(1-2): 35-53.

PAN Y, FAN W, HUANG T H, et al., 2015. Evaluation of the sinks and sources of atmospheric CO_2 by artificial upwelling[J]. Science of the Total Environment, 511: 692-702.

PAN Y, LI Y, FAN W, et al., 2019. A sea trial of air-lift concept artificial upwelling in the East China Sea [J]. Journal of Atmospheric and Oceanic Technology, 36(11): 2191-2204.

PAN Y, YOU L, LI Y, et al., 2018. Achieving highly efficient atmospheric CO_2 uptake by artificial upwelling [J]. Sustainability, 10(3): 664.

PARSONS T, TAKAHASHI M, 1977. Biological Oceanographic Processes (2nd edition) [M]. Oxford: Pergamon Press.

QUIGG A, FINKEL Z V, IRWIN A J, et al., 2003. The evolutionary inheritance of elemental stoichiometry in marine phytoplankton[J]. Nature, 425: 291-294.

REDFIELD A C, RICHARDS B H, KETCHUM A F, 1963. The influence of organisms on the composition of sea-water[M]. New York: John Wiley & Sons, Inc: 26-77.

RIXEN T, GOYET C, ITTEKKOT V, 2005. Diatoms and their influence on the biologically mediated uptake of atmospheric CO_2 in the Arabian Sea upwelling system[J]. Biogeosciences, 3(1): 103-136.

ROYER S J, GALÍ M, MAHAJAN A S, et al., 2016. A high-resolution time-depth view of dimethylsulphide cycling in the surface sea[J]. Scientific Reports(6): 323-325.

SOBARZO M, BRAVO L, DONOSO D, et al., 2007. Coastal upwelling and seasonal cycles that influence the water column over the continental shelf off central Chile[J]. Progress In Oceanography, 75: 363-382.

TAKAHASHI T, SUTHERLAND S C, WANNINKHOF R, et al., 2009. Climatological mean and decadal change in surface ocean pCO$_2$, and net sea-air CO$_2$ flux over the global oceans[J]. Deep Sea Research Part II: Topical Studies in Oceanography, 56(8-10): 554-577.

WILLIAMSON P, WALLACE D W R, LAW C, et al., 2012. Ocean fertilization for geoengineering: a review of effectiveness, environmental impacts and emerging governance[J]. Process Safety and Environmental Protection, 90(6): 475-488.

WOLLAST R, MACKENZIE F T, CHOU L, 1993. Interactions of C, N, P, and S biogeochemical cycles and global change[C] // The NATO Advanced Research Workshop on Interaction of C, N, P and S Biogeochemical Cycles. Melreux: Springer.

YOOL A, SHEPHERD J G, BRYDEN H L, et al., 2009. Low efficiency of nutrient translocation for enhancing oceanic uptake of carbon dioxide[J]. Journal of Geophysical Research Oceans, 114(C8): 1-13.

近海沉积物内营养盐释控及其辅助大藻固碳技术探索

7.1 概述

20世纪末以来，随着工农业的迅速发展以及人口的急速扩张，近海海洋环境正面临着严重的水质恶化问题。据统计，2017年中国近海海域富营养化总面积超过60 000 km²，其中超过半数海域的富营养化程度达到了中度以上。海域的富营养化带来了包括水体酸化、水体低氧、赤潮等一系列衍生灾害，对近海生态环境以及海洋经济的可持续发展造成了严重危害。

在最近的数十年中，科学家们一直在探索解决近海富营养化问题的方法。利用大型藻类养殖帮助吸收、移除水体以及海底沉积物中富余的营养盐是其中一种可行的方案。大型藻类在其成长期间，可通过新陈代谢吸收水体中的营养盐，并将其以生物体组成的形式固定在其体内，最终通过收获将其从水体中移除。初步研究表明，从1 hm²养殖海藻中移除的氮和磷的总量分别相当于当前中国近海每公顷海域年均氮、磷输入量的17.8倍和126.7倍。中国是海藻养殖大国，每年的经济海藻产量占世界总产量的83%~87%。据估计，目前中国每年通过海藻养殖移除的氮和磷分别为75 000 t和9 500 t，在相当程度上减缓了富余营养盐在近海海域的堆积。在吸附营养盐的同时，海藻还能通过光合作用吸收并固定水体中溶解的二氧化碳，增大近海海域水气界面的二氧化碳分压，从而增加海域的碳汇能力。此外，收获的海藻也能带来可观的经济效益，成为我国近海海洋经济的重要组成部分。可以认为，海藻养殖是具有环境、生态、经济多重收益的富营养化问题解决方案，是我国践行近海海洋经济可持续发展的重要举措之一。

我国的海藻养殖品种以褐海带为主。近30年来，我国长期大力推动近海海带养殖。随着养殖技术的提升，海带年产量持续稳定增长。据统计，2017年我国海带年产量约1 486 645 t，与1987年的统计结果相比足足翻了8倍。然而海带产量的急速增加伴随而来的是养殖面积的扩大和养殖密度的提升。高密度的海带养殖正在给近海生态环境带来一系列新问题。在高密度海带养殖区域，成片的海带密布于表层水体中，极大地阻碍了水体的交换。在海带生长旺期，表层水体中的营养盐被大量吸收消耗，但因为水体流动受阻而得不到及时补充，使得表层水体成为寡营养水体。在缺乏营养盐供给的情况下，海带会出现根部腐烂、白化等疾病，进而大面积死亡，给海带养殖业带来严重损失。更为严重的是，腐烂分解的海带碎片释放到水体中的有机氮可为其他赤潮肇事种提供营养，存在二次赤潮暴发风险。另外，微生物对死亡海带碎屑的分解与呼吸作用，将加剧水体低氧与海水酸化，使养殖区成为碳源海域。为了对抗海带养殖中的营养盐缺乏问题，传统的做法是增加施肥量。但由于养殖区水体交换能力弱，沉降至下层水体的肥料不能有效地再悬浮，不仅导致营养盐利用率低下，且过量的肥料同样会在沉积物中堆积，成为海水富营养化的内源性因素之一。随着人们环保意识的加强，直接施肥的方式逐渐受到限制。

已有的研究结果表明，海底沉积物中营养盐的浓度通常远高于表层水体。在海带养殖区，由于残余肥料和海藻碎片的沉降，沉积物中的营养盐浓度可达表层水体营养盐浓度的数十倍。若能将其带入真光层，即可有效缓解海带生长过程中的营养盐缺乏问题。海洋人工上升流技术作为有利于修复海洋生态环境的一种方法，是解决水体垂直交换能力不足，实现底层营养盐有序释放的有效手段之一。美国、日本、挪威等国都曾做过利用上升流提升底层海水的试验，取得了较为理想的效果，初步揭示了人工上升流技术在营养盐提升以及辅助固碳领域所具有的潜力。

本章以气幕式人工上升流技术为例，介绍如何利用人工上升流技术实现沉积物上覆水营养盐有序提升以及通过大藻养殖实现辅助固碳。在此基础上，详细介绍我国首个人工上升流增汇试验平台在大藻养殖中的初步应用探索工作。最后探讨海洋环境综合效应的评估方法。

值得注意的是，人工上升流技术所产生的综合环境效应较为复杂，在国际上尚存争议。上升流系统在将营养盐输送至表层海水的同时，也可能同时释放沉积物中的溶解无机碳，因此在评估其对海域碳汇能力的影响时需要考虑多方面因素的影响。浙江大学潘依雯等的研究表明，可以通过调控上升流系统参数来调节其对海洋环境的影响。在参数设置合理的条件下，有望通过应用上升流技术将碳源海域转化为碳汇海域。

7.2 微气泡释控与上覆水营养盐高效提升技术

在第 2 章中，我们对目前较为成熟的上升流技术实现方式及其适用场合进行了概括。在目前常见的上升流系统中，气力提升式上升流系统和机械泵式上升流系统由于采用独立的供能系统，通常可以较为方便地对产生的上升流流量进行调节，从而达到营养盐有序释控的目的。其中气力提升式上升流技术中的气幕式上升流技术虽然适用深度较浅，但同时具有机械装置少、加工制造成本低、布放维护相对容易的特点，容易形成大范围的气幕，能较好地契合近海大藻养殖的应用需求。本节以气幕式上升流系统为例，阐述系统的参数设计方法与控制策略，目的是在满足营养盐提升需求的同时降低系统能耗。在 7.3 节中，我们会进一步讨论大藻养殖的营养盐需求计算，以此作为工程参数选择的依据。

7.2.1 注气系统压力计算

气幕式上升流系统一般通过调节注气量改变上升流流量。但气幕式上升流系统一般需要在水下布置多路气管，且气管长度往往很长，存在较为明显的沿程压力损耗。在供压不足时，容易出现喷口出气不均匀甚至不出气的情况。因此，首先需要根据目标流量对系统的压力进行校核计算。

7.2.1.1 注气管压力损耗计算准则

注气系统管路的沿程压力损耗计算参考林选才等的《给水排水设计手册（第 1 册）》和《给水排水设计手册（第 5 册）》，整个管路系统总的压力损耗应为所有管路的沿程压力损耗和所有的局部压力损耗之和，即

$$h = h_L + h_l \qquad (7-1)$$

式中，h_L 为气管的沿程压力损耗（Pa）；h_l 为气管的局部压力损耗（Pa）。

沿程压力损耗的计算经验公式表示为

$$h_L = iL\alpha_T\alpha_P \qquad (7-2)$$

其中，i 为单位管长的沿程压力损耗（Pa/m），在温度 20℃ 和标准大气压下，

$$i = 67 \times \frac{v^{1.924}}{d^{1.281}} \qquad (7-3)$$

式(7-2)中，α_T 为温度 $T(℃)$ 时空气密度的修正系数，具体值可以参考林选才等的《给水排水设计手册(第 5 册)》里的表 6-3，或者通过下面经验公式计算：

$$\alpha_T = \left(\frac{\rho_T}{\rho_{20}}\right)^{0.852} \qquad (7-4)$$

其中，ρ_T 为温度 $T(℃)$ 时的空气密度；ρ_{20} 为温度 20℃ 时的空气密度。

式(7-2)中，α_P 为气压 P 时的空气密度修正系数，具体值可以参考林选才等的《给水排水设计手册(第 5 册)》里的表 6-4，或者通过下面经验公式计算：

$$\alpha_P = \left(\frac{P}{P_0}\right)^{0.852} \qquad (7-5)$$

另外，管路中的局部压力损耗 h_1 可按下式计算：

$$h_1 = \zeta \frac{\rho_b v^2}{2} \qquad (7-6)$$

其中，ζ 为局部压力损耗系数，可参考华绍曾等《实用流体阻力手册》和林选才等《给水排水设计手册(第 1 册)》；ρ_b 为管内空气密度，可按下面经验公式计算：

$$\rho_b = \frac{1.293 \times 273 \times P \times 10}{(273 + T)} \qquad (7-7)$$

利用式(7-1)至式(7-7)，可以求出注气系统中各部位的压力损耗。

对于主气管式注气系统，针对其中某一路进行计算，则该路主气管系统最末端的注气喷头能够正常出气的基本条件是其内部压力大于外界压力。因此为满足最末端注气喷头能够出气的基本条件，气泵的最大工作压力 P_1 应满足如下条件：

$$P_1 > \rho_w gH + P_0 + h_{L1} + h_{12} + Nh_{11} + h_{12} \qquad (7-8)$$

式中，ρ_w 为水体密度；P_0 为标准大气压；H 为注气深度；h_{L1} 为主气管路总沿程压力损耗；h_{12} 为支气管路的沿程压力损耗；N 为支路的数量；h_{11} 为支路入口处三通接头的局部压力损耗；h_{12} 为喷头注气孔处的局部压力损耗。

对于单路气管式注气系统，由于单个气泵负责单个注气喷头，因而满足其注气喷头顺畅出气的基本条件相对简单。对于一路单气管系统，其气泵压力条件应满足下式：

$$P_1 > \rho_w gH + P_0 + h_{L3} + h_{12} \qquad (7-9)$$

式中，h_{L3} 为单路气管的总沿程压力损耗。

7.2.1.2　注气系统压力校核计算

本节中，我们将以主气管式布放和单路气管式布放两种典型的注气管线布放方式为例，对气幕式上升流系统管路进行压力校核计算。

1）主气管式

主气管式布放指将气泵集中安装在浮台上，然后从浮台引出主气管直接牵引到养殖区，并从不同位置分出支路气管分别连接海底的注气喷头，多个气泵负责一路主气管的注气。对于主气管式，由于其中每根支路气管长度有限，其沿程压力损耗相比主气管路上的压力损耗小很多，可以忽略。通过式（7-8），当主气管路管径取不同数值时，可以计算出每一路主气管路的压力损耗随注气流量和管径的变化，如图7-1所示。由图7-1可以看出，随着气管管径减少或者气体流量增加，整个管路的压力损耗增大，管径为16 mm时，其压力损耗随着注气流量增加而变化的速率尤其快。设计中共有6个气泵为一路主气管注气，因此主气管总的气体流量为0.6 m³/min。由于气泵最大工作压力为0.8 MPa，当气体流量为0.6 m³/min时，内径20 mm主气管总的压力损耗为0.6~0.7 MPa，内径24 mm主气管总的压力损耗约为0.4 MPa。根据这一结果，在本章的大藻养殖辅助固碳案例中，选用内径25 mm标准规格的主气管。

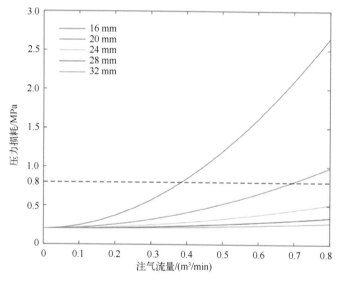

图7-1　主气管式注气系统沿程损耗设计计算

通过此计算方法可以确保每路主气管末端的喷头有足够的出气压力，但并不能保证最末端或靠近末尾的几个喷头顺利出气。其原因是如果支路过多或者单个支路注气喷头上的注气孔数过多、过大，气体会优先从前面的喷头排出，而最后面的喷头没有气体可排出。由于通过流量详细计算每个喷头出气流量比较复杂且困难，在工程使用中一般采取排气量较大的气泵注气，如常用的罗茨风机。但由于罗茨风机工作压力和体积的限制，不适用于本书中的案例。这里选用气泵完成注气工作。气泵的工作压力足够满足要求，缺点是排气量较少，只有同功率罗茨风机的 1/3 左右，因此在使用主气管式注气系统布放方案时，可能存在出气不足的现象。该问题在试验研究中进行了讨论，后面试验部分将会详细介绍。

2) 单路气管式

单路气管式布放指从浮台引出单路气管分别连接海底的注气喷头，每个气泵负责一路单气管和喷头的注气。在本书的案例中，对于单路气管式注气系统布放方案，其中最长的气管总长约为 300 m。通过式(7-9)，当取不同内径的注气管时，其管路压力损耗计算结果如图 7-2 所示。在该方案中，一个气泵负责一个注气喷头，因此管路中气体流量为 0.1 m³/min。根据计算结果可以看出，气体流量为 0.1 m³/min，内径 12 mm 的气管其压力总损耗为 0.5~0.6 MPa，因此本章案例中选用了内径 12 mm、外径 16 mm 的标准 PU 气管作为单路气管。

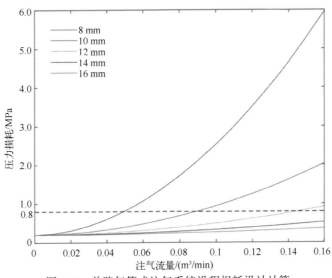

图 7-2 单路气管式注气系统沿程损耗设计计算

7.2.2 注气系统控制策略

对于气力提升式人工上升流系统，在制定系统注气流量时，需要重点关注两个目标：①产生的上升流羽流能够到达海水表层，并有效作用于海带苗；②在满足目标要求①的前提下，系统所消耗的能耗最低。其中，目标①主要涉及水平横流作用下上升流羽流的作用高度以及羽流速度和注气流量之间的关系。相关计算在第5章已进行了详细介绍。目标②主要涉及系统的整体功耗，是人工上升流系统在实际应用中需要考虑的重要指标。特别对于以太阳能、风能、海流能等可再生能源为主要能量来源的自给式人工上升流系统而言，每日能够获取的总能量有限，合理规划能量的利用是确保系统长期稳定运行的基础。

以海带养殖项目为例，有效的上升流应该作用于海带苗(通常生长于海表面附近)，为其提供生长过程所必需的营养盐。当环境流速较高时，上升流可能很快扩散而无法到达海表面，造成能源的无效利用[图7-3(a)]。提高注气流量，虽可使上升流达到海表面，但上升流涌出水面亦导致能量的损耗[图7-3(b)]。

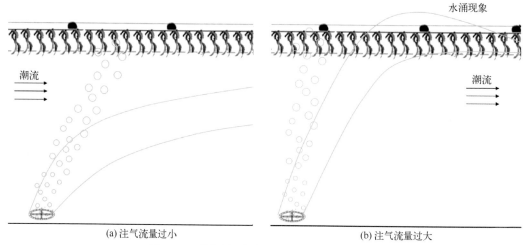

(a)注气流量过小　　　　　　　　　　　　(b)注气流量过大

图7-3　不同注气流量下的上升流现象示意图

为避免上述能源浪费，我们提出两种节能模式。

1)恒定注气流量模式

在恒定注气流量模式下，气泵的注气流量始终保持不变，控制系统通过调节气泵的启闭时间实现节能控制。当上升流高度能到达海带苗时，进行注气；当上升流高度因为环境流速较大无法到达海带苗时，停止注气。该模式可有效避免流速较大时的能源浪费且在单位时间内可提升的底层海水较多，但没有考虑上升流水涌带来的能耗问题。

2)可变注气流量模式

在可变注气流量模式下，气泵的注气流量根据环境流速大小进行调节，目标是使人工上升流刚好作用至海带苗。此注气流量的调节范围有限，不超过系统允许的最大注气流量。这种模式可有效避免上升流水涌产生的额外能量损失，同时不至于在较高流速时造成较大能量消耗，但其提升的底层海水相对于恒定注气流量模式较少。

无论采用何种节能模式，我们期望通过控制注气流量与注气时间段，使得系统获得最大能量利用率 η_{max}：

$$\eta_{max} = \frac{海带单日最大生长量 Z_{max}}{注气系统单日可用能量 W_e} \qquad (7-10)$$

进一步，系统通过对比两种节能模式下的 η_{max}，可选择效果更好的节能模式。注气系统单日可用能量 W_e 通常可根据当日太阳辐照条件计算。然而，计算海带单日最大生长量 Z_{max} 相对复杂：需要首先明确海带单日生长量 Z 与人工上升流提升营养盐的速率、海带营养盐需求速率这两者的关系；然后针对两种模式分别确定最佳注气方案（包括注气流量和注气时间段）并计算海带单日生长量最大值 Z_{max}。

完成上述计算需要建立三种模型：人工上升流模型、注气能耗模型和海带生长模型。下面主要介绍前两种模型，从而决定上升流系统的控制参数。海带生长模型将在 7.3 节的讨论中给出。

7.2.2.1 人工上升流模型

上升流羽流的运动轨迹如图 7-4 所示。人工上升流模型主要用于确定上升流最大高度、环境流速和注气流量三者的关系。基于此模型，系统在恒定注气流量模式下可根据给定注气流量与环境流速，预判上升流高度是否大于目标高度（即注气口至海带苗距离），而在可变注气流量模式下可根据目标高度与环境流速，确定合适的注气流量使得上升流刚好作用于海带苗。研究表明，开式注气型人工上升流的最大高度 z_m 与环境流速 u_c、注气流量 Q_0 和上下水层密度差 $\Delta\rho$ 相关（Yao，2019）：

$$z_m = f(Q_0, u_c, \Delta\rho) \qquad (7-11)$$

通过无量纲分析可得（Socolofsky，2002）：

$$\frac{z_m}{d} \sim \left(\frac{u_0}{\sqrt{g'd}}\right)^a \times \left(\frac{u_0}{u_c}\right)^b \qquad (7-12)$$

式中，z_m/d 将 z_m 无量纲化；d 为注气盘直径；$u_0/\sqrt{g'd}$ 为弗劳德数，它表示惯性力和重力量级的比；u_0 为羽流的初始速度；g' 为相对重力加速度，通过底层水体与表

层水体密度差 $\Delta\rho$ 获得；u_0/u_c 为动量比，即初始速度与流速的比；"~"表示成正比；a 和 b 为经验公式的待定系数，其需要通过试验数据决定。

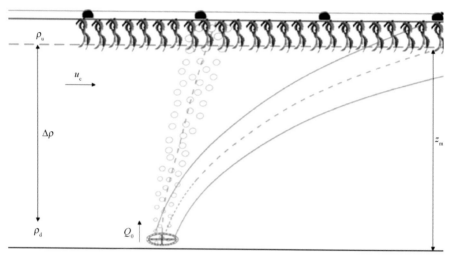

图 7-4　上升流羽流的运动轨迹

初始流速 u_0 与注气流量 Q_0 有关，根据 Liang 等 2005 年提出的理论可以表示为

$$u_0 = 1.02\alpha^{-1}\left[\frac{g(1+\lambda^2)Q_0\rho_a}{\pi\rho_d}\right]^{1/3}(\Delta z)^{-1/3} \qquad (7-13)$$

式中，g 为重力加速度；λ 为湍流施密特(Schmidt)系数项；ρ_a 为空气在标准大气压下的密度；ρ_d 为底层水的密度。

进一步，距离喷口的偏移量 Δz 可通过下式计算(Qiang, 2018; Liang et al., 2005)：

$$\Delta z = \frac{d}{1.2\times\alpha} \qquad (7-14)$$

$$\alpha = 0.082\left[\tanh\left(\frac{\sqrt[3]{gQ_0/H_0}}{v_s}\right)\right]^{3/8} \qquad (7-15)$$

式中，α 为卷吸系数；H_0 为标准大气压下等效的水柱高度；v_s 为气泡的滑移速度。

将式(7-13)至式(7-15)带入式(7-12)有

$$z_m \sim \frac{(\alpha^{-2/3}\cdot Q_0^{1/3})^{a+b}}{(\Delta\rho^{1/2})^a\cdot u_c^b} \qquad (7-16)$$

为确定经验系数 a 和 b，Yao 等于 2019 年对开式注气型上升流进行了试验研究，得到了不同注气流量下羽流的轨迹，如图 7-5 所示。他们通过进行不同流速、注气流量、相对密度差的分组试验，获得了各种情况下羽流最大高度的试验数据。

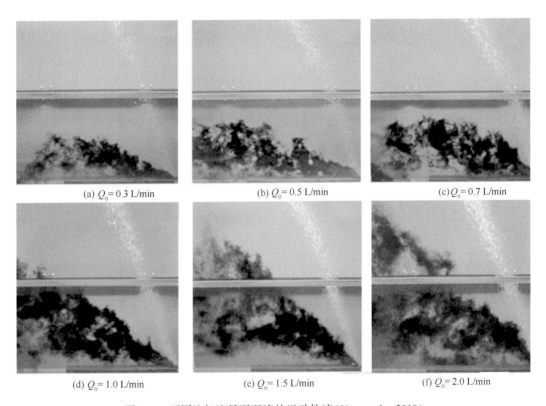

(a) Q_0= 0.3 L/min   (b) Q_0= 0.5 L/min   (c) Q_0= 0.7 L/min

(d) Q_0= 1.0 L/min   (e) Q_0= 1.5 L/min   (f) Q_0= 2.0 L/min

图 7-5 不同注气流量下羽流的运动轨迹（Yao et al., 2019）

基于 Matlab 软件对试验结果进行线性拟合，可获得不同 a 和 b 取值下的相关系数（图 7-6）。相关系数越高表示拟合度越好。其中最优 a 和 b 分别为 0.8 和 1.1，此时的相关系数最高，为 0.952（图 7-7）。采用 a 和 b 的这一取值，式（7-16）可表示如下：

$$z_{\mathrm{m}} = 0.001 \times \frac{(\alpha^{-2/3} \cdot Q_0^{1/3})^{1.9}}{\Delta\rho^{0.4} \cdot u_{\mathrm{c}}^{1.1}} - 0.445 \qquad (7-17)$$

上述公式表明，上升流的最大高度与注气流量、环境流速和上下水层密度差有关。当密度差与环境流速一定，增加注气流量可提高上升流的最大高度。另外，在可变注气流量模式中，需要通过环境流速控制注气流量。上式可写为

$$Q_0 = \alpha^2 \times \left(\frac{z_{\mathrm{m}} + 0.445}{0.001} \times \Delta\rho^{0.4} \times u_{\mathrm{c}}^{1.1} \right)^{1.58} \qquad (7-18)$$

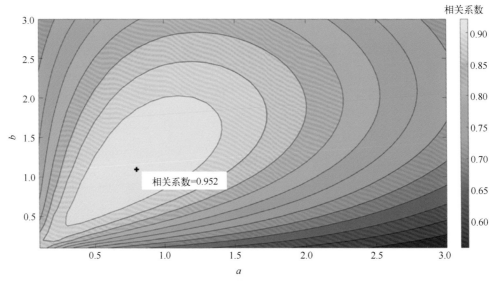

图 7-6　不同 a 和 b 下的相关系数

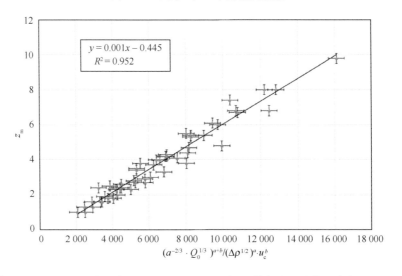

图 7-7　当 $a=0.8$，$b=1.1$ 时 z_m 与 u_c、$\Delta\rho$、Q_0、α 的关系（散点为试验值，参考 Yao et al.，2019）

7.2.2.2　注气能耗模型

注气消耗的总能量 W_a 可表示为注气功率 P 对时间 t 的积分：

$$W_a = \int P \cdot t \mathrm{d}t \qquad (7-19)$$

注气流量 Q_0 与注气功率 P 存在一次函数关系，其经验公式如下：

$$P = kQ_0 + b \qquad (7-20)$$

式中，$k=6\times10^5$；$b=586.9$。因此式（7-19）可变为

$$W_a = k \int Q_0 t \mathrm{d}t + b \int t \mathrm{d}t \qquad (7-21)$$

7.2.2.3　最大能量利用率 η_{max} 的评估

在碳增汇工程中，注气系统单日可用能量为一定值 W_0。因此，计算恒定注气流量和可变注气流量两种节能模式的最大能量利用率 η_{max} 转化为计算两种模式下海带最大增长量 Z_{max}。海带增长量 Z 可通过 7.3 节中的海带生长模型计算得出，结合注气能耗模型与人工上升流模型，η_{max} 的计算流程如图7-8所示。

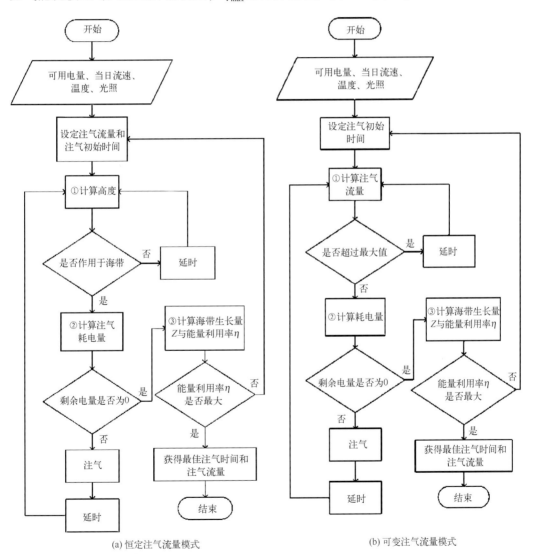

(a) 恒定注气流量模式　　　　　　　　(b) 可变注气流量模式

图 7-8　最大能量利用率计算流程图

图中①②③分别表示应用了人工上升流模型、注气能耗模型和海带生长模型

（1）输入参数，包括可用电量和当日的流速、温度、光照变化。

（2）在恒定注气流量模式下，设定初始注气流量和注气初始时间；在可变注气流量模式下，设定注气初始时间。

（3）在恒定注气流量模式下，根据流速计算羽流的最大高度，若此高度不小于海带养殖高度，进行注气；在可变注气流量模式下，根据流速计算需要的注气流量，并判断是否超过系统的最大值，若未超过，进行注气。

（4）计算注气的耗电量并判断剩余电量是否为 0，若不为 0，重复第（3）步。

（5）计算能量利用率，判断是否为最大值，若不是最大值，重复第（2）至第（4）步。

（6）得到最大能量利用率及最佳注气流量和注气时间。

1）两种节能模式下的系统注气流量控制

不考虑当日可用能量 W_0 的限制，环境流速变化下，两种节能模式的注气流量控制如图 7-9 所示。在恒定注气流量模式下，当上升流的最大高度无法到达海带生

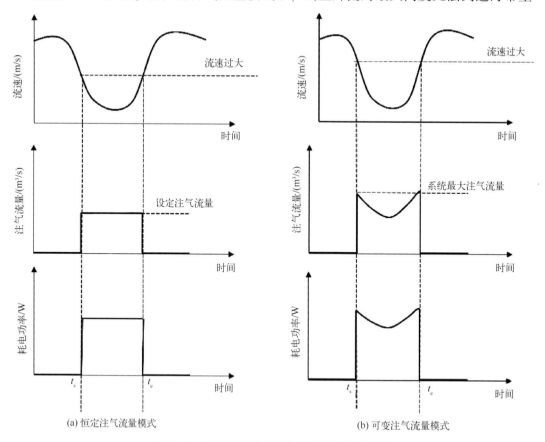

图 7-9　不同节能模式下注气流量控制示意图

长高度时，判定为环境流速过大，此时不进行注气。在可变注气流量模式下，系统通过流速变化自动调节注气流量，但此注气流量不超过系统最大值。通过注气能耗模型式(7-19)至式(7-21)，可以求得不同注气流量下系统的耗电功率。

2) 最佳注气时段的确定

考虑当日可用能量 W_0 的限制，系统无法实现图 7-9 中 t_s 至 t_e 长时间的注气。应选择最佳注气时段 $[t_1, t_2] \in [t_s, t_e]$ 使得注气系统完全消耗当日可用能量 W_0 且海带增长量 Z 最大。在不同节能模式下，注气时间的控制示意图如图 7-10 所示。由于 Z 与海带实际吸收营养盐总量 SL 成正比，求 Z 的最大值可转化为求 SL 的最大值。

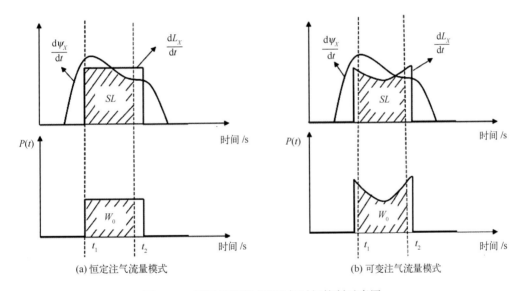

图 7-10　不同节能模式下注气时间控制示意图

$\dfrac{\mathrm{d}\psi_X}{\mathrm{d}t}$ — 营养盐的需求速率；　　$\dfrac{\mathrm{d}L_X}{\mathrm{d}t}$ — 营养盐的提升速率；　　$P(t)$ — 用电功率；

SL — 海带营养盐消耗量；　　W_0 — 可用能源；　　t_1-t_2 — 注气时间段

综上可分别获得两种节能模式下的最大能量利用率与相应的注气方案。下面以本章中的海带养殖案例为例，讨论两种模式在实际应用中的优劣。

以试验海域 2018 年 4 月 28 日的光照情况 [图 7-11(a)] 和温度情况 [图 7-11(b)] 为例，对比恒定注气流量和可变注气流量两种节能模式。从能量利用率入手，确定更加合适的节能模式。

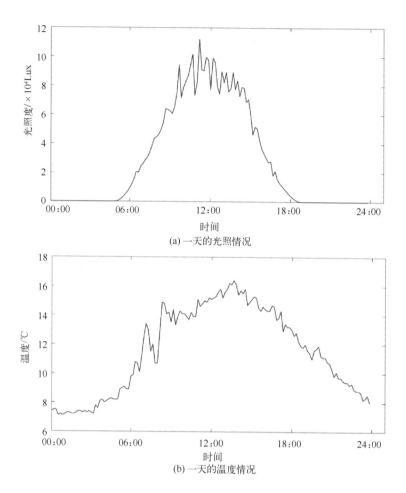

(a) 一天的光照情况

(b) 一天的温度情况

图 7-11　鳌山湾试验海域光照度和温度数据(2018 年 4 月 28 日)

在恒定注气流量模式下，系统可设定的注气流量分别为 100 L/min、200 L/min 和 300 L/min(记为低、中、高三档)。当系统分别采用以上三档工作时，其控制结果见表 7-1。由表 7-1 可知，当系统采用此种节能模式工作时，设置为中档效果最佳。

表 7-1　恒定注气流量模式下不同档位的控制结果

设定档位	注气时间	最大能量利用率/(kg/kWh)
低	05:48—06:12 11:48—12:12 17:48—18:12	0.50

设定档位	注气时间	最大能量利用率/(kg/kWh)
中	06:48—08:00 10:00—12:24	1.84
高	08:00—10:00	1.37

在可变注气流量模式下，工程将自动根据流速调整合适的档位。在同样的环境条件下，其控制结果见表 7-2，系统的最大能量利用率为 1.97 kg/kWh，相比以中档进行恒定注气流量模式工作的情况增长了 7%。因此本工程选择可变注气流量模式制造上升流效果更佳。

表 7-2 可变注气流量模式下的控制结果

注气时间	使用注气档位
05:48—06:12	低
06:12—08:00	中
10:23—11:48	中
11:48—12:12	低
最大能量利用率/(kg/kWh)	1.97

7.2.2.4 节能优化控制策略的实现

节能优化控制策略的实施过程中需要预先获取潮流流速、温度以及光照度的数据，以代入对应的模型实现节能控制策略的制定。可以通过查询海域历史数据，对当天的参数进行预估。

(1)流速模拟。这里同样采用正弦函数对半日潮条件下的流速进行模拟，同时引入潮汐表对流速进行预测。在半日潮下，共有 4 个达到潮位极值的时间点。在这些时刻，环境流速视为 0，而在这些时间点的中间时刻，环境流速视为最大值。流速模拟的具体方法如下：首先通过潮汐表查询获取涨落潮情况，然后在每一段涨潮（落潮）构建半个周期的正弦函数，其端值为 0，幅值为 0.25(-0.25)，如图 7-12所示。

(2)温度模拟。通过网上的天气 API 可以获取接下来一天 24 小时的温度数据，进而模拟一天的温度变化。

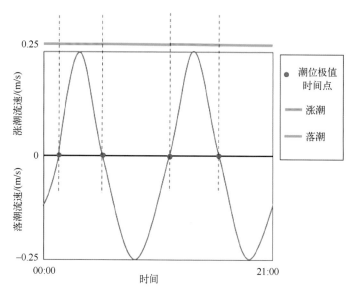

图 7-12　通过潮汐表模拟当日流速变化

（3）光照模拟。目前通过网络途径无法对光照强度进行预测，但可以获取当日天气情况（晴天、阴天、雨天等）。这里分晴天和非晴天两种情况，建立光照变化模型（图 7-13）。分别选取 2018 年 4 月 28 日（晴天）和 2018 年 5 月 1 日（阴天）的光照度实测值并进行平滑处理，得到图 7-13。工程运作时，可根据天气预报选择相应的模型，进而模拟一天的光照变化。

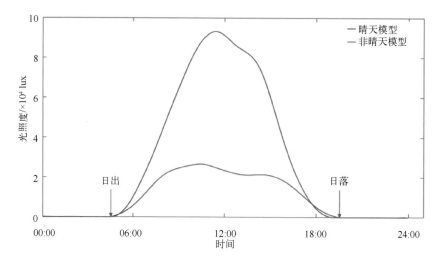

图 7-13　不同天气时的光照变化模型

得到预测的流速、温度和光照度数据后，可初步制定单日内上升流注气计划，之后再根据当日可分配的总用电量对注气计划做进一步的完善。

7.3 沉积物内湖营养盐移除与大藻固碳技术研究

7.3.1 海带生长对上升流需求的计算

海带是一种在冷水中生长的大型海生褐藻植物，属于亚寒带海藻。我们平常肉眼所见的为海带孢子体，它又分为叶片、柄和固着器等部分。固着器位于柄的基部，用于附着在养殖筏苗绳上。叶片是海带主要的光合作用部位，成体海带的绝大部分为叶片，固着器和柄只占很小部分。筏式养殖的海带，生长一般分为幼龄期、凹凸期、脆嫩期、厚成期、衰老期，其中脆嫩期是海带快速生长的时期，一般在3—4月间。此时的海带对营养盐的需求较大，营养盐不足易引发海带白烂等病害，从而腐烂脱落，影响海带产量。因此如何保证海带在生长的各个时期都有充足的营养盐，是人工上升流技术需要解决的核心问题。为研究和预测环境中营养盐、温度、光照等对养殖海域海带的生长过程和产量的影响，可以运用海带生长模型模拟海带的生长过程。

7.3.1.1 海带生长模型

海带的生物量由宏观藻类的净生长量 $N_{growth}(d^{-1})$、藻类呼吸作用及腐烂的移除量 $Er(d^{-1})$ 两个动态过程决定。海带生物量 B（单位 g，干重）通过下式求得（Zhang, 2016）：

$$\frac{dB}{dt} = (N_{growth} - Er) \times B \tag{7-22}$$

式中，海带的净生长量由总生长量 $G_{growth}(d^{-1})$ 和呼吸作用 $R_{esp}(d^{-1})$ 共同决定，可表示如下（Wu, 2009）：

$$N_{growth} = G_{growth} \times (1 - R_{esp}) \tag{7-23}$$

其中，海带的呼吸作用主要受水温 $T(℃)$ 的影响（Martins, 2002），表示如下：

$$R_{esp} = \frac{0.320T^2 - 6.573T + 52.851}{100} \tag{7-24}$$

海带的总生长量由最大生长率 $\mu_{max}(d^{-1})$，有效光合辐照 I，海水温度 T，海带体内游离的营养盐氮（N）、磷（P）含量共同决定（Wu, 2009；Duarte, 1995）：

$$G_{growth} = \mu_{max} \times f(I) \times f(T) \times f(NP) \tag{7-25}$$

221

　　有效光合辐照影响着海带的光合作用，是影响海带产量的主要因素之一。而有效光合辐照又受海带养殖的深度和海水的浑浊度等因素的影响，可用下式表示（Shi，2011）：

$$f(I) = \frac{I}{I_0}\exp\left(1 - \frac{I}{I_0}\right) \qquad (7-26)$$

式中，I_0 为海带生长的最佳光照强度（W/m^2）；I 为水下深度处经过水体衰减后的光照强度（W/m^2）。根据兰伯特-比尔（Lambert-Beer）定律：

$$I = I_s e^{-kz} \qquad (7-27)$$

其中，z 为海带养殖的水层深度（m）；I_s 为海水表面的光照强度（W/m^2），可由气象网站资料查得；k 为光的衰减系数（m^{-1}），受水体中悬浮颗粒的影响。水体中的悬浮颗粒有多种形式，如浮游植物、颗粒有机物、无机物、砂粒等。为简化处理，衰减系数可通过下面的经验公式求得（Duarte，1995）：

$$k = 0.048 TPM + 0.024 \qquad (7-28)$$

其中，TPM 为总的悬浮物浓度（mg/L）。

　　式（7-25）中，海水温度对海带的影响可由下式求得（Wu，2009）：

$$f(T) = \exp\left[-2.3\left(\frac{T - T_0}{T_x - T_0}\right)\right] \qquad (7-29)$$

其中，T 为养殖过程中的海水温度（℃）；T_0 为海带生长最适温度（℃）；T_x 为海带生长的温度限制，在不同的条件下，分别为最高温度限制 T_{max} 和最低温度限制 T_{min}：

$$T_x = \begin{cases} T_{min}, & T \leqslant T_0 \\ T_{max}, & T > T_0 \end{cases} \qquad (7-30)$$

　　海带光合作用直接作用于海带组织内游离的 N、P，而不是外界水体中的营养盐。此外，在养殖过程中外部营养盐不足时，海带组织中游离的营养盐 N、P 可帮助海带起到缓冲作用。因此，海带生长的营养盐影响因子由组织内的 N、P 含量决定，可表示如下：

$$f(NP) = \min[f(N), f(P)] \qquad (7-31)$$

式中，$f(N)$ 和 $f(P)$ 分别为营养盐 N、P 的影响因子，可分别表示如下（Zhang，2016）：

$$f(N) = 1 - \frac{N_{imin}}{N_{int}} \qquad f(P) = 1 - \frac{P_{imin}}{P_{int}} \qquad (7-32)$$

式中，N_{imin} 和 P_{imin} 分别表示海带生长所需要的组织内游离 N、P 最低含量；N_{int} 和

P_{int} 为海带游离 N、P 的含量。当海带组织内游离的 N、P 含量低于最低需求量时，即 $N_{int} < N_{imin}$ 或 $P_{int} < P_{imin}$ 时，$f(N) = 0$ 或 $f(P) = 0$。海带组织内游离 N、P 含量是由海带吸收的营养盐(ψ)减去同化组织消耗的营养盐(γ)而得到。海带吸收营养盐的量和同化组织消耗的营养盐量可分别由式(7-33)和式(7-34)得到(Pedersen，1996，1997)：

$$\psi_N = \frac{N_{imax} - N_{int}}{N_{imax} - N_{imin}} \times \frac{V_{Nmax} \times N_{ext}}{K_N + N_{ext}}, \quad \psi_P = \frac{P_{imax} - P_{int}}{P_{imax} - P_{imin}} \times \frac{V_{Pmax} \times P_{ext}}{K_P + P_{ext}} \quad (7-33)$$

$$\gamma_N = N_{int} \times G_{growth}, \quad \gamma_P = P_{int} \times G_{growth} \quad (7-34)$$

式中，ψ_N 和 ψ_P 分别为海带吸收的 N、P；γ_N 和 γ_P 分别为同化组织消耗的 N、P；N_{imax} 和 P_{imax} 分别为维持海带最大生长率所需体内游离的无机氮、无机磷含量；N_{ext} 和 P_{ext} 分别为水体中营养盐氮、营养盐磷含量；V_{Nmax} 和 V_{Pmax} 分别为无机氮、无机磷的最大吸收速率；K_N 和 K_P 分别为无机氮、无机磷的半饱和吸收常数(Wu，2009)。

海带在生长过程中的状态变量有海带干重(DW，g)和体内营养盐 N_{int}、P_{int} (μmol/g)，它们随养殖时间 t 变化的状态方程表示如下[在此 t 以天为单位(d)]：

$$N_{int}(t) = N_{int}(t - dt) + (\psi_N - \gamma_N) t \quad (7-35)$$

$$P_{int}(t) = P_{int}(t - dt) + (\psi_P - \gamma_P) t \quad (7-36)$$

$$DW(t) = DW(t - dt) + N_{growth} t \quad (7-37)$$

鳌山湾的海水温度 T、光合辐照 I、水体中营养盐 N_{ext}、P_{ext} 含量，为外部输入函数。单株海带的初始干重 DW 大约为 2 g，连同养殖初始的海水温度 $T(℃)$、光合辐照 $I(W/m^2)$、水体中营养盐 N_{ext}、P_{ext}(μmol/g)含量一起作为该模型的初始条件，再由式(7-22)至式(7-34)以及海带生长的状态方程，通过 Matlab 程序迭代计算，便可求出海带生长过程中干重 DW 和消耗的营养盐随养殖天数的变化，预测海带的最终产量。以上模型主要是针对单株海带的生长进行的模拟，对于大量海带的产量，可通过乘以养殖面积和养殖密度得到结果。

7.3.1.2 鳌山湾海带生长模型计算

海带人工养殖一般从 11 月中旬前后开始，一直持续到翌年的 5—6 月。海带厚成后，6—7 月便是收割季节。本案例计算的海带养殖周期从 11 月 15 日到翌年的 5 月 15 日，共历时 180 d。海带养殖面积设为 70 m×120 m = 8 400 m²，养殖密度为 12 株/m²，计算中的其他参数参考表 7-3(Wu，2009；Martins，2002)。海水温度 T、光合辐照 I 通过美国国家航空航天局(NASA)网站公开数据获得，水体中营养盐参考有关文献(辛福言，2001；丁喜桂，2006)以及实际测量值获得。

表7-3　海带生长计算模型中的参数

参数	定义	参数值	单位
μ_{max}	最大生长率	0.12	d^{-1}
T_0	最适生长温度	10	℃
T_{max}	最高温度限制	20	℃
T_{min}	最低温度限制	0.5	℃
I_0	最适光照	180	W/m^2
z	养殖深度	0.2	m
N_{imin}	体内游离无机氮最低需求	500	$\mu mol/g$
N_{imax}	最大生长率所需体内游离的无机氮	3 000	$\mu mol/g$
V_{Nmax}	无机氮最大吸收速率	85	$\mu mol/(g \cdot d)$
K_N	无机氮半饱和吸收常数	2.07	$\mu mol/L$
P_{imin}	体内游离无机磷最低需求	31	$\mu mol/g$
P_{imax}	最大生长率所需体内游离的无机磷	250	$\mu mol/g$
V_{Pmax}	无机磷最大吸收速率	5.6	$\mu mol/(g \cdot d)$
K_P	无机磷半饱和吸收常数	0.1	$\mu mol/L$
Er	腐烂移除量	0.015%	d^{-1}

　　人工上升流技术作用下的养殖区面积为 8 400 m^2。利用模型计算海带养殖过程中的干重变化，结果如图 7-14(a) 所示。可以看出海带在前期生长比较缓慢，到了 3 月(105 d 左右)后，海带生长变得迅速。通过模型预测海带最终产量每株最大干重 135 g，总产量约 13.6 t，通过收获海带可移除的营养盐氮为 29 kg，移除营养盐磷为 36.7 kg。按照海带组织碳含量 31.2%，可估算出海带的固碳量约为 4.25 t。此外，该模型还可以计算出海带生长每天需要消耗的氮、磷营养盐，如图 7-14(b) 所示。每天需求的营养盐随着海带长大也逐渐增加，在 3 月以后，海带对营养盐的需求明显变高，因此人工上升流技术的作用就变得明显。

　　图 7-15 所示为海带的生长率随着光照、温度、营养盐等限制因子的变化趋势。可以看出，在 15 d(12 月)时，海带生长率平均为 0.04 d^{-1} 左右；到 80 d(2 月)的时候，生长率降到最低，平均为 0.01 d^{-1} 左右；到 145 d(4 月初)的时候，海带生长率升到最高，平均为 0.045 d^{-1} 左右，然后又开始降低。此生长规律与实际海带生长情况比较吻合。另外还可以看出，对海带生长影响最大的因素是温度，海带生长率变化

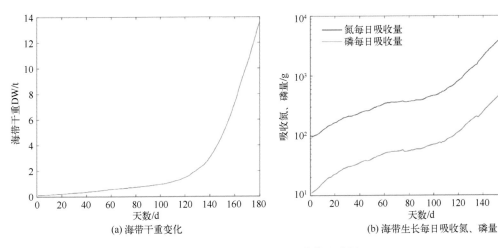

图 7-14　海带生长及营养盐消耗

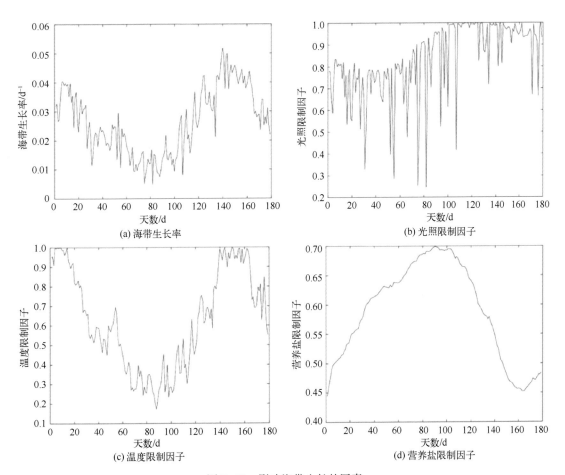

图 7-15　影响海带生长的因素

趋势与温度限制因子的变化趋势更加相近。在 2 月的时候，光照和营养盐限制因子并不低，但是由于温度太低，海带生长缓慢，这也符合海带普遍的实际生长情况。

7.3.1.3 营养盐提升速率与需求速率

1）营养盐提升速率 dL_X/dt

开式注气型人工上升流系统为海带提供的营养盐主要有两个来源，一是注气喷口附近的沉积物上覆水，该部分水体所含营养盐较高；二是气泡在上升过程中卷吸的周围水体，但该部分水体所含营养盐相对于底层上覆水的营养盐较少，此处不考虑这部分水体携带的营养盐。因此提升速率可通过上升流流量 Q_w 与底层上覆水营养盐浓度 C_X 确定：

$$\frac{dL_X}{dt} = Q_w \times C_X \qquad (7-38)$$

因此，上升流流量 Q_w 可表示为

$$Q_w = \frac{\pi u_0 d^2}{4} \qquad (7-39)$$

2）营养盐需求速率 $d\psi_X/dt$

海带对营养盐的需求速率可由 7.3.1.1 节中介绍的海带生长模型式(7-22)至式(7-37)计算得到。

根据海带每天对 N、P 营养盐的需求量，再结合该海域底层水体的营养盐浓度以及人工上升流提升海水的流量，便可估算出海带生长每天需求的人工上升流注气量。

7.3.2 中国近海上升流固碳潜力评估

7.3.2.1 海带生长模型模拟结果

此处以鳌山湾、桑沟湾和胶州湾三处典型的半封闭近海海湾为例，采用前述生长模型对海带生长量进行评估。模拟生长时长为 180 d，时间段为 2016 年 11 月至 2017 年 5 月。模拟中需要用到的光照和温度数据由美国国家航空航天局全球能源资源预测数据库提供(https：//power.larc.nasa.gov/)，分别如图 7-16 和图 7-17 所示。

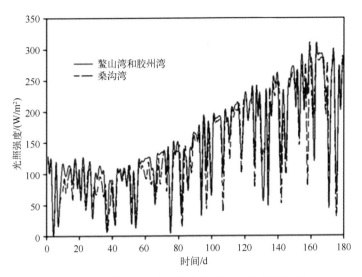

图 7-16 鳌山湾、桑沟湾和胶州湾日均光照数据

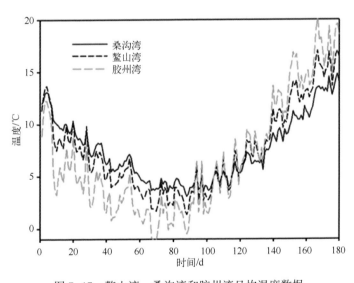

图 7-17 鳌山湾、桑沟湾和胶州湾日均温度数据

除了光照和温度外，对海带生长的模拟还需要用到水体营养盐浓度数据，这部分数据获得相对较难。我们于 2018 年 11 月、2019 年 3 月、2019 年 5 月对鳌山湾进行了采样，得到了鳌山湾三个季节的营养盐浓度数据(表 7-4)。桑沟湾和胶州湾的营养盐浓度数据来源于文献(表 7-4)，其中包含了三个不同季节的表层营养盐浓度。其中冬季数据作为海带生长期前 60 d 的背景值，春季数据作为海带生长期中 60 d 的背景值，夏季数据作为海带生长期后 60 d 的背景值。

表 7-4 营养盐浓度数据

地点	营养盐浓度/(μ mol/L)						年份	数据来源
	冬季		春季		夏季			
	DIN	PO_4^{3-}	DIN	PO_4^{3-}	DIN	PO_4^{3-}		
鳌山湾	11.86	0.82	8.96	0.29	3.16	0.26	2018—2019	实测
桑沟湾	9.28	0.30	13.03	0.13	10.12	0.08	2010	Zhang, 2012
胶州湾	26.42	0.35	25.00	0.19	20.00	0.19	2014	Gao, 2016

注：DIN 为溶解无机氮。

为了研究营养盐浓度对海带生长的影响，在改变营养盐浓度倍率的条件下对海带生长模型进行了重复计算。不同营养盐浓度对应不同的生长曲线和海带最终干重。在原有营养盐浓度的基础上，将氮、磷浓度分别提高到原营养盐浓度的 1.1 倍，1.2 倍，1.3 倍，……，2.8 倍，2.9 倍和 3.0 倍，模拟得出新的海带生长曲线，如图 7-18 所示。

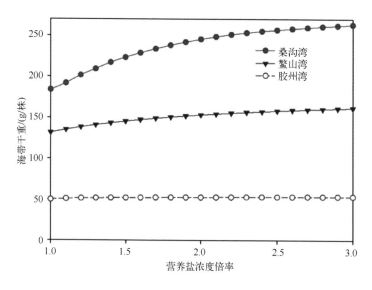

图 7-18 海带干重随营养盐浓度的变化趋势

结果表明，当营养盐浓度为初始值时，桑沟湾和鳌山湾的海带单株干重分别可达 183 g 和 131 g，而胶州湾的单株干重仅为 50 g。制约胶州湾海带生长的主要因素有：①营养盐相对缺乏限制了海带的生长。当氮磷比为 12~16 时，海带最容易吸收养分，而胶州湾的氮磷比为 74~130，说明磷的缺乏限制了海带的生长。②海带是一种生长迅速的植物，对温度非常敏感。在温度变化为 1~2℃的环境中，海带的生长会出现差异，甚至有很大的差异。海带在 6~8℃的温度下每天可以长出 10~13 cm，但在 0℃时会停止生长，在 20℃或 20℃以上会腐烂。胶州湾的温度一般比鳌山湾和桑沟湾低 1~2℃。胶州湾的气温有几天低于 0℃，有几天接近 20℃，而其他两个海湾则不存在这种情况。

当营养盐浓度增加到初始值的 3 倍时，鳌山湾和桑沟湾的海带生长曲线发生显著变化，胶州湾的海带生长曲线变化较小（图 7-18）。在这一过程中，鳌山湾每株海带产量增加 30 g，桑沟湾每株海带产量增加 80 g，而胶州湾每株海带产量增加仅为 3 g。这表明，制约胶州湾海带生长的主要因素不是营养盐浓度，而是氮磷比失衡和温度。

此外，可以看出，在一定范围内，营养盐的增加可以促进海带的生长，但随着营养盐浓度的不断增加，促进作用逐渐减弱。虽然趋势相似，但营养盐浓度变化对三个海湾海带生长的影响不同。营养盐浓度的增加对胶州湾海带的生长影响不大，双倍的营养盐浓度只能使海带干重增加 1.5 g，但对鳌山湾和桑沟湾海带的生长有显著影响。特别是在桑沟湾，营养盐浓度上升后，中等产量的海带可以生长成高产海带。

7.3.2.2　海带在自然养殖区的生长及营养盐移除效果

从图 7-18 可以看出，如果将表层养分浓度提高到原来的 3 倍，那么桑沟湾和鳌山湾的海带产量分别可以提高 80 g 和 30 g。氮和磷分别占海带干重的 1.67%~2.2% 和 0.25%~0.37%。因此，本工程可促进桑沟湾每株海带多去除氮 1.34~1.76 g，磷 0.20~0.29 g；鳌山湾每株海带多去除氮 0.50~0.66 g，磷 0.07~0.11 g。如果这项生态工程在我国所有海带养殖区成功实施，可以获得可观的经济效益和生态效益，具体数值估算见表 7-5。其中每一株海带干重的增加量为鳌山湾和桑沟湾的平均值，山东省和全国的水产养殖面积来自 2018 年《中国渔业统计年鉴》。因此，该工程可使山东省海带产量增加 121 419 t/a，全国海带产量增加 291 956 t/a，约占全国海带年产量的 19.6%。同时，该工程对增加的氮磷营养盐的去除效果显著（山东省为 2 028~2 671 t、303~449 t，全国为 4 875~6 422 t、730~1 080 t）。

表7-5　海带养殖营养盐移除效果估算

项目	数值	单位
干重增加量	55	g/株
山东省种植面积	18 397	hm²（2017 年）
全国种植面积	44 236	hm²（2017 年）
种植密度	12	株/m²
山东省干重增加总量	121 419	t/a
全国干重增加总量	291 956	t/a
氮含量	1.67~2.2	干重百分比
磷含量	0.25~0.37	干重百分比
山东省氮移除量增加量	2 028~2 671	t/a
全国氮移除量增加量	4 875~6 422	t/a
山东省磷移除量增加量	303~449	t/a
全国磷移除量增加量	730~1 080	t/a

增加海带产量具有相当大的经济价值，额外去除的氮磷营养盐还可以缓解内源性营养盐积累问题，改善海洋环境。此外，考虑到目前每年在海带养殖区投入大量化肥，因此本项目的实施不仅节省了这部分的经济支出，而且避免了大量的外源养分投入。

7.3.2.3　海带养殖碳汇效应估计

海带养殖对于局部区域产生的碳汇增量与海带的生长状态密切相关。根据已有文献，海带体内的碳含量约占海带干重的31.2%。结合中国海带养殖总面积以及7.3.2.1 节中给出的海带干重增量模拟结果，可以计算出全国每年额外增加的碳汇总量可达91 090 t。

需要注意的是，模拟结果是建立在表层营养盐提升至实测背景值 3 倍的假设下得到的。在实际应用中，利用人工上升流系统得到的营养盐提升效果未必能达到假设中的效果。根据在鳌山湾进行的上升流海带养殖对照试验（详见 7.4 节），在有人工上升流系统辅助提升营养盐的条件下，海带单株平均增重约为 8.98 g。按该数值计算，在全面应用人工上升流技术的条件下，我国近海海带养殖区带来的碳汇增量有望达到 14 800 t。

最后需要说明的是，前述模拟结果基于海带增重进行计算，仅代表人工上升流技术经由促进海带养殖可能带来的直接碳汇收益。而整个海区的碳汇收入总支出影响因素很多。如应用人工上升流技术的同时也可能导致近海底的高浓度溶解无机碳（DIC）与营养盐一同被带到海水表层，从而增加海水向大气的二氧化碳释放量。根据布置环境的不同，在计算海域净碳汇时，此类因素需要单独进行考虑。

7.4　鳌山湾大藻养殖实践

7.4.1　海域背景数据调查

为获得整个鳌山湾海域背景参数，浙江大学团队联合厦门大学、中国科学院青岛生物能源与过程研究所和山东大学相关团队，利用人工上升流工程示范平台，于 2018 年 3 月 20 日进行了海域试验，试验站位如图 7-19 所示，其中 5 号站位即为养殖区附近。试验中采样测量了各站位的温度、pH、盐度、溶解氧、叶绿素 a 含量及上下层和沉积物营养盐含量、上下层细菌丰度、溶解无机碳（DOC）、颗粒有机碳（POC）、有色可溶性有机物（CDOM）、呼吸率等海洋化学生物环境参数，其中上下层和沉积物营养盐试验数据见表 7-6 和表 7-7。图 7-20 所示为背景调查现场照片。

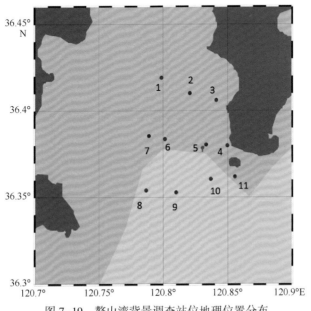

图 7-19　鳌山湾背景调查站位地理位置分布

表 7-6　鳌山湾背景采样调查营养盐数据

		站位数据/（μmol/L）										
		1 站	2 站	3 站	4 站	5 站	6 站	7 站	8 站	9 站	10 站	11 站
总氮 NO_3^-+ NO_2^-	表层	7.19	9.10	10.36	8.13	8.31	11.06	9.49	7.40	12.39	8.06	7.13
	深层	9.04	8.35	12.87	14.06	10.65	9.06	8.97	12.48	12.99	13.41	10.99
亚硝酸盐	表层	0.12	0.17	0.18	0.18	0.19	0.28	0.12	0.14	0.18	0.17	0.16
	深层	0.15	0.15	0.16	0.17	0.15	0.15	0.35	0.38	0.23	0.30	0.17
硅酸盐	表层	2.93	3.15	2.85	2.64	2.02	1.77	2.27	3.28	2.72	3.44	22.40
	深层	1.88	12.95	3.78	2.48	1.59	1.84	2.97	2.06	1.43	1.56	1.54

表 7-7　鳌山湾背景调查底层水及沉积物营养盐数据

	PO_4^{3-}/μM	NH_4^+/μM	H_4SiO_4/μM
底层水 1	0.87	10.12	1.80
底层水 2	0.86	10.18	1.84
底层水 3	0.88	10.17	1.83
0~0.5 cm	1.69	36.975	59.36
0.5~1 cm	1.345	49.085	65.285
1~1.5 cm	1.845	71.61	91.375
1.5~2 cm	1.31	68.615	98.015
2~2.5 cm	1.28	87.085	116.4
2.5~3 cm	1.465	100.11	115.85
3~3.5 cm	2.15	79.05	133.1
3.5~4 cm	1.905	99.86	135.75
4~4.5 cm	2.46	96.725	135.9
4.5~5 cm	2.07	103.145	140.3
5~6 cm	1.645	97.71	139.45
6~7 cm	2.345	113.15	148.85
7~8 cm	2.83	114.15	142.05
8~9 cm	3.02	110.7	135.4
9~10 cm	2.525	98.545	132

| (a) 站位分布 | (b) 采样现场 |
| (c) 潜水员下潜 | (d) 沉积物样品 |

图 7-20 试验海区背景调查

7.4.2 养殖区环境参数变化的测量

单气管式注气系统施工完成后，浙江大学团队联合厦门大学于 2019 年 1 月中旬在海带养殖区对人工上升流技术的效果进行了试验。注气系统从完工后每天远程控制开启运行一段时间，到本次试验已持续一个多月。为了初步评估人工上升流技术对海带生长的作用，本次试验中观察对比了试验区和对照区的海带生长情况，发现试验区的海带生长较对照区的稍好一些。试验中分别在两个区域采集了代表性的海带进行对比，如图 7-21 所示。长度较长的海带是从人工上升流影响的试验区采摘，较短的海带为对照区的海带，可以看出试验区的海带长势较好一些。但这只是初步的观察，需要后面统计海带生长情况做进一步对比。

本次试验通过传感器和采水样的方式对海带养殖区的温度、盐度以及营养盐等参数进行了测量。由于此次的海带养殖筏已建成，本次试验站位依托海带养殖筏的方式制定,如图 7-22 所示。图中圆形灰色符号表示注气系统喷头布放的位置,三角符号表示采样的站位。本次试验总共设计了 11 个站位,其中 1 号、2 号站位位于海带养殖区外围,距离养殖区分别为 15 m 和 30 m;3 号至 11 号站位位于海带养殖区内的不同养殖通道,以包含整个注气区域。站位的设置主要考虑潮流的方向,试验中由平潮开始涨潮,潮流方向由 5 号站位流向 1 号站位,流速较缓。

图 7-21　上升流试验区采样试验(2019 年 1 月)

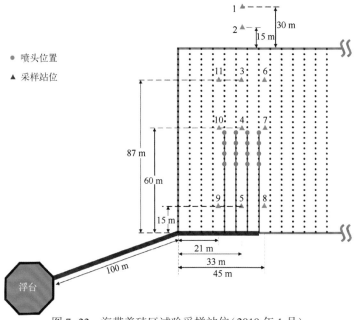

图 7-22　海带养殖区试验采样站位(2019 年 1 月)

本次试验的方案为：首先在未开气泵的情况下，对 1 号至 5 号站位进行背景采水样，每个站位设 4 个采样深度：表层、水下 3 m、水下 6 m 和底层。同时利用 CTD 进行养殖区剖面水文、盐度等背景物理参数测量；然后待平潮时期，打开气泵持续注气 1 h 左右，再对 1 号至 5 号站位进行采水样，采样数量与未开气泵前对应。此外，利用 CTD 对 1 号至 11 号站位进行剖面参数测量，获得人工上升流影响后的养殖区参数，以便对比评估该气幕式人工上升流系统的效果。

图 7-23 所示为本次测量 1 号至 5 号站位的温度变化，黑色实线代表未开气泵前海水温度的背景数据。可以看出海带养殖区底层海水背景温度约为 4.72℃，表面海水温度约为 4.92℃。虽然温度差别不大，只有 0.2℃ 的差别，但由于使用的 CTD 上的温度传感器精度较高，达 0.000 5~0.001℃，即使温度差别较小也能准确测量出变化的趋势，因而测量数据是有效的。气泵开启后，可以看到 1 号至 4 号站位的温度与背景值出现较大的趋势上的差异，而 5 号站位的水温和背景值差别不大。由于试验时，潮流方向为 5 号站位流向 1 号站位，近似与海带养殖缆绳平行，因此，5 号站位位于气泡影响区域的上游，1 号至 4 号站位位于气泡影响区域的下游，气泡提升的营养盐羽流无法影响 5 号站位，但对 1 号至 4 号站位有影响。另外，4 号站位水温变化趋势与 1 号至 3 号站位也有明显的区别。其主要原因是由于 4 号站位靠近喷头整列，营养盐羽流在该位置未完全到达表层，从测量数据来看，只有相对少量的羽流达到表面，因而 4 号站位表面的水温几乎没有受到影响，只有水下几米的地方受影响比较明显。1 号至 3 号站位在喷头整列下游且距离注气区域较远，从测量数据来看，提升的底层水在 1 号至 3 号站位大部分都到达了表面，使得这些站位的表面水温变化明显。综上所述，通过此次试验，可以验证气幕式人工上升流系统工程的可行性和可靠性，其提升底层水的效果明显，从现场效果和测量数据都可以得到验证，说明了气幕式人工上升流系统试验研究在工程上是成功的。

本次试验未测量气幕式上升流的流量及影响范围，其主要原因是相比于气举式提升羽流流量的测量，开放海域中气幕式人工上升流羽流测量的难度较大，受洋流等因素的影响较多。加之该试验海域水深较浅，上下水体的物理化学参数差异较小，因而无法通过大范围捕捉差异信号来测量上升流的影响范围。因此目前尚未找到开放海域中羽流跟踪和测量的有效技术手段。该项研究工作可能成为气幕式人工上升流技术以后的重点研究方向之一。

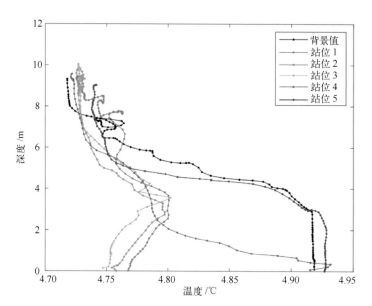

图7-23　海带养殖区不同站位的海水温度变化（注气系统开启）

对于营养盐测量，由于两次采水样分别是在上午和下午，实验室测出的营养盐含量表明无法将上午作为背景值对比。由试验时潮流方向和站位位置可知，5号站位几乎不受上升流的影响，在此将其作为参考背景值。表7-8为开启气泵后，1号至5号站位表层水样测得的营养盐N、P含量；图7-24为不同站位不同深度采水样测得的营养盐N含量。虽然这些站位的营养盐浓度都不高，但仍可以看出开启气泵后，1号至4号站位表层营养盐N、P含量都有所增加，证明了底层营养盐海水被提升到了表层。通过此次试验还发现，该养殖区表层和底层水体的营养盐极其缺乏，尤其是P的含量很低。通过之前海试沉积物采样数据得知，养殖区沉积物中含有大量的营养盐，其浓度为水体中的几十倍。但由于该海底底质为较硬的砂质海底，经分析，气幕式注气喷头很有可能陷入沉积物中，从而无法搅动沉积物释放其中的营养盐，因此未提升更多的营养盐。海底底质的选择需要在以后工程应用中重点考虑。

表7-8　海带养殖区采样营养盐数据　　　　　　单位：$\mu mol/L$

站位	表层氮（$NO_3^- + NO_2^-$）	表层磷
1	4.768	0.034
2	4.670	0.059
3	4.944	0.080

续表

站位	表层氮(NO_3^-+NO_2^-)	表层磷
4	4.806	0.051
5	4.230	0.005

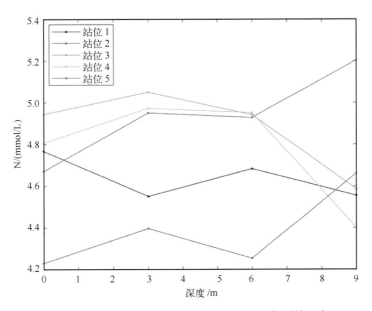

图 7-24　海带养殖区营养盐氮含量的变化(注气系统开启)

7.4.3　海带生长情况初步统计

为进一步评估人工上升流技术对海带生长的影响,浙江大学团队于 2019 年 3 月 3 日对海带养殖区中的上升流影响试验区和无上升流对照区内的海带分别进行了观察(图 7-25),并采样测量其长度、宽度以及质量等,详细结果见表 7-9 和表 7-10。测量中,首先选取每个区域内的三根养殖缆绳作为代表,统计其上的海带总数和总质量。然后再选取每根绳上长势较优的 10 株海带,分别测量海带的根长、叶片长度、最大叶宽以及晒干后的质量。表 7-9 和表 7-10 分别为试验区和对照区海带生长情况的测量数据。可以看出,受上升流影响的试验区的海带平均质量为 21.2 g,而对照区的海带平均质量为 10.1 g,试验区的海带生长情况明显优于对照区,从而进一步验证了上升流对海带生长是有帮助的。至于人工上升流对该海域的环境和海带产量的最终影响,需要使用以后长期的观测数据做进一步研究。

(a) 上升流试验区

(b) 无上升流对照区

图 7-25　海带生长情况现场观察

表 7-9　上升流试验区海带生长测量

绳号	海带数量/株	总质量/g	平均质量/g	海带编号	根长/cm	叶长/cm	最大叶宽/cm	质量/g
7	26	358.0	13.8	7-1	3.1	29.0	5.9	11.3
				7-2	3.5	39.9	5.4	15.8
				7-3	3.0	31.5	5.4	13.4
				7-4	4.0	21.7	6.7	13.1
				7-5	3.0	37.0	8.3	18.8
				7-6	3.2	37.0	13.0	28.7
				7-7	5.0	29.8	5.2	12.6
				7-8	3.4	31.2	15.2	23.1
				7-9	3.5	29.0	4.0	22.4
				7-10	4.2	16.0	7.8	10.8

续表

绳号	海带数量/株	总质量/g	平均质量/g	海带编号	根长/cm	叶长/cm	最大叶宽/cm	质量/g
8	23	514.0	22.3	8-1	3.4	25.0	7.2	16.9
				8-2	3.3	30.0	10.5	24.8
				8-3	4.3	38.9	12.8	29.5
				8-4	3.5	22.4	10.8	19.5
				8-5	5.0	26.9	11.3	25.0
				8-6	4.0	63.3	18.7	56.8
				8-7	3.4	59.3	9.3	28.7
				8-8	3.0	24.8	13.7	23.0
				8-9	4.0	30.3	5.7	14.8
				8-10	4.5	105.0	11.3	78.8
9	20	232.0	11.6	9-1	3.5	41.8	10.8	25.6
				9-2	3.4	28.0	8.8	15.9
				9-3	2.9	15.0	5.5	8.0
				9-4	2.0	25.5	5.6	9.1
				9-5	3.6	28.0	9.4	21.0
				9-6	4.3	24.0	6.2	14.6
				9-7	3.8	31.2	7.3	18.1
				9-8	4.2	19.2	4.5	10.3
				9-9	2.8	26.5	6.0	13.8
				9-10	3.5	14.5	9.0	11.1
均值					3.6	32.7	8.7	21.2

表 7-10　无上升流对照区海带生长测量

绳号	海带数量/株	总质量/g	平均质量/g	海带编号	根长/cm	叶长/cm	最大叶宽/cm	质量/g
1	27	139.0	5.1	1-1	5.1	18.5	5.5	10.3
				1-2	5.2	21.8	8.0	12.5
				1-3	4.0	27.0	5.2	11.0

绳号	海带数量/株	总质量/g	平均质量/g	海带编号	根长/cm	叶长/cm	最大叶宽/cm	质量/g
1	27	139.0	5.1	1-4	4.0	15.9	7.3	8.2
				1-5	4.0	25.2	4.8	9.9
				1-6	4.8	22.5	4.7	8.6
				1-7	4.4	21.0	5.9	8.0
				1-8	3.6	12.5	4.5	6.2
				1-9	5.0	10.9	5.3	6.1
				1-10	4.5	14.0	2.9	5.2
2	20	164.0	8.2	2-1	3.5	42.0	6.5	17.7
				2-2	3.9	22.0	6.5	15.1
				2-3	4.1	15.5	5.7	10.0
				2-4	4.1	20.0	4.9	13.8
				2-5	4.4	22.4	5.3	14.8
				2-6	3.4	13.3	5.8	12.0
				2-7	3.3	14.2	4.6	6.9
				2-8	2.3	16.1	5.7	9.0
				2-9	2.7	14.3	6.0	7.4
				2-10	3.7	15.4	3	4.7
3	33	245.0	7.4	3-1	4.8	7.3	4.0	7.7
				3-2	4.5	19.9	4.3	12.2
				3-3	4.0	25.8	4.2	14.3
				3-4	4.2	18.0	4.6	13.2
				3-5	3.5	19.0	5.2	12.6
				3-6	3.5	12.9	4.0	6.0
				3-7	1.5	18.7	4.3	11.0
				3-8	4.3	16.3	4.3	10.2
				3-9	4.7	17	5.2	10.0
				3-10	4.2	17.9	5.3	9.0
		均值			4.0	18.6	5.1	10.1

7.5　上升流的海洋环境综合效应

7.5.1　营养盐供给与海洋初级生产力

近年来，已有不少学者成功地进行了人工上升流系统的海域试验，验证了人工上升流技术对营养盐提升以及浮游植物生产力增加的影响。相关结果表明，人工装置的使用寿命似乎是能否观察到预期的生物和生物地球化学反应的关键。比如在2008 年进行的波浪泵人工上升流系统试验，由于系统仅运行了 2 h 后就出现了故障，试验被迫中止，观测结果表明被测海域的营养盐以及叶绿素均没有明显提升。而在日本"拓海"人工上升流系统的海域试验中，系统持续运行了 34 h，受影响海域中的营养盐增加到了微摩尔量级，而叶绿素几乎翻倍。也有一些特殊情况，营养盐浓度的提升和叶绿素的提升无法被同时观察到。如在菲律宾海进行的永久盐泉式人工上升流系统试验中，当系统运行了 30 d 后，上升流管的出口观测到了高浓度的叶绿素 a。但可能由于永久盐泉式人工上升流系统的流速过于缓慢，在上升流羽流释放的水层一直未能观测到营养盐浓度的显著变化。

如何将提升上来的深层海水维持在具备初级生产力的水层，减少羽流的稀释是人工上升流技术研究的另一个重要研究方向。为了避免密度较大的深层海水在重力的影响下迅速下沉，日本学者在他们的"拓海"装备上增加了一个密度流生成器，将深层海水与表层海水按一定比例混合后再加以释放，以此控制羽流的密度。也有学者通过数值仿真证明了可以通过合理的工程设计控制羽流释放的轨迹和密度分布。浙江大学的樊炜等建立了羽流运动的数值模型，认为存在一个最优羽流释放高度，可以使得释放出的上升流羽流被海水的密度分层界面捕获，从而将影响范围内的深层海水浓度提高约 22%。基于该理论模型，羽流的最优释放高度可以通过水平流速、上升流流速以及管径计算得到。

7.5.2 增加碳汇与缓解水体低氧

人工上升流技术之所以能成为目前主流的地球工程手段之一，并被科学家们广泛关注，其中重要的原因之一是因为它存在增加固碳量、降低大气二氧化碳累积的可能性。有研究表明，通过将富含营养盐的深层海水提升到真光层，可有效促进表层藻类和浮游植物的生长。当上升流的作用范围足够大的时候，就能显著地影响区域范围内海洋二氧化碳的吸收/固定量，提升海洋的碳汇能力。被藻类和浮游植物固定的二氧化碳一部分会通过收获等活动从海域中移除，另有一部分会随着死亡的植物碎片沉入深海，并被长期稳定地保存起来。这两种效应的增强将给温室效应等全球气候问题的缓解带来正面影响。但与此同时，被提升的深层海水中同样含有高浓度的溶解无机碳，容易直接增加表层水体的二氧化碳分压。因此在评估上升流海域的碳汇综合效应时，需要同时考虑两者乃至更多因素的影响。

然而在实际海域试验中，测量人工上升流技术的碳汇效应非常困难，尽管它非常重要。要在实测中对碳汇效应进行可靠估计，不仅需要计算大藻生长所固定的碳，还需要长期的水体二氧化碳观测序列。这意味着可能需要对数千平方千米的开放海域进行长达数月的连续测量。而到目前为止，尚没有能够定量描述人工上升流系统综合效应的原位观测数据，因此国际上对于人工上升流系统的广泛应用尚存争议。

而通过数学建模的方式对碳汇效应的研究则存在很大的不确定性，难以判断海洋对大气的二氧化碳净排放是否切实地减少了。由于被带到表层的深层海水可能溶解有高浓度的二氧化碳，因此可能对原有的二氧化碳循环产生额外的影响。有学者的研究表明，在最理想的假设下，人工上升流技术有可能以 0.9 PgC/a 的速率进行固碳，这个数值几乎达到全球海洋总固碳速率的一半。另有研究人员表示在试验中发现，人工上升流技术对表层水体中的有机碳输出有显著的推动作用。但无论如何，海洋到大气的二氧化碳净输出量似乎依然在增加。2009 年进行的大规模"浮管"试验表明，尽管试验海域的初级生产力总体上得到了提升，但海域对二氧化碳的吸收量却比预想的要小得多，有时候甚至出现负值。Keller 等（2014）的研究表明，人工上升流技术确实能降低大气二氧化碳的浓度，但其作用非常微小，与人类活动产生的二氧化碳排放量相比不值一提。此外，人工上升流技术的碳汇作用还被发现有显著的时空关联性。浙江大学潘依雯等的研究表明，当人工上升流系统的技术参数与布放的地区以及季节匹配时，能够显著提升碳汇效率。

缓解水体低氧是人工上升流技术可能带来的另一项正面环境效应，但到目前为止的研究尚未给出一个统一的结果。Mizumukai 等（2008）的数值仿真研究结果表明，在半开放海湾中，人工上升流技术最多可以减少 70% 的低氧水团。Keller 等在 2014 年发表的论文则认为，大范围的人工上升流系统确实可以减少低氧区域面积，但与此同时海洋的平均含氧浓度也会随之下降。Moore 等则认为，随着海洋平均含氧浓度的下降，低氧区域也会同时有所增加。理论上，将深层海水提升到表层这一过程将打破水体的垂直分层，增加混合，从而增加底层海水的含氧量，但与此同时生产力增加产生的有机物也需要额外的氧来进行分解，因此降低了水体的总含氧水平。目前尚没有明确的观测数据能确定上升流对实施海域含氧分布的总体影响，尚需进一步研究。

7.5.3 人工上升流技术可能带来的副作用

目前人工上升流技术可能带来的副作用中最为让人担忧的两点是加剧表层水体的酸化以及对表层和深层水体生态系统的扰动。

随着大气二氧化碳浓度的增加，水体酸化早已成为海洋环境领域备受关注的热点问题。由于海水 pH 值的降低会降低水体中碳酸根的浓度，从而影响相关化学反应的平衡。这将使得需要碳酸盐来构建身体组织的无脊椎动物，如贝壳等，面对严峻的生存压力。由于底层海水的 pH 值通常偏低，利用人工上升流系统将其提升到表层后将进一步加重表层水体的酸化现象。Keller 等在 2014 年的研究表明，人工上升流技术可能导致表层水体的 pH 值下降 0.15 个单位，从而对高度依赖碳酸盐的生物群落产生潜在的负面影响。

此外，为了增加海表的初级生产力，会不可避免地影响生物群落中的物种多样性。如提高了表层的营养盐浓度之后，原先喜好寡营养盐环境的物种将逐步被喜好富营养盐环境的物种替代。而浮游植物的种群分布也将逐渐向大细胞方向发展。当表层的大量有机质沉降到海底时，有可能大幅增加底层生态环境的生物量，并改变生物种群的分布。截至目前，这一效应对海底生态系统多样性的影响尚不明确。此外，营养盐含量的变化、固态有机质输入以及与上层水体的溶解有机质交换都可能对海底生态造成不可预知的变化。

因此，尽管人工上升流技术可能带来碳汇增长等正面效应，但对于海洋生态环境所带来的风险依然不可忽视。在大范围应用人工上升流系统之前，这些风险需要被充分考虑。

7.6 小结

本章讲述了人工上升流系统在营养盐释控以及大藻养殖方面的应用。我们以气幕式人工上升流系统为例，从系统构建角度出发，详述了系统的参数设计、校核以及控制策略，以求在能量供应有限的前提下尽可能提高涌升效率。此外，我们基于海带的营养盐需求规律构建了海带生长模型，用于计算人工上升流系统的目标提升速率，并对人工上升流系统在全国范围内的营养盐移除量和固碳潜力进行了评估。在实践部分，我们介绍了浙江大学在山东鳌山湾建立的人工上升流增汇试验平台以及在其中进行的人工上升流系统辅助海带养殖对照试验。试验结果表明，人工上升流系统能有效促进海带的生长，进而对营养盐移除以及碳汇增加产生正面影响。最后，我们探讨了人工上升流技术可能带来的正面及负面效应。由于研究数据的局限，目前大规模应用海洋人工上升流技术依然需要持谨慎态度。

参考文献

丁喜桂, 叶思源, 高宗军, 2006. 青岛鳌山湾海区营养结构分析与营养状况评价[J]. 广东海洋大学学报, 26(1)：22-26.

段德麟, 缪国荣, 王秀良, 2015. 海带养殖生物学[M]. 北京：科学出版社.

华绍曾, 杨学宁, 1985. 实用流体阻力手册[M]. 北京：国防工业出版社.

林选才, 刘慈慰, 2000. 给水排水设计手册：第1册[M]. 北京：中国建筑工业出版社.

林选才, 刘慈慰, 2000. 给水排水设计手册：第5册[M]. 北京：中国建筑工业出版社.

吴荣军, 张学雷, 朱明远, 等, 2009. 养殖海带的生长模型研究[J]. 海洋通报（中文版）, 28(2)：34-40.

辛福言, 曲克明, 崔毅, 等, 2001. 鳌山湾氮、磷营养盐的分布及变化特征[J]. 中国水产科学, 8(4)：79-82.

BOWIE G L, MILLS W B, PORCELLA D B, et al., 1985. Rates, constants, and kinetics formulations in surface water quality modeling[J]. EPA(600)：3-85.

DUARTE P, 1995. A mechanistic model of the effects of light and temperature on algal primary productivity [J]. Ecological Modelling, 82(2)：151-160.

GAO L, CAO J, ZHANG M M, et al., 2016. Assessment on the Change of Nutrient Structure and Eutrophication in the Jiaozhou Bay in 2014[J]. Journal of Ocean Technology, 10：68-71.

KIRIHARA S, FUJIKAWA Y, NOTOYA M, 2003. Effect of temperature and day length on the zoosporangial sorus formation and growth of sporophytes Laminaria japonica Areschoug (Laminariales, Phaeophyceae) in tank culture[J]. Aquaculture Science, 51：385-390.

KIRK J T O, 1994. Light and photosynthesis in aquatic ecosystems[M]. Cambridge：Cambridge University Press.

LIANG N K, PENG H K, 2005. A study of air-lift artificial upwelling[J]. Ocean engineering, 32(5-6)：731-745.

MARTINS I, MARQUES J C, 2002. A model for the growth of opportunistic macroalgae (*Enteromorpha* sp.) in tidal estuaries[J]. Estuarine Coastal and Shelf Science, 55(2)：247-257.

MIZUMUKAI K, SATO T, TABETA S, et al., 2008. Numerical studies on ecological effects of artificial mixing of surface and bottom waters in density stratification in semi-enclosed bay and open sea[J]. Ecological Modelling, 214(2-4): 251-270.

PEDERSEN M F, BORUM J, 1996. Nutrient control of algal growth in estuarine waters. Nutrient limitation and the importance of nitrogen requirements and nitrogen storage among phytoplankton and species of macroalgae [J]. Marine Ecology Progress Series, 142(1-3): 261-272.

PEDERSEN M F, BORUM J, 1997. Nutrient control of estuarine macroalgae: growth strategy and the balance between nitrogen requirements and uptake[J]. Marine Ecology Progress Series, 161: 155-163.

PETRELL R J, TABRIZI K M, HARRISON P J, et al., 1993. Mathematical model of Laminaria production near a British Columbian salmon sea cage farm[J]. Journal of Applied Phycology, 5(1): 1-14.

QIANG Y, FAN W, XIAO C, et al., 2018. Behaviors of bubble-entrained plumes in air-injection artificial upwelling[J]. Journal of Hydraulic Engineering, 144(7): 1-12.

SHI J, WEI H, ZHAO L, et al., 2011. A physical-biological coupled aquaculture model for a suspended aquaculture area of China[J]. Aquaculture, 318(3-4): 412-424.

SOCOLOFSKY S A, ADAMS E E, 2002. Multi-phase plumes in uniform and stratified crossflow[J]. Journal of Hydraulic Research, 40(6): 661-672.

WU R, ZHANG X, ZHU M, et al., 2009. A model for the growth of haidai (laminaria japonica) in aquaculture[J]. Marine Science Bulletin, 28(2): 34-40.

YAO Z, FAN W, XIAO C, et al., 2019. Theoretical and experimental study on influence factors of bubble-entrained plume in air-injection artificial upwelling[J]. Ocean Engineering, 192(15): 1-12.

ZHANG J, FANG J, TANG Q, 2005. The contribution of shellfish and seaweed mariculture in china to the carbon cycle of coastal ecosystem[J]. Advance in Earth Sciences, 20(3): 359-365.

ZHANG J H, WANG W, HAN T T, et al., 2012. The distributions of dissolved nutrients in spring of Sungo Bay and potential reason of outbreak of red tide[J]. Journal of Fisheries of China, 36(1): 132.

ZHANG J H, WU W G, REN J S, et al., 2016. A model for the growth of mariculture kelp Saccharina japonica in Sanggou Bay, China[J]. Aquaculture Environment Interactions, 8: 273-283.

ZHANG Y L, 2004. Regression analysis of beam attenuation coefficient under water in Lake Taihu[J]. Oceanologia Et Limnologia Sinica, 35(3): 209-213.

ZHOU Y, YANG H S, LIU S L, et al., 2002. Chemical composition and net organic production of cultivated and fouling organisms in Sishili Bay and their ecological effects[J]. Journal of Fisheries of China, 26(1): 21-27.

8 海洋牧场生境营造技术

8.1 概述

我国海域辽阔，岛屿众多，海岸线绵延曲折，海洋生物资源丰富，海洋生态系统服务潜力巨大。随着我国经济社会的高速发展和人口数量的增长，沿海地区环境污染日益加剧，近海渔业资源日益衰退，对我国食品安全和生态安全构成威胁。

现代化海洋牧场是在坚持绿色发展理念前提下，将海洋新技术、新产业、新模式充分聚集的现代化渔业综合体。发展现代化海洋牧场，是修复海洋生态环境、养护水生生物资源、拓展海洋渔业发展新空间的有效途径，是调整优化渔业产业结构、促进海洋渔业转型升级和可持续发展的重要举措。海洋牧场建设作为实现海洋渔业资源可持续利用和生态环境保护统一的手段，对于改变传统海洋渔业生产方式、促进海洋经济发展和生态文明建设具有积极的作用。

我国海洋学家最早提出了现代化海洋牧场的理念。杨红生等于 2019 年指出，在全球气候变化与中国近海渔业资源严重衰退的背景之下，"海洋牧场"的理念和内涵也应与时俱进，符合适宜中国海域特点及渔业发展特性。因此，为了保障中国渔业资源的可持续利用和渔业的可持续发展，我国海洋学家积极探索现代化海洋牧场的研究与实践。杨红生于 2016 年总结了国内外对海洋牧场的定义，指出海洋牧场主要包括以下五个方面要素：①以增加渔业资源量为目的，这表明海洋牧场建设是追求效益的经济活动，资源量变化反映海洋牧场建设成效，这也反映出监测评估的重要性；②明确的边界和权属，这是投资建设海洋牧场、进行管理并获得收益的法律基础，如果边界和权属不明，就会陷入"公地的悲剧"，投资、管理和收益都无法保证。这也是海洋牧场与自然地理概念中没有明确边界的渔场的区别；③苗种主要来源于人工育苗或驯化，这将海洋牧场与完全采捕野生渔业资源的海洋捕捞业区别开来；④主要通过放流或移植进入自然海域，这将海洋牧场与在人工设施中或固定空间内生产的海洋养殖业相区别；⑤通过技术手段实施资源管理，这将海洋牧场与单纯增殖放流、投放人工鱼礁等较低层次海洋牧业相区别。基于以上五点要素，杨红生于2016年指出海洋牧场建设的主要工作包括绩效评估、行为管理、繁育驯化、生境修复、饵料增殖和系统管理六个方面(图8-1)。

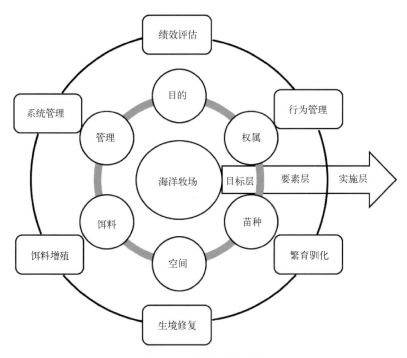

图8-1　海洋牧场六要素

陈勇教授于国内外首次提出了"现代化海洋牧场概念图"(图8-2)，并指出现代化海洋牧场主要有以下五个特征：①生态优先性。生态优先性是现代化海洋牧场建设的根本特性之一，现代化海洋牧场的建设和发展均要以生态安全为核心目标，以保证生态环境优良、生物资源丰富及渔业可持续发展为前提，不得破坏生态环境和生物资源的完整性；②系统管理性。现代化海洋牧场是由生息场所建造、环境调控、种苗生产放流、育成管理、收获管理和灾害对策等多种技术要素有机组合的生态管理型渔业，人为的生态管理要贯穿于海洋牧场建设和运营的全过程；③生物多样性。现代化海洋牧场针对的是海洋生态系统水平的资源修复与增殖，关注的是生态系统稳定前提下在不同营养级上的多品种对象生物的持续产出，而非单一种类的产出，因此现代化海洋牧场的对象生物不仅仅包括沿岸鱼贝类，还包括近海鱼类及洄游性鱼类等；④区间广域性。现代化海洋牧场既包括海域的海底也包括海水的底层、中层、表层及海面上从事的渔业活动，是最终确立适宜海域特征的多个生物资源培育系统立体组合的复合型资源培养系统；⑤功能多样性。现代化海洋牧场则是集生态修复、资源养护、渔业生产、渔业碳汇、科学研究、科普教育、休闲渔业、景观再造等多功能于一体的现代化渔业综合体，相比较传统的养殖和捕捞生产，其生态、经济、社会等综合效益更加凸显。

图 8-2　现代化海洋牧场概念图 (陈勇, 2019)

杨红生等于 2019 年从不同侧面阐述了现代化海洋牧场的主要特征，主要有以下几个方面：①生态优先。海洋牧场发展依赖于健康的海洋生态系统，加强生境恢复和修复、根据生物承载力科学增殖是现代化海洋牧场的建设基础；②陆海统筹。海洋牧场区应包括海域与毗连陆地，陆地是牧场管理与苗种生产的基地，海上是生境修复和增殖放流的生产空间；③三产贯通。海洋牧场应包括水产品生产、礁体和装备制造、休闲渔业等第一、二、三产业；④四化同步。工程化、机械化、自动化、信息化是现代化海洋牧场的发展方向，是应对环境灾害、提高生产效率的根本动力，即"四化同步"。也据此描述了现代化海洋牧场的定义：基于生态学原理，充分利用自然生产力，运用现代工程技术和管理模式，通过生境修复和人工增殖，在适宜海域构建的兼具环境保护、资源养护和渔业持续产出功能的生态系统。

与蓬勃开展的海洋牧场工程建设相比，有关海洋牧场建设的科学研究基础较为薄弱，主要反映在这样几个方面：海洋牧场建设方案和设计往往缺乏科学依据；海洋牧场专业化装备技术匮乏；海洋牧场管理体制有待完善；海洋牧场信息化水平低下；海洋牧场建设成效与风险评估和防控方法尚未建立，等等，上述问题的存在制约了海洋牧场的发展。

海洋牧场建设是一项系统工程，其本质是拓展海洋生态系统服务价值的海洋生态系统管理，涉及海洋生物、物理海洋、海洋化学、海洋地质和海洋工程技术等多个学科。目前，我国海洋牧场研究多停留在局域、特定方面的定性研究，如主要生物资源的生物学、行为学或种群生态学研究，海洋牧场水动力学研究，投放人工鱼礁后底栖生物和鱼类资源变化等，有关海洋牧场建设对海洋生态系统的影响、海洋牧场配套装备技术、针对海洋牧场的海洋生态系统管理和服务价值评估方法、海洋牧场建设与全球气候变化的关系等方面的研究力度亟待加强。

因此，尽管目前我国的海洋牧场建设初具规模，并取得一定的成效，但在发展过程中存在的基础研究不足、装备关键技术不强、体制机制建设和统筹规划不够等问题日益突出。对海洋牧场大规模的开展所带来的潜在风险与应对的研究，也显得十分重要。当前迫切需要具体开展的科学研究和技术攻关问题，包括赤潮、水体低氧、环境污染、生态系统脆弱、生物群落结构失衡和海洋牧场建设成效与风险评估和防控等问题以及人工鱼礁、生物驯化设施、海洋人工上升流/下降流装备、牧场生态系统观测方法与技术、海洋生态修复与评价等相关工程装备技术。

8.2　海洋牧场建设一般方法

海洋牧场除了要实现"可视、可测、可报、可预警"，还应实现海洋牧场生态环境重要因子的"可控"。海洋牧场生态环境营造技术是指根据海域的水流、地质环境因子以及生物构成等情况，建设与对象生物相适应的生息场。例如，因地制宜，投放一定的人工鱼礁和人工藻礁，以最大限度地改善周围环境，保证营养，为生物提供良好的生存空间，让资源数量不断增多；建造一定规模的人工山脉或布放人工装置，改变流向、流速，形成人工上升流，将海底营养盐类带到有光层，提高海域生产力；利用海洋能因势利导，布放装备，将表层富氧海水引入底层水体，缓解养殖区底层海水低氧现象。

海洋牧场作为一种新型渔业模式，在修复渔业资源、保护海洋环境、促进第三产业发展，优化产业结构等方面有十分重要的作用。随着经济发展模式的转变，传统渔业的粗放型、污染型发展模式会逐步被可持续发展的海洋牧场模式取代。海洋牧场建设中十分重要的人工鱼礁的建设，也将成为未来渔业研究中重要的一环。

8.2.1　人工鱼礁的分类方法

人工鱼礁(artificial reef)是经过科学选址后设置的水下人工构造物。它能促进海底营养盐循环，推动藻类生长繁殖，净化水质，为海洋鱼类等水产资源提供食物和栖息、繁育场所。人工鱼礁既是保护、增殖海洋渔业资源的重要手段，也是改善、修复海洋生态环境的一项基础工程，同时还能带动钓鱼休闲等旅游产业的发展，其功能非常多样化。因此，1988 年在美国召开的第 4 届国际人工鱼礁会议上把"人工鱼礁"正式改名为"人工栖所"(artificial habitat)，旨在扩大其功能范围。

人工鱼礁的分类方法目前还没有一个统一的标准。在我国，一般根据投礁水深、建礁目的或鱼礁功能、造礁材料和礁体结构四个方面来划分(表 8-1，图 8-3)。

表 8-1　人工鱼礁的分类

划分依据	基本类型	特点
投礁水深	浅海养殖鱼礁等	水深为 2~9 m
	近海增殖型、保护幼鱼型、渔获型鱼礁等	水深为 10~30 m
	外海增殖型、渔获型鱼礁、浮式鱼礁等	水深为 40~99 m
建礁目的或鱼礁功能	养殖型鱼礁，如鲍鱼礁、龙虾礁、海参礁、海藻礁等	人工养殖海产品，作用类似于养殖箱
	资源增殖型鱼礁，如贻贝增殖礁等	以增殖水产资源和改善鱼类种群结构为目的，其中放养高值品种
	渔获型鱼礁	能诱集鱼类，礁体规模大，能容纳大量可捕资源并留出足够的作业空间
	产卵型鱼礁	一般设于缓流处，表面积大
	避敌型鱼礁	鱼礁小孔较多，便于幼小鱼类逃逸
	环境改善型鱼礁	种植可食用藻类，减少造成海水富营养化的物质，为其他生物提供饵料
	游钓观赏型鱼礁	以向旅游者提供垂钓等娱乐活动为目的，鱼礁表面光滑，不易挂钩绊线
	防波堤构造型鱼礁	在防波堤、渔港、码头等地投放以起到防波护堤作用

续表

划分依据	基本类型	特点
主要制礁材料	混凝土鱼礁	效果好，经久耐用，使用普遍
	钢材鱼礁	制作容易，运输方便，一般较为大型
	木竹鱼礁	既可压石块沉底做沉式鱼礁，也可制成筏做浮式鱼礁
	塑料鱼礁	轻且耐用，一般作为浮式鱼礁，其底部挂载重物做锚
	轮胎鱼礁	实现废物利用，降低造礁成本
	石料鱼礁	价格便宜，材料来源广，无毒副作用
鱼礁形状和结构	箱形、三角形、圆台形、框架形、梯形、塔形、船形、半球形、星形、组合形等	形状、结构多样化；功能多样化

(a) 十字形增殖礁　　(b) 产卵礁　　(c) 旧轮胎礁　　(d) 梯形礁

(e) 铁质礁　　(f) π形鲍鱼、海胆礁　　(g) 中层浮式礁　　(h) 组合金字塔形礁

图 8-3　各种类型的鱼礁

除上述四种常用的分类方法外，还有按投放水域划分、按鱼礁集鱼种类划分等方法。

8.2.2　人工鱼礁礁体的设计与制造

人工鱼礁礁体的设计与制造需要综合考虑以下几个原则。

（1）功能性原则——适宜生物的聚集、栖息和繁殖，能与捕鱼工具和方式相适应。

（2）安全性原则——鱼礁所用材料不能溶出有毒物质，影响生物附着或造成环境污染。

（3）稳定性原则——鱼礁在搬运、投放过程中不易损坏变形，礁体不会因为海浪和潮流的影响而移动、损坏或掩埋。

（4）兼容性原则——人工鱼礁应与周围海域环境（包括水质、水深、地质、航道、军事用地等）相兼容。

（5）经济性原则——材料价格便宜，制作、组装、投放费用低，材料来源广且供给稳定、充足。

因此，对人工鱼礁礁体的设计要从多个方面考虑，包括人工鱼礁礁体的结构设计、对礁体材料的选择、对礁体的受力验算等。

8.2.2.1　人工鱼礁礁体的结构设计

国内外学者从多个角度对人工鱼礁礁体进行了不同的结构设计，主要结合了水动力学、生物学、空间几何学等学科进行研究。

在水动力学方面，主要进行了不同形状的人工鱼礁礁体对海水流场作用的数值模拟和水槽试验，提出了关于结构受力和稳定性分析、礁体影响规模等方面的见解；在生物学方面，主要探究生物对不同深度、透光度、透水性的反应，观测礁体诱集生物量，进一步考虑礁体复杂性对礁体功能的影响；在空间几何学方面，研究了不同礁高水深比、有效包络面积等因素对鱼礁集鱼效果的影响。

8.2.2.2　人工鱼礁礁体的材料选择

受到不同需求的影响，礁体材料的选择趋于多样化。据不完全统计，至今已用于构建人工鱼礁的材料超过249种，其中较为普遍的材料有以下几类（表8-2）。

表8-2　人工鱼礁礁体材料

材料类型	具体表现
混凝土	混凝土板、混凝土台等
石质	岩石、石头、卵石、沙砾等
平台	石油平台、人工浮台等
旧轮胎	各种尺寸的轮胎
塑料	塑料袋、PVC管等
粉尘	火山灰、煤灰粉、泥土等
交通工具	船只、飞机、汽车、火车车厢等

续表

材料类型	具体表现
植物	树木、竹子等
岸边建筑	防波堤、围栏等
金属	钢、铁、铝等
绳子	麻绳、棉绳、棕绳、尼龙绳等

为确保礁体投放后不发生下陷、滑移、倾覆，设计时需要对礁体在各个方向上的稳定性进行受力验算，同时也要对礁体周围海底冲淤情况进行分析。

1) 基底承载力验算

为确保礁体投放后不发生下陷，需要对基底承载力进行验算：

$$C_0 \frac{G_{浮}}{A} \leqslant \sigma \qquad (8-1)$$

$$G_{浮} = G \frac{\rho - \rho_0}{\rho} \qquad (8-2)$$

式中，C_0 为结构重要性系数；$G_{浮}$ 为礁体浮重；A 为礁体与基底接触面积；σ 为基底设计强度；G 为礁体重量；ρ 为礁体密度；ρ_0 为礁体周围海水密度。

从式(8-1)、式(8-2)可以得出，当基底设计强度较低，即基底承载力较小时，需要增加礁体与基底的接触面积，或者选择礁体自身密度较小的材料来保证礁体不发生下陷。

2) 整体滑移验算

为了保证礁体不发生整体滑移，礁体受水体波流影响产生的水平作用力应当小于礁体摩擦阻力，即

$$K_s P \leqslant f G_{浮} \qquad (8-3)$$

式中，K_s 为水平滑动稳定安全系数；P 为礁体受到的水平作用力；f 为基底静摩擦系数。

当礁体受力不满足式(8-3)时，礁体将发生水平滑移，此时，可以采用增加礁体底面粗糙度来提高阻力，缩小礁体受波流冲击面积来降低所受的水平作用力。

3) 整体倾覆验算

为确保礁体不发生倾覆，礁体所受水体产生的旋转力矩应当小于自身重力产生

的阻力矩，有

$$M \leqslant S_F G L_0 \qquad\qquad (8-4)$$

式中，M 为礁体受海水作用产生的外力矩；S_F 为安全系数；L_0 为重心到旋转中心的水平距离。

一般可以通过改变礁体结构，如长、宽、高等，来缩小旋转力矩。

4) 局部冲淤分析

礁体的投放使礁体周围流场发生变化，礁体底部流速较快区域的砂土被冲出，并在流速较慢处逐渐淤积，从而改变鱼礁附近局部海底地形，容易造成礁体失稳。由于礁体结构和礁区流场的复杂性，定量分析礁体周围局部的冲淤幅度比较困难，可通过数值仿真和物理模型试验来确定礁区冲淤变化。

8.2.3 人工鱼礁技术国外研究现状

20 世纪 50 年代，美国和日本出现人工鱼礁，标志着海洋牧场向资源养护的转变。世界各国中，日本是对人工鱼礁投入资金最多、研究最深入的国家，从第二次世界大战之后就逐渐在其沿岸海域投放人工鱼礁。日本于 1950 年沉放 1 万艘小型渔船建设人工鱼礁渔场，自 1951 年开始用混凝土制作人工鱼礁，1954 年将建设人工鱼礁上升为国家计划。进入 20 世纪 70 年代后，过度捕捞、海洋工程建设等人类海上活动，直接导致海洋渔业资源特别是近海渔业资源密度下降，鱼类栖息地破坏。为了稳定近海渔业捕捞产量和修复鱼类传统渔场，日本开始着手修复与开发浅海增养殖渔场，并在渔业资源学、水产工程学、苗种培育等领域先后开展沿海鲷类幼鱼期补充机制、人工浮鱼礁、鲑鳟苗种培育技术等研究。同时，由于世界沿岸国家相继提出划定 200 海里专属经济区，这一形势进一步迫使日本加速了人工鱼礁的建设进程。1971 年，日本水产厅在"海洋开发审议会"中第一次正式提出海洋牧场的定义。1975 年，日本颁布《沿岸渔场储备开发法》，为人工鱼礁海洋牧场的持久建设和发展提供了法律保障。其后，日本制订 1978—1987 年《海洋牧场计划》，拟在日本列岛沿海兴建 5 000 km 的人工鱼礁带，把整个日本沿海建设成为广阔的"海洋牧场"。该计划从 1980 年到 1988 年共历时 9 年，分三个阶段进行，又称为近海渔业资源家鱼化的开发研究，旨在通过人工鱼礁投放、资源放流增殖、水声投饵驯化和海域生态化管理等技术手段，达到海域生产力提高、资源密度上升、鱼类行为可控和资源规模化生产的目标，实现沿岸、近海鱼种可持续开发与利用。计划实施过程集结了国家研究机构、地方试验场、大学和民间企业等的研究力量，运用了水产科学、生物学、物理学、工程学等广泛领域的先进技术，取得了丰硕的研究和实践成果。目前，日本建立了金枪鱼(鹿儿岛)、牙鲆海洋牧场(新潟佐渡岛)、黑鲪(宫城气仙沼)、黑棘鲷(广岛竹原)、真鲷(三重五所湾)等鱼种海洋牧场。由于日本海域海况各异，各增殖鱼种生物习性不同，所以日本在具体实施海洋牧场计划时，也是根据各海区自然环境特点和设立的目标，有机组合、运用各种海洋牧场技术。比如，在贫营养的富山湾，当地通过投放人工鱼礁，将海底富营养水层提升到表层，促进浮游生物繁殖，从而增殖以浮游生物为食的鱼类。同时，为了减缓波浪对仔稚鱼苗影响和保护鱼苗生长的栖息地，日本还设计制造了消波堤和开发了藻场修复重建技术，从而使得日本海洋牧场设计更加符合鱼类生活史和生物学特性，取得了良好的经济效益和生态效果。该计划被"生物宇宙计划"延续下来。

韩国从1971年开始在沿海投放人工鱼礁，1982年曾推进沿岸牧场化工作，1994—1995年组织了沿岸渔场牧场化综合开发计划，进行人工鱼礁、增殖放流、渔场环境保护等研究，1994—1996年进行了海洋牧场建设的可行性研究，并于90年代中期制订《韩国海洋牧场事业的长期发展计划(2008—2030年)》。1998年，韩国开始了"海洋牧场计划"，分别在日本海、对马海峡和黄海建立了5个大型海洋牧场示范基地，有针对性地开展特有优势品种的培育，在形成系统的技术体系后，逐步推广到韩国的各沿岸海域。据统计，1971—2007年期间，韩国投放人工鱼礁的海域面积达到约 $19.8 \times 10^4 hm^2$，投资约7 661亿韩元，至2010年全国沿岸建设鱼礁渔场1 016处，投放鱼礁1 343 078个。同时，韩国自1971年建立北济州育苗场后，先后建立了19个国家级和地区级育苗场，并繁育了50多种苗种，到2007年全国投资562.99亿韩元，放流鱼类9.56亿尾。韩国的海洋牧场核心技术体系，包括海岸工程及人工鱼礁、鱼类选种和繁殖及培育、环境改善和生境修复、海洋牧场管理经营四个方面的技术，突出了基于海洋生态系统管理的海洋牧场理念。

北美主要是加拿大、美国等国进行人工鱼礁和渔业资源增殖实践。1860年，美国渔民从洪水冲带树木沉入海底、大量生物附着、引来大量鱼类得到启示，用木笼装入石块制成鱼礁投放入海，并投入很多废弃水泥管，显著增加了捕鱼量。1935年，美国建造了世界上第一座人造鱼礁，第二次世界大战后建礁范围从美国东北部逐步扩大到西部和墨西哥湾，甚至到夏威夷。1968年，美国制订海洋牧场计划。该计划于1972年实施，1974年建成加利福尼亚巨藻海洋牧场。同时，从20世纪60年代开始，美国和加拿大开始增殖放流太平洋鲑。两国的孵化场每年还对10亿尾大麻哈鱼进行线码标记，并剪去尾鳍。大麻哈鱼有溯河洄游习性，所以可以精确估算其回捕率。鲑鱼增殖是世界各国广泛开展的增殖项目，并证明是有经济效益的。此外，加拿大还利用退役军舰改造为人工鱼礁，发展当地休闲渔业和海钓业。美国除增殖鲑鳟鱼类外，还增殖过牡蛎、美洲龙虾和巨藻。美国东北部海区的马里兰州切萨皮克湾及康涅狄格州的长岛海峡是牡蛎资源增殖的主要海区，通过在潮间带和潮下带投放采苗器，采苗后移到自然生长区，以增加自然资源。大西洋沿岸的马萨诸塞州培育美洲龙虾苗，孵化成活率为50%，每年放流数百万只龙虾。

澳大利亚认识到人工鱼礁会改善环境，但没有长远规划，也没有大量投资，只在一些海域投放几艘废旧船和几万个废轮胎。从1974年开始，澳大利亚在悉尼以南约30 km的近海投放了70万个废轮胎，想建造一个世界上最大的人工鱼礁区。

欧洲各国总体上并不重视人工鱼礁建设。各个国家很少投放混凝土鱼礁，认为只要投置一些废旧船和废轮胎就能奏效。如英国把退役的5 000吨级军舰当作鱼礁投放在禁渔区。德国也有把报废的万吨级货船投放在禁渔区，防止拖网渔轮作业。只有意大利比较重视人工鱼礁建设，政府和民间团体共同投资，有组织、有计划、有管理地投放鱼礁，他们除了利用废船、废轮胎外，还设计煤灰和混凝土混合鱼礁，把废煤灰也利用起来。西班牙也是由政府和民间团体一起投资建设鱼礁和实施管理的欧洲国家。他们除投放废旧船和废轮胎外，也将大型混凝土构件投放在禁渔区，目的是防止拖网渔船在这里作业。此外，在英国福克斯顿海洋保护区，人工鱼礁还被用于和珊瑚礁形成共生生态系统。另一方面，英国、挪威等国于1900年前后即开始实施海洋经济种类的增殖计划，增殖种类包括鳕、黑线鳕、狭鳕、鲽、鲆、龙虾、扇贝等。

到目前为止，国际上很多国家已经进行了大量的人工鱼礁和渔业资源增殖放流建设与研究。据联合国粮农组织（FAO）的统计，从1984年开始，全世界共有64个国家增殖海洋物种总数约180种。其中，欧洲、北美地区的海洋牧场项目数量最多，其次是亚洲和大洋洲，非洲和拉丁美洲最末。在不同国家，人工鱼礁具有不同的功能；同时，国外以人工鱼礁为基础的海洋牧场的定义亦较少。

目前，国外对人工鱼礁的研究内容主要包括礁体的设计、建造人工鱼礁所使用的材料（包括材料的吸引和附着海洋生物的功能，与环境的适宜程度、耐久性、稳定性等）、投放地点底质以及不同结构、不同材料人工鱼礁集鱼效果等方面内容。在这些研究方面，日本和美国走在了前列，韩国和欧洲一些国家的人工鱼礁虽然起步较晚，但在推进鱼礁的研究方面表现活跃。我国人工鱼礁行业发展迅速且前景广阔，但总体建设规划比较滞后，缺乏集中投放的规划，生态类人工鱼礁相对偏少，科研力量偏弱，特别是在礁体材料研发、礁型设计和建造、礁区总体布局等方面亟待加强。今后，人工鱼礁的研究和发展方向为：①环境友好、可塑性强、易组合、结构更稳定、便于运输与后期维护的多种复合材料鱼礁研发，低成本、易维护、耐腐蚀的添加材料研制；②完善人工鱼礁设计和建造的国家标准；③引入物联网、智能传感、云数据等新技术，在建造人工鱼礁的同时，建立遥感、现场环境监测（水下、水面）、水下鱼探等手段组成的实时综合预报体系，加强水体环境、绿潮、赤潮、风暴潮等生境预报和预警；④针对深水区域，考虑上层建造浮式牧场，而底层配合建造人工鱼礁，实施海底环境再造和保持技术，实现产业效益和环境效益双增值。

8.2.4　人工鱼礁技术国内研究现状

日本、韩国、美国等国家海洋牧场建设起步较早，具备了较为成熟的理论体系和丰富的实践经验，形成了自身各具特色的海洋牧场，为我国开展海洋牧场建设提供了可资借鉴的经验。

我国人工鱼礁的建设起步较晚，在某些具体问题的解决和实施上还不成熟，与发达国家相比存在明显的差距，其中比较明显的是基础研究薄弱，对材料选择的比较研究尚不深入，人工鱼礁的选址方法也不完善，缺乏适合于我国国情的人工鱼礁建设模式的研究，相关的法律法规也不健全。当前我国迫切需要解决的技术瓶颈有：①重点突破大型人工鱼礁关键技术，包括设计、制作、拼装、运输和投放等一系列技术，为50 m及更深海域的人工鱼礁建设储备技术，打破国外专业公司对大型人工鱼礁关键技术的垄断，形成具有中国特色和自主知识产权的大型人工鱼礁建设关键技术体系；②完善人工鱼礁建设技术，系统研发各类人工鱼礁材料、结构及建设技术。在鱼礁材料研制方面，大力开展绿色环保、亲生物性的鱼礁材料的开发与利用研究，探索再利用如高炉矿渣等规模工业副产品，关注高固碳性礁体材料的开发，建设具有自我生长和自我修复能力的礁体；③开展海上各类人工设施的生态环境资源化利用技术研究，开发抗风浪能力卓越、适合我国各类深水海域特点的多功能浮鱼礁，加强在浮鱼礁结构和强度设计等方面的研发工作，部署深水多功能浮鱼礁的研发工作，为我国开发南海等离岸海域提供技术保障。

　　人工鱼礁作为一种增加渔业资源的方式，是海洋牧场建设中不可缺少的一环。因此，20 世纪 70 年代当曾呈奎院士提出我国建设海洋牧场的建设构想后，原广西水产厅于 1979 年在北部湾投放了我国第一个混凝土制的人工鱼礁，拉开了海洋牧场建设的序幕。我国大陆现阶段海洋牧场建设主要是鱼礁的建设。据李波 2012 年资料，我国大陆人工鱼礁建设情况见表 8-3。

表 8-3　我国大陆人工鱼礁建设情况

省份	建设时间	建设规模
广东省	2002—2010 年	已建成人工鱼礁 26 座，在建 12 座，待建 3 座
辽宁省	2008—2017 年	规划投放 42 个礁区，总投资 14.7 亿元，建设规模 2 600 万空方
山东省	2005—2011 年	累计投资 7.7 亿元，建成人工鱼礁 150 余处，礁体达 800 万空方，用海面积 1.3×10^4 hm²
江苏省	2002—2008 年	累计投放混凝土鱼礁 3 300 多个，改造后旧船礁 190 艘，浮鱼礁 25 个，礁体总计 8.1 万空方
浙江省	2001—2006 年	已建成 446 万空方人工鱼礁礁区
福建省	2005—2011 年	已建成 2 万空方人工鱼礁礁区

　　当然，海洋牧场建设并不等同于人工鱼礁建设，后者只是前者的一项前期生境建设过程中的一种方式。除人工鱼礁技术外，海洋牧场的建设还要依靠苗种的培育和驯化技术、生物和环境监测技术、渔业运营管理技术、海洋牧场生态评估和保护技术、海洋工程技术和环境修复技术等一系列技术的支撑。

　　于沛民等于 2006 年系统总结了日本和美国人工鱼礁建设的成功经验，指出日本人工鱼礁增养殖场研究历史悠久，在世界也处于领先地位，成功经验主要体现在以下几个方面：①政府对人工鱼礁的重视，一方面投入大量资金，另一方面通过立法加以保护，把人工鱼礁建设作为国家政策来实施；②投资巨大，1976—2000 年投资人工鱼礁的费用折合人民币 380 亿元，平均每年投资 15 亿元，其中 50%来自各级政府和渔民团体组织；③渔民素质高，比较容易接受新生事物，较少发生在礁区违法捕鱼、破坏鱼礁等情况；④重视科学研究。科学的态度和方法贯穿人工鱼礁建设始终，主要从工程学、水动力学、生物学和经济学等领域综合开展人工鱼礁研究。

陈丕茂（2014）指出国外130余年海洋牧场建设的成功经验可以归为五方面内容：①生境建设，具体包括对环境的调控与改造工程以及对生境的修复与改善工程；②目标生物的培育和驯化等行为控制，实现规模繁育、优化选择、习性驯化和计划放养；③监测能力建设，包括对生态环境质量、生物资源的监测；④管理能力建设，包括海洋牧场管理体系和管理政策研究等；⑤配套技术建设，包括工程技术、放流品种选种培育技术、环境改善修复技术和渔业资源管理技术等。

杨红生等（2013）指出，在借鉴吸收国外成果和经验的同时，我们也必须认识到我国还处在发展阶段，在经济基础、社会结构和自然禀赋上与这些国家不尽相同，甚至相去甚远。建设海洋牧场必须从我国基本国情出发，必须要有中国特色。

（1）必须认识我国粮食供求处于紧平衡的现实。海洋生物资源作为优质的蛋白质来源，应该也能够服务于粮食安全保障，海洋牧场建设应着眼于这一战略问题，以持续提供更多、更丰富的海洋食物为目标，以增殖型为主要发展方向，以休闲型、养护型为辅，构建具有中国特色的海洋牧场。

（2）必须吸取近海捕捞和养殖的经验教训。发展海洋牧场必须吸取捕捞和养殖业由盛转衰的教训，根据生态容量、最适渔获量等合理规划海洋牧场规模，控制捕捞强度，促进海洋牧场向精准化、规范化方向发展。

（3）必须认识近海环境污染严重的问题。进入21世纪以来，我国海洋环境污染问题日益严峻，80%的生态系统处于亚健康和不健康状态，陆源污染、生态灾害、围填海等对海洋环境的影响在客观上制约了海洋牧场的发展。海洋牧场建设必须充分考虑环境因素，在规划选址上，远离工业和城镇建设岸段和海域；在建造建设时，选用合适材料，减少对水体和底栖环境的干扰和污染。在物种选择上，要根据生态学原理，选取多样的本地种形成营养级合理、稳定共生的生态系统，发挥海洋生物的净化作用。

（4）必须认识渔民技术和观念落后的现实。沿海渔民是海洋牧场建设的主体，但普遍缺乏可持续渔业理念和海洋牧场技术知识。从实际经验看，渔民对稳定经济收入、提高经济效益的热情非常高，能够做出理性的选择。传播可持续发展的理念，调动他们的参与热情，传授海洋牧场管理和运行必要技术是海洋牧场建设成功与否的关键。中国的海洋牧场建设必须考虑如何调动起广大渔民的积极性。

因此，中国特色的海洋牧场就是要充分认识海洋资源环境约束趋紧的现实，根据生态学原理和海域特点，构建以沿海渔民为利益主体的海洋牧场运行体系。

8.3　基于人工上升流技术的生境营造技术研究

近年来，我国面临着两个严重的环境问题：①随着人类活动更加频繁，大气中温室气体的浓度逐年增加导致的全球气候变暖问题。温室气体导致的全球气候变化是我国社会可持续发展最严峻的挑战之一。②近岸工农业发展与人口高密度增长使我国近海富营养化日益严重，由此引发的赤潮、绿潮、海水低氧与酸化等问题亟待解决。据统计，2016 年我国富营养化海域面积达 70 000 km²，2010 年以来年均赤潮发生面积超过 2 200 km²。通过减少陆源污染物输入在缓解近海富营养化与恢复区域性生态功能方面已取得良好成效，但近海沉积物内营养盐长期积累引发的春季藻华、水质恶化等系列生态问题尚未得到较好解决。

海洋中的自然上升流能够将富含营养盐的深层海水带入表层，为表层浮游植物等提供稳定的营养盐并促进其生长，从而进一步为鱼类提供大量食物。自然上升流区虽仅占全球海洋面积的 0.1%，却能提供 44% 的渔获量。但由于缺少人为的控制，自然上升流在输送底层营养盐海水的同时也将底部高浓度的溶解无机碳带至表层，从而使海域变为了碳源海域。

海洋人工上升流技术通过放置人工系统，形成自海底到海面的海水流动，把底部富营养盐海水输送到海面的真光层，促进浮游植物和藻类生长，可有效增加初级生产力，改善渔场生态环境并提高海洋碳汇的能力。无论在任何海域和季节，上升到真光层的氮和磷等营养盐成分都能使浮游植物增殖，以自然之力就可以推动向浮游动物及鱼贝类的转换。此外，海洋人工上升流技术通过选择适合海域并合理设置系统技术参数，可以使其作用海域成为海洋碳汇区。潘依雯等采用多个海域站点调查数据，科学计算了人工上升流技术参数对海气二氧化碳分压的影响，得出优化的人工上升流工程参数可使作用海域由碳源转变为碳汇，具有重要的环境科学意义。通过合理设置人工上升流系统设计参数后，从 50 m 甚至几百米的深度提取深层富营养盐海水排放在 24 m 的深度都会促进该海域的碳汇。因此海洋人工上升流技术可以通过人为控制流场使上升流海域为碳汇海域，并且可以弥补自然上升流季节性和地域性的缺点，是当前积极应对气候变化的重要手段之一。

关于人工上升流系统的关键技术、理论模型和实现方法，本书已经做了详细介绍，此处不再重复赘述。

8.4　基于人工下降流技术的水体低氧缓解

海洋牧场可持续发展的核心是协调人类与自然资源、环境与发展之间所产生的矛盾，进而寻求资源合理高效利用及可持续发展的途径。然而，自 20 世纪 50 年代以来，在人类活动和气候变化的双重压力下，近海海洋牧场的底层水体低氧现象愈发严重，低氧灾害的频率在增加，面积在扩大，程度在加重。溶解氧是水环境健康的重要指标，也是海洋牧场生态系统得以健康持续发展的关键。当水体溶解氧浓度低于 2~3 mg/L 时即为低氧。近几十年来，受人类活动的影响，大量污染物排入近岸海域，造成水体富营养化逐年加剧，致使近岸海洋牧场底层水体低氧现象呈不断上升趋势。低氧会对海洋生物的生存造成严重威胁，导致海洋牧场区域生物量减少，生态结构失衡，甚至对近岸生态系统造成整体性破坏，底层水体低氧已经严重影响我国海洋生态安全和海洋经济可持续发展。

我国沿海地区大规模的海洋牧场建设正在如火如荼地开展，海洋牧场已成为海洋经济新的增长点，成为沿海地区增殖和养护海洋生物资源，修复海域生态环境和实现渔业转型升级的重要手段。海洋牧场底层水体低氧及其带来的生态安全隐患就是其中亟须解决的重要问题。近 10 年的近海低氧研究已经在很大程度上拓展了对于低氧区的认识。但是，迄今的研究主要关注于对近海低氧区的分布和形成机理研究以及对低氧造成的环境影响的认识和评价上，而对于近海低氧海区行之有效的防灾减灾技术及方法研究甚少。

基于对近海底层水体低氧海区，尤其是人类活动影响下的低氧形成过程与机理研究，水体富营养化所导致的氧气耗竭是造成低氧现象的主要原因之一。周锋等通过模型计算研究表明，如果把长江入海的营养盐输入通量降低 30%，可以减少东海夏季低氧面积 15% 左右。因此，控制人类活动造成的陆源营养盐输入量，如采取减少化肥使用、去除废水中的营养盐和提高船只的环保等级等手段，降低水体富营养化程度，是当前缓解水体低氧的根本解决方法。然而，随着沿岸人类活动的不断增加和社会发展的需求，难以实现陆源营养盐输入的有效控制。即使经过控制，世界上多数河口及近岸海域的营养物质输入仍会大概率增加。此外，增加水生植物种植，特别是海草床的恢复，可以在消耗水体营养盐的同时补入氧气，也被认为是缓解水体低氧的手段之一。但海草的生长对环境区域有较高的要求，实施范围有限，同时见效也比较慢。因此，上述两类缓解低氧的主要方法，都难以快速、高效地减缓低氧现象，尤其是面对海洋牧场发生的季节性氧气耗竭则显得力不从心。

通过合理的海洋牧场建设，不仅可提高海洋生物资源利用效率、改善海域生态环境，还能孵育新的海洋产业，推动养殖升级、捕捞转型、加工提升、服务增效，使海洋产业发展步入健康、可持续的轨道。然而，近年来由于人类活动、气候变化等原因，造成近海底层水体低氧灾害现象频发，严重影响到海洋牧场的健康发展。开展近海底层水体低氧现象缓解的科学研究与工程实现，十分迫切，具有重要的理论意义和应用价值。

缓解水体低氧的关键是控制人类活动造成的陆源营养盐输入量，降低水体富营养化程度。增加水生植物种植，也是近海水体增氧的有效手段之一。然而，当海洋牧场因水体层化、上下水体交换困难而缺氧致灾时，可使用相应的技术措施，增加底层水体的溶解氧含量。例如，通过人工下降流技术手段增加水体垂直交换，促进溶解氧向底层水体的扩散，增加底层水体的含氧量。

8.4.1　人工下降流概述

在海洋人工系统范畴内，通过人工方法产生的水体自上而下的流动被称为人工下降流(artificial downwelling)。这一概念源于自然界中由风场作用和海水辐聚产生的自然下降流(natural downwelling)。人工下降流是指科学地投放海底结构物，引发海洋中自上向下的水体流动，将上层富氧海水带入底层，增加底层水体的溶解氧含量，以保护底栖生物，诱集和增殖各类海洋生物，如图8-4所示。近年来，人工下降流被证实可用于改善海洋生态，提升海洋初级生产力，使得该领域成为海洋人工系统研究的新方向。人工下降流机理研究、系统设计、科学评估过程中所涉及的科学方法和工程技术统称为人工下降流技术。目前，国内外人工下降流技术仍然处于初步探索阶段。

人工下降流系统由发生系统(能量转换器、海洋立管)和辅助系统(搭载平台、流体控制系统、环境监测和预警系统等)构成，如图8-5所示。根据能量转换器的不同类型，可分为温差能式、风能式、波浪能式和潮流能式四种。

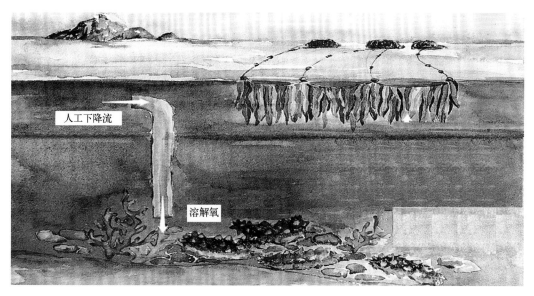

图8-4 人工下降流示意图

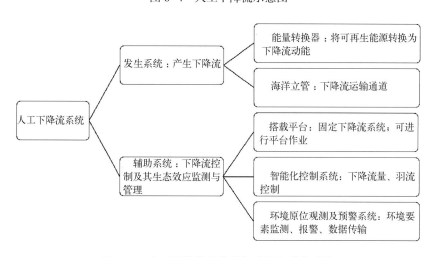

图8-5 人工下降流系统的组成及各部分功能

8.4.2 人工下降流技术实现方法

国外对人工下降流技术的研究和应用有不断加大、加快的趋势。目前，美国、日本、瑞典和挪威等海洋强国都开展了相关研究，取得了一系列重要的理论和应用成果。美国ECS公司（Ecosystem Consulting Service，Inc.）研制了各类湖泊水体增氧装备(图8-6)。这些系统能够方便地得到陆基能源，有效地实现湖泊和水库水体增氧功能，目前已得到广泛应用。但其陆源供能方式不适用于海域工作。

(a) 电动叶轮式增氧机　　　　　(b) 下降流装置　　　　　(c) 下降流装置

(d) 曝氧式增氧机

(f) 下降流装置

(e) 射流式增氧机　　　　　　　　(g) 曝氧式增氧机

图8-6　美国ECS公司生产的各类湖泊水体增氧装备

日本东京大学研制的大型海水密度流发生装置(density current generator, DCG)，使用汽/柴油发电机供能，用水泵同时形成人工上升流和人工下降流，并使之充分混合后在温跃层上方水平排出(图8-7)。近10年的试验结果表明，该装置使三重县五所湾的赤潮和低氧现象得到了明显的改善，其中有害藻华基本消失，低氧水体面积减少了60%。DCG技术在日本近海、海湾、河口等处得到多次应用，取得了良好的环境效益和社会效益。

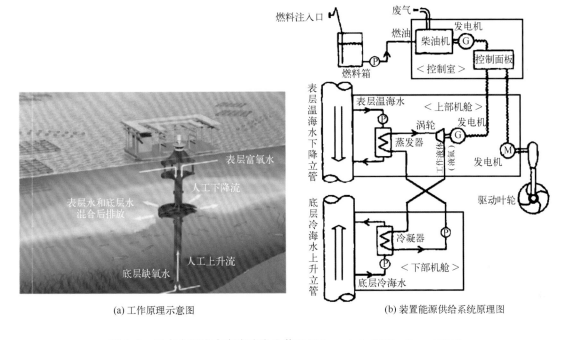

(a) 工作原理示意图　　　　　　　　(b) 装置能源供给系统原理图

图8-7　日本大型海水密度流发生装置(Mizumukai, 2008; Sato, 2006)

从17世纪80年代开始，过量的营养盐排入造成波罗的海底层水体低氧，波罗的海整个生态系统都受到了严重的负面影响[图8-8(a)]。对此，Zillén等(2008)、Stigebrandt等(2015)提出利用人工下降流改善该海域低氧区生态。瑞典政府在平均水深51 m，水体底部长期低氧的比峡湾(By Fjord)[图8-8(b)]建立了大规模生态工程，利用风力和电力将表层海水泵入35 m深度的底层低氧水体[图8-8(c)，(d)]。两年的试验研究结果表明，单个下降流装置可使近7 km²海域内的低氧甚至缺氧水体的溶解氧(DO)含量从0 mg/L增加到平均3.7 mg/L[图8-8(e)]，该海域水体中的NH_4、P、H_2S含量大幅度下降，底层水体生物丰度显著提升。

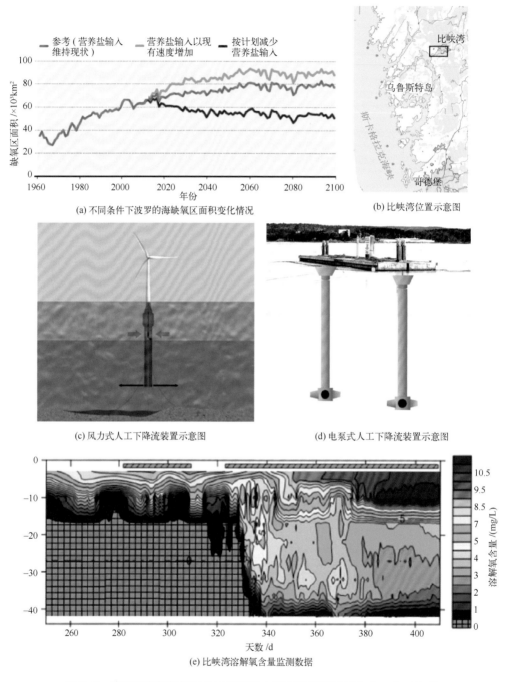

(a) 不同条件下波罗的海缺氧区面积变化情况

(b) 比峡湾位置示意图

(c) 风力式人工下降流装置示意图

(d) 电泵式人工下降流装置示意图

(e) 比峡湾溶解氧含量监测数据

图 8-8　波罗的海低氧情况及已实施的人工下降流工程(Stigebrandt，2015)

挪威科学与工业研究所(SINTEF)提出通过地下管道，以约 55 m³/s 的流量将陆源淡水往下打到海底，并在挪威西部的阿纳菲尤尔(Arnafjord)进行了试验，结果显示峡湾生态环境得到有效改善。

8.4.3 人工下降流系统关键技术

人工下降流既是一个工程问题，也是一个科学问题。工程技术确保人工下降流系统的可靠性与经济性；科学性体现出人工下降流系统的研究意义和应用价值。因此，实现人工下降流的关键是在工程上设计水动力学特性、稳定性、经济性较好的系统；在科学上明确人工下降流的物理化学变化机理及其与环境的关联。图 8-9 从科学与工程结合的角度描述了人工下降流系统设计中的关键技术。

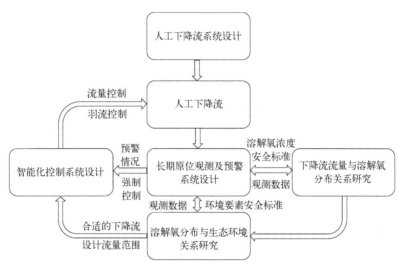

图 8-9 人工下降流系统设计关键技术框图

1) 人工下降流系统关键技术

人工下降流系统关键技术即能量转换器技术、海洋立管技术、搭载平台技术，表 8-4 列出了这些关键技术的具体内容。

2) 下降流流量与溶解氧分布关系研究

溶解氧可与硫化氢、氨、磷酸盐、重金属元素等发生化学反应，是人工下降流中化学反应发生的基本条件之一。溶解氧分布关系研究基于海洋探测技术开展，在下降流系统上搭载垂直剖面流量探测、溶解氧探测系统，获得人工下降流流量和溶解氧分布长时间观测序列数据，进行数据处理和解释，建立下降流流量与溶解氧分布的时均函数关系。

表 8-4　人工下降流系统关键技术内容

关键技术	具体内容
能量转换器技术	1. 结构设计：在下降流系统中，提供下降流动能需要消耗大量能源，因此能量转换器的结构应该巧妙利用自然界的可再生能源。另外，作为海洋工程结构物，能量转换器还应具备简单可靠的特点。 2. 可行性分析：结构确定后，需要结合布放海域的能源分布情况，对下降流系统的可行性进行分析，即在普遍情况下，考虑密度差阻力、沿程阻力、局部阻力后，能否成功产生所要求流量的下降流。 3. 水动力学优化设计：体现能量转换器优越性的关键在于能量利用效率，水动力学优化设计过程应对下降流系统进行流场分析、结构优化，利用尽可能少的能量产生最大的下降流流量，提高能量利用效率
海洋立管技术	1. 管型设计：硬管、软管或软硬管相结合的方式。 2. 管径设计：管径增大，有利于下降流流量的增大，但系统承载随之增大，发生倾覆、解体、形变等危险情况的概率相应上升；管径减小，下降流流量减小，但系统承载较小，安全性提升。因此，设计过程需要结合性能和安全条件对管径进行计算。管径确定后，还需要利用海洋立管安全手册，结合下降流系统布放海域的海况、地形资料，进行标准校核。 3. 管长设计：介于温跃层深度至布放水域海水深度之间，根据客户提供的设计要求而定
搭载平台技术	1. 功能设计：对于坐底式的搭载平台，一般需要满足下降流系统重要部件和各类参数传感器的搭载、回收、维护等功能，方便科研人员进行装置的回收和数据采集；对于浮台锚定式搭载平台，除了满足以上功能，往往还要提供科研人员现场作业的空间。 2. 稳定性设计：海洋工程结构物受风、浪、流、生物附着、海水腐蚀等环境作用的影响，为了保障人工下降流系统的正常工作，需要根据实际海况和系统预期寿命选择搭载平台材料，进行结构设计

3）溶解氧分布与生态环境关系研究

以溶解氧为基本要素的化学变化过程引起海洋环境的变化，对海洋生物新陈代谢、生态结构具有直接影响。在设计下降流系统过程中，应同时顾及海洋环境的承载能力，评估其对自然界的负作用。为了明确人工下降流系统对生态效应的影响，设计者需要借助海洋生态环境长期原位观测系统探测溶解氧、溶解二氧化碳、pH、盐度、化学耗氧量、叶绿素 a 含量及营养盐含量等海洋化学环境参数以及相关海洋动力环境参数。在此基础上，研究者还应建立这些参数之间的联系，揭示人工下降流作用下生态环境的变化规律，评估系统的生态影响。一般来说，长期原位观测的时间不应少于 1 年。

4）人工下降流智能化控制技术研究

根据流量、溶解氧分布与生态环境的相互关系研究中提出的数学模型，可以得到合适的下降流流量设计范围。科学的人工下降流系统工程应该将流量控制在设计范围内。一方面，布放海域的能量密度是随时间空间不断变化的，产生的下降流流量也是随之不断变化的，这要求进行流量控制使得系统在外界环境不断扰动的情况下获得稳定的设计流量输出；另一方面，下降流流出立管后，进入与其密度不同的海水环境，形成羽流。羽流的运动伴随着与周边海水之间的混合作用，是人工下降流的物理化学变化机理研究的基础。通过改变立管空间方位或在立管出口增加混合器可控制羽流以达到增加或减少混合的效果。

5）长期原位观测及预警系统设计

长期原位观测及预警系统主要起到环境要素监测和预报的作用。由于目前尚无该技术的应用，相关内容仍然值得商榷。长期原位观测系统主要采用多参数传感器技术，集成多种传感器（CTD，DO 传感器，pH 传感器，叶绿素计等），对下降流系统布放海域环境的多种化学环境要素、生物群落进行观测。探测数据将通过 GPRS网络，实现海上观测系统和陆上观测中心之间的双向无线数据传输。通信模块基于中国移动 GPRS 系统提供的广域无线 IP 连接，能按预先设定的时间或条件，将自动检测平台的工作状态和探测数据发送给岸基控制中心。预警系统基于探测数据中各要素是否超过系统预设正常值向岸基控制中心发送警报信息，同时向系统控制系统发送流量控制指令，调整下降流流量，改善超标值。

8.4.4　人工下降流系统设计原则

从工程设计的角度上考虑，一般期望系统具备经济性和可靠性。人工下降流系统设计的主要原则是选择合理的能源供给方式，获得较高的效率与可靠性。

1）合理的能源供给方式

人工下降流模拟的是海洋中的下降流现象，其布放地点通常距陆地较远，通过陆基电站供能的方式成本较高。对于需要长时间连续作业的下降流系统来说，利用现场的波浪能、风能、潮流能等可再生能源供能是比较理想的方式。

将海水表面的低密度水搬运至深层海水需要克服密度差阻力并提供动能。因此，能源选择的基本条件是：在该能源能量密度实际分布情况下，经能量转换器转换后的有用功率足以提供这两项水头所需的功率。图 8-10 为长江口冲淡水区某地的海水密度剖面图，由图可得表层淡水和底层密度差 $\Delta\rho$ 最大可达 8 kg/m³。假设温跃层密度为线性变化，下降流立管直径 D 为 1 m，管长 L 为 20 m，则可估算提供流量 $Q = 1$ m³/s 的下降流所需的功率至少为

$$P_{\min} = \left(\frac{1}{2} \Delta \rho L g + \frac{1}{2} \rho \frac{16Q^2}{\pi^2 D^4} \right) \times Q = 1.61 \ (\text{kW}) \qquad (8-5)$$

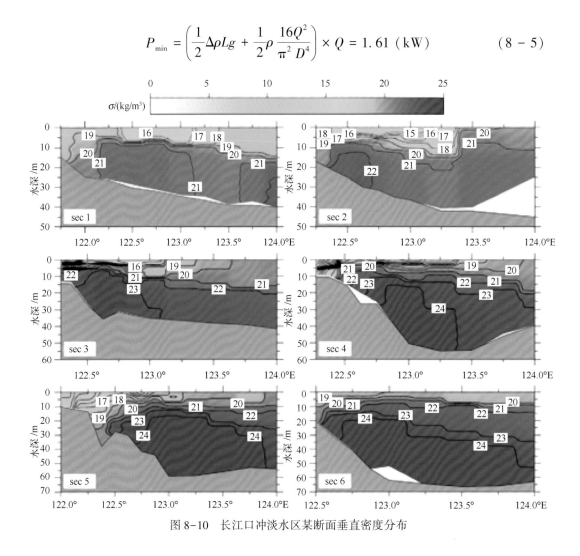

图 8-10　长江口冲淡水区某断面垂直密度分布

如果能量转换器的效率为 100%，则选择能源的能量密度应不小于 1.61 kW。对于不同的海域来说，其可再生能源的分布密度是不同的，应当根据需要选取合理的能源。值得一提的是，当多种能源都满足基本条件时，我们期望选择能量密度分布更稳定的能源。

2) 高效率

从能量利用率的角度来说，工程上希望单位能量获得的下降流流量尽可能大。当然，能量转换器的效率$\eta_{转换器}$不可能为 100%。如果定义系统所做的有用功为产生的下降流动能，则系统总效率$\eta_{总}$应表示为

$$\eta_{总} = \frac{E_Q}{P_{能源}} = \frac{\eta_{转换器} \times P_{能源} - E_\rho - E_\varphi}{P_{能源}} \qquad (8-6)$$

式中，E_ρ 为密度差阻力水头，是主要的能量损耗项，由立管长度范围内的水体密度分布函数确定，为一定值；E_φ 为沿程阻力、局部阻力和湍流耗散带来的流体能量损失，其值与下降流流量、系统结构有关。

从式(8-6)中不难发现，提高总效率的关键在于提高能量转换器的效率。在现有的风能、波浪能、潮流能利用装置设计中，这一问题已经得到广泛研究，为人工下降流系统效率的研究提供了良好的学科基础。

3) 高可靠性

人工下降流系统的可靠性主要体现为下降流流量的稳定性以及系统的安全性。为了获得稳定的下降流流量，工程上可采用反馈控制方法，利用电磁阀、流量计等元件进行下降流流量的稳定输出。系统的安全性则主要对装置的流场效应、静力学、动力学、稳定性进行理论分析和试验验证，降低装置发生结构解体、倾覆、下陷等不稳定情况的可能性。

8.4.5　人工下降流技术发展前景

日前，随着对低氧区形成机理和自然演变的研究逐步深入，采用人工系统修复低氧区生态的概念已被相关学者提出。这一方面为工程技术在近海低氧区研究领域提供了新的研究方向；另一方面也对用于修复低氧区生态的人工下降流系统提出了更高的技术要求。

但是，人工下降流方向目前是一个全新的方向，工程上还有许多问题尚待解决，如下降流装置设计、下降流装置效能研究、下降流装置内部流场优化、下降流羽流的运动机理、环境效应评估等都是下降流系统实际应用之前必须考虑的问题。当然，下降流系统远不只有工程问题，其设计和实际应用必须结合海洋化学、海洋生物、海洋环境等多个科学领域。否则，其应用有可能无法达到预期的效果甚至对生态产生负面影响。科学的指导加上工程的实践是实现低氧区生态恢复的必经之路。

8.5　小结

我国海洋渔业产业历经30多年的快速发展，虽然取得了重大的成就，然而，近年来我国近海水生生物资源严重衰退、海域生态环境不断恶化、部分海域呈现生态荒漠化，合理利用和增殖水生生物资源、保护渔业水域生态环境已成为一项重要而紧迫的任务。与此同时，渔业产业也依然面临种质匮乏、资源衰退、环境恶化、技术落后、品质下降等突出问题，亟须开展优良新品种(系)筛选、原种放流、现代化工程设备升级等工作，实现优化产业结构、合理利用资源、保障清洁生产、修复资源环境、提供优质产品、健康持续发展的战略目标。在捕捞和养殖业造成诸多生态问题的背景下，海洋牧场被视为实现海洋环境保护和渔业资源高效产出的新业态，是解决渔业开发、海洋生态保护、海洋生境修复与海洋生物资源可持续利用的重要举措，并在渤海、黄海、东海、南海等典型海域建立了适应当地生境特征的海洋牧场示范区。我国拥有广阔的主张管辖海域，海岸线漫长，海岛众多，这些自然地理优势都是建设海洋牧场的理想条件。设施化与生态型的大水面海水池塘和围堰养殖以及筏式养殖、网箱养殖等养殖模式，也为海洋牧场建设奠定了良好的基础。但同时，我国也存在渔船数量过多、渔民资源保护观念落后、渔业技术水平低下等问题。近海渔业资源衰退、生态环境恶化等问题在客观上制约了海洋渔业的可持续发展，渔业产业模式亟待转型升级。

(1)海洋牧场是应对近海渔业资源严重衰退的手段之一。我国管辖海域的渔业资源可捕捞量为 $800\times10^4\sim900\times10^4$ t，而实际年捕捞量为 $1\,300\times10^4$ t 左右。海洋渔业捕捞强度过大已经严重地影响了我国近海渔业资源的数量与质量。目前，我国鱼类资源仅为 20 世纪 80 年代 7%~8% 的水平，近海捕捞对象已由 60 年代大型底层和近底层种类转变为经济价值低下的小型中上层鱼类。例如，据辽宁省海洋与渔业厅提供的数据显示，辽东湾原有各种鱼类约 155 种，目前仅剩 92 种，下降了 40.6%，辽东湾已难以形成有经济价值的鱼汛。近海渔业资源衰退之严重，令人扼腕！近海渔业资源衰退，除对渔业产出造成严重的影响外，还造成了顶层食物链的缺失，导致近海营养盐只能在食物链底层发挥作用，赤潮、浒苔、水母等暴发的频率、面积及持续时间呈现明显的扩大趋势，对渔业良性发展极为不利。通过海洋牧场建设，可对局部海域进行有效的生境保护与资源养护，同时通过工程技术手段投放礁体，营造适宜的栖息生境，开展资源增殖放流，对海洋渔业资源的恢复起到积极作用。

(2)海洋牧场是缓解近海局部环境恶化状况的途径之一。我国沿海重要的海水养殖区目前大多分布于港湾和河口附近水域，陆源污染、生态灾害、围填海等加剧了海洋环境的恶化。《2015 年中国海洋环境状况公报》指出，我国近岸海域污染仍然严重。对面积超过 100 km² 的 44 个大中型海湾进行调查发现，其中有 21 个海湾全年均出现劣四类海水水质；超过 88% 的陆源入海排污口邻近海域水质无法满足所在海洋功能区环境保护要求。海洋牧场中的大型藻场建设可以有效调控海域水体营养盐状况，防止赤潮等生态灾害的发生。相关试验结果表明，海藻修复区比对照区的氨态氮平均下降 42.5%，硝酸态氮平均下降 27.0%，亚硝酸态氮平均下降 57.4%，活性磷平均下降 55.0%。与此同时，大型藻场水域单位面积净固碳能力分别是森林和草原的 10 倍和 20 倍，结合大规模的贝类增养殖可进一步促进近海海域的碳储存，继而对降低大气二氧化碳浓度做出重要贡献。通过海洋牧场建设，建立健康的近海生态系统，筛选适宜的生物修复种类(如藻类、滤食性贝类、沉积食性动物)开展规模化增养殖，可对水质和底质起到有效的调控和修复作用。

(3)海洋牧场是渔业产业转型升级兴业的方向之一。纵观我国海洋渔业的发展历史，20 世纪 90 年代以前经历了以人工繁育与规模养殖为核心技术的现代渔业第一次飞跃，实现了野生型海洋生物养殖产业化；至 21 世纪初期经历了以良种培育与生态模式构建为特色的现代渔业第二次飞跃，实现了养殖生物良种化、养殖技术生态工程化、养殖产品高质化和养殖环境洁净化；时至今日，随着现代科学技术与管理水平的提升，我国亟待实现以管理信息化与智能装备相结合的现代渔业第三次飞跃。以"生态优先、陆海统筹、三产融合、四化同步、创新跨越"为核心理念的现代海洋牧场正是实现增养殖产业转型升级、实现第三次飞跃的必要出路。例如，海洋牧场与海上风电融合发展。习近平总书记指出，要提高海洋资源开发能力，着力推动海洋经济向质量效益型转变；保护海洋生态环境，着力推动海洋开发方式向循环利用型转变；发展海洋科学技术，着力推动海洋科技向创新引领型转变；维护国家海洋权益，着力推动海洋维权向统筹兼顾型转变。《国家海洋局关于进一步规范海上风电用海管理的意见》指出，坚持集约节约用海，严格控制用海面积。鼓励实施海上风电项目与其他开发利用活动使用海域的分层立体开发，最大限度发挥海域资源效益。海洋牧场与海上风电融合发展正是集约节约用海，生态和效率并举的可持续发展模式。当前，我国沿海部分省份在海上风电建设方面已开展了前瞻布局。根据德国、荷兰等发达国家的成熟经验和有关省份的做法，海洋牧场和海上风电的有机结合能发挥出巨大的空间集约效应，可有效推动环境保护、资源养护和新能源开发的融合发展，必将产生更大的生态、社会和经济效益。在新旧动能转换中，要求"全面聚集发展新动能"，通过积极培育新技术、新产业、新业态、新模式，加快实现产业智慧化、智慧产业化、跨界融合化和品牌高端化，通过"四新推动四化"。而海洋牧场与海上风电融合发展作为新技术、新产业、新业态、新模式，是现代高效农业和新能源新材料产业跨界融合发展的典型代表。通过开创"水下产出绿色产品，水上产出清洁能源"的新局面，探索出一条可复制、可推广的海域资源集约生态化开发的"海上粮仓+蓝色能源"新模式，可为我国新旧动能转换综合试验区建设提供新思路，为国家海岸带地区可持续综合利用提供科学依据和典型范例。

参考文献

陈丕茂，2014. 海洋牧场配套技术模式与示范[C] // 水域生态环境修复学术研讨会. 上海：中国水产科学研究院.

陈丕茂，舒黎明，袁华荣，等，2019. 国内外海洋牧场发展历程与定义分类概述[J]. 水产学报，43(9)：1851-1869.

陈勇，吴晓郁，邵丽萍，等，2006. 模型礁对幼鲍、幼海胆行为的影响[J]. 大连水产学院学报，21(4)：361-365.

陈勇，于长清，张国胜，等，2002. 人工鱼礁的环境功能与集鱼效果[J]. 大连水产学院学报，17(1)：64-69.

陈勇，张国胜，田涛，等，2019. 现代化海洋牧场研究与实践——基于生态系统的海洋牧场关键技术研究与示范[C] // 第三届现代海洋(淡水)牧场学术研讨会摘要集. 海口：中国水产学会.

何大仁，丁云，1995. 鱼礁模型对赤点石斑鱼的诱集效果[J]. 台湾海峡，14(4)：394-398.

何大仁，施养明，1995. 鱼礁模型对黑鲷的诱集效果[J]. 厦门大学学报(自然科学版)，34(4)：653-658.

李波，2012. 关于中国海洋牧场建设的问题研究[D]. 青岛：中国海洋大学.

林国红，董月茹，李克强，等，2017. 赤潮发生关键控制要素识别研究——以渤海为例[J]. 中国海洋大学学报(自然科学版)，47(12)：88-96.

刘卓，杨纪明，1995. 日本海洋牧场(Marine Ranching)研究现状及其进展[J]. 现代渔业信息，10(5)：14-18.

潘林芝，林军，章守宇，2005. 铅直二维定常流中人工鱼礁流场效应的数值试验[J]. 上海水产大学学报，14(4)：406-412.

邵万骏，刘长根，聂洪涛，等，2014. 人工鱼礁的水动力学特性及流场效应分析[J]. 水动力学研究与进展，29(5)：580-585.

史红卫，唐衍力，2006. 正方体人工鱼礁模型试验与礁体设计[D]. 青岛：中国海洋大学.

唐启升，2019. 渔业资源增殖、海洋牧场、增殖渔业及其发展定位[J]. 中国水产(5)：36-37.

田文敏，杨安辉，1997. 永安港外海人工鱼礁之下陷量与下沉机制分析[G] // 第十九届海洋工程研讨会论文集. 583-590.

吴静，张硕，孙满昌，2004. 不同结构的人工鱼礁模型对牙鲆的诱集效果初探[J]. 海洋渔业，26(4)：394-398.

吴子岳，孙满昌，汤威，2003. 十字形人工鱼礁礁体的水动力学计算[J]. 海洋水产研究，24(4)：32-35.

夏章英，2011. 人工鱼礁工程学[M]. 北京：海洋出版社：34-38.

杨红生，2016. 我国海洋牧场建设回顾与展望[J]. 水产学报，40(7)：1133-1140.

杨红生，等，2018. 海洋牧场监测与生物承载力评估[M]. 北京：科学出版社.

杨红生，霍达，许强，2016. 现代海洋牧场建设之我见[J]. 海洋与湖沼，47(6)：1069-1074.

杨红生，杨心愿，林承刚，等，2018. 着力实现海洋牧场建设的理念、装备、技术、管理现代化[J]. 中国科学院院刊，33(7)：732-738.

杨红生，章守宇，张秀梅，等，2019. 中国现代化海洋牧场建设的战略思考[J]. 水产学报，43(4)：1255-1262.

杨红生，赵鹏，2013. 中国特色海洋牧场亟待构建[J]. 中国农村科技 (11)：15.

杨吝，刘同渝，黄汝堪，2005. 中国人工鱼礁的理论与实践[M]. 广州：广东科技出版社.

叶丰，黄小平，2010. 近岸海域缺氧现状、成因及其生态效应[J]. 海洋湖沼通报，126(3)：91-99.

于沛民，张秀梅，2006. 日本美国人工鱼礁建设对我国的启示[J]. 渔业现代化(2)：6-7，20.

曾呈奎，1979. 关于我国专属经济海区水产生产农牧化的一些问题[J]. 自然资源(1)：58-64.

张怀慧，孙龙，2001. 利用人工鱼礁工程增殖海洋水产资源的研究[J]. 资源科学，23(5)：6-10.

张莹，张英，管博，2012. 海洋缺氧对生态系统健康及其可持续发展的影响[J]. 中国人口·资源与环境，22(专刊)：214-216.

钟述求，孙满昌，章守宇，等，2006. 钢制四方台型人工鱼礁礁体设计及稳定性研究[J]. 海洋渔业，28(3)：234-240.

ANTONINI A, LAMBERTI A, ARCHETTI R, et al., 2016. Dynamic overset rans simulation of a wave-driven device for the oxygenation of deep layers[J]. Ocean Engineering, 127：335-348.

BAINE M, 2001. Artificial reefs：a review of their design, application, management and performance[J]. Ocean & Coastal Management, 44：241-259.

BREITBURG D, LEVIN L A, OSCHLIES A, et al., 2018. Declining oxygen in the global ocean and coastal waters[J]. Science, 359 (6371)：eaam7240.

DIAZ R J, ROSENBERG R, 1995. Marine benthic hypoxia：a review of its ecological effects and the behavioral responses of benthic macrofauna[J]. Oceanography & Marine Biology, 33：245-303.

Ecosystem Consulting Service. [2021-6-9]. http：//ecosystemconsulting. com.

EKEROTH N, KONONETS M, WALVE J, et al., 2015. Effects of oxygen on recycling of biogenic elements from sediments of a stratified coastal Baltic Sea basin[J]. Journal of Marine System, 154：206-219.

FORTH M, LILJEBLADH B, STIGEBRANDT A, et al., 2015. Effects of ecological engineered oxygenation on the bacterial community structure in an anoxic fjord in western Sweden [J]. International Society for Microbial Ecology, 9: 656-669.

HONG J Q, KROEZE C, 2012. Nutrient export by rivers to the coastal waters of China: management strategies and future trends[J]. Regional Environmental Change, 12(1): 153-167.

HOWARTH R, CHAN F, CONLEY D J, et al., 2011. Coupled biogeochemical cycles: eutrophication and hypoxia in temperate estuaries and coastal marine ecosystems[J]. Frontiers in Ecology and the Environment, 9 (1): 18-26.

KEPPEL-ALEKS G, WENNBERG P O, O'DELL C W, et al., 2013. Towards constraints on fossil fuel emissions from total column carbon dioxide[J]. Atmospheric Chemistry and Physics, 13(8): 4349-4357.

LEVELOCK J F, RAPLEY C G, 2007. Ocean Pipes could help the Earth to cure itself[J]. Nature, 449: 403.

LI H, LI X, LI Q, et al., 2017. Environmental response to long-term mariculture activities in the Weihai coastal area, China[J]. Science of The Total Environment, 601: 22-31.

MCANDREW P M, BJÖRKMAN K M, CHURCH M J, et al., 2007. Metabolic response of oligotrophic plankton communities to deep water nutrient enrichment[J]. Marine Ecology Progress Series, 332: 63-75.

MCCLIMANS T A, HANDA A, FREDHEIM A, et al., 2010. Controlled artificial upwelling in a fjord to stimulate non-toxic algae[J]. Aquacultural Engineering, 42: 140-147.

MCCORMICK L R, LEVIN L A, 2017. Physiological and ecological implications of ocean deoxygenation for vision in marine organisms[J]. Philosophical Transactions A, 375: 20160322.

MIZUMUKAI K, SATO T, TABETA S, et al., 2008. Numerical studies on ecological effects of artificial mixing of surface and bottom waters in density stratification in semi-enclosed bay and open sea[J]. Ecological Modelling, 214: 251-270.

PAINTING S J, LUCAS M I, PETERSON W T, et al., 1993. Dynamics of bacterioplankton, phytoplankton and mesozooplankton communities during the development of an upwelling plume in the southern Benguela [J]. Marine Ecology Progress Series, 100(1-2): 35-53.

PAN Y, FAN W, HUANG T, et al., 2015. Evaluation of the sinks and sources of atmospheric CO_2 by artificial upwelling[J]. Science of the Total Environment, 511: 692-702.

PONDAVEN P, RUIZ-PINO D, DRUON J, et al., 1999. Factors controlling silicon and nitrogen biogeochemical cycles in high nutrient, low chlorophyll systems (the Southern Ocean and the North Pacific): Comparison with a mesotrophic system (the North Atlantic)[J]. Deep Sea Research Part I: Oceanographic Research Papers, 46(11): 1923-1968.

QIN M, YUE C, DU Y, 2020. Evolution of China's marine ranching policy based on the perspective of policy tools[J]. Marine Policy, 117: 103941.

SANTANA-CASIANO J M, GONZÁLEZ-DÁVILA M, UCHA I R, 2009. Carbon dioxide fluxes in the Benguela upwelling system during winter and spring: A comparison between 2005 and 2006[J]. Deep Sea Research Part II: Topical Studies in Oceanography, 56(8-10): 533-541.

SATO T, TONOKI K, YOSHIKAWA T, et al., 2006. Numerical and hydraulic simulations of the effect of Density Current Generator in a semi-enclosed tidal bay[J]. Coastal Engineering, 53: 49-64.

SHAO K, CHEN L, 1992. Evaluating the effectiveness of the coal ash artificial reefs at WanLi northern of Taiwan[J]. Journal of the Fisheries Society of Taiwan, 19(4): 239-250.

STIGEBRANDT A, GUSTAFSSON B G, 2007. Improvement of Baltic proper water quality using large-scale ecological engineering[J]. Royal Swedish Academy of Science, 36(2): 280-286.

STIGEBRANDT A, LILJEBLADH B, BRABANDERE L, et al., 2015. An experiment with forced oxygenation of the deepwater of the anoxic By Fjord, Western Sweden[J]. The Royal Swedish Academy of Sciences, 44: 42-54.

VALIELA I, MCCLELLAND J, HAUXWELL J, et al., 1997. Macroalgal blooms is shallow estuaries: controls and ecophysiological and ecysystem consequences[J]. Limnology and Oceanography, 42 (5): 1105-1118.

WANG F F, LIU J, QIU J D, et al., 2014. Historical evolution of hypoxia in the East China Sea off the Changjiang (Yangtze River) estuary for the last ~13 000 years: Evidence from the benthic foraminniferal community[J]. Continental Shelf Research, 90: 51-162.

ZHANG J, XIAO T, HUANG D J, et al., 2016. Editorial: Eutrophication and hypoxia and their impacts on the ecosystem of the Changjiang Estuary and adjacent coastal environment[J]. Journal of Marine System (154): 1-4.

ZHAO J, FENG X W, SHI X L, et al., 2015. Sedimentary organic inorganic records of eutrophication and hypoxia in and off the Changjiang Estuary over the last century[J]. Marine Pollution Bulletin, 99: 76-84.

ZHOU F, CHAI F, HUANG D J, et al., 2017. Investigation of hypoxia off the Changjiang Estuary using a coupled model of ROMS-CoSiNE[J]. Progress in Oceanography, 159: 237-254.

ZHU J R, ZHU Z Y, LIN J, et al., 2016. Distribution of hypoxia and pycnocline off the Changjing Estuary, China[J]. Journal of Marine System, 154: 28-40.

ZILLÉN L, CONLEY D J, ANDRÉN T, et al., 2008. Past occurrences of hypoxia in the Baltic Sea and the role of climate variability, environmental change and human impact[J]. Earth Science Reviews, 91(1): 77-92.

9 总结与展望

9.1 总结

海洋人工上升流/下降流技术是一类全新的海洋技术。它利用各种技术手段，来改变海洋中的流场分布并加以调控，人为地驱动自底而上的上升流或自上而底的下降流，以达到某些科学目标和应用目标。这项理论与技术在海洋环境治理、海洋牧场建设、增加海洋固碳、应对全球变暖等方面，具有重要的研究意义和应用价值。

本书主要分两个部分。第一部分是基础研究，介绍海洋人工上升流技术的原理与方法，从海洋人工上升流技术的定义和发展现状及技术系统的一般实现方式、相关关键技术、海洋能量自给方法等方面进行介绍，同时对波浪/海流引致人工上升流理论与方法、气力式提升上升流方法与系统、浅层注气法和开式人工上升流系统或闭式人工上升流系统的实现等方面进行阐述；还较为深入地探讨了海洋人工上升流羽流流场控制理论与方法，包括海洋分层理论、海洋人工上升流羽流动力学方程、上升流羽流控制方法等。并从海洋人工上升流系统设计与集成、人工上升流系统的湖试研究和海试研究，讨论浅层注气式气力人工上升流系统的实现方法。通过基础研究部分的讨论，相信读者对海洋人工上升流技术的基本理论与方法、工程实现的思路能够有比较全面的认识。

第二部分是在介绍海洋人工上升流技术的实现与试验研究基础上，探讨人工上升流技术的应用研究。主要讨论了海洋人工上升流技术在海洋固碳方面的应用与试验研究，科学系统地研究了基于人工上升流技术的沉积物营养盐气力提升机理及其技术实施下的藻类营养盐移除与固碳效果。同时讨论了人工上升流/下降流技术在海洋牧场建设中的应用，从海洋牧场生境营造技术、海洋牧场建设一般机理(鱼礁等)、基于人工上升流的生境营造技术研究、基于人工下降流技术的海水水体低氧缓解等方面展开。这些方面的应用研究表明，海洋人工上升流/下降流技术有着广阔的应用前景。

然而，海洋人工上升流/下降流技术中的有些关键技术还需要科学技术的进一步发展，或者通过更深入的研究来解决。需要进一步解决的技术问题主要在以下几个方面。

(1) 效率问题。这个问题关系到海洋人工上升流/下降流技术的可行性。人为的方法和技术的实施，面对茫茫大海，毕竟是十分有限的。通常，我们把海洋人工上升流/下降流工程的实施，限制在一个有限的海区来展开。但是，国家与社会面临的实际需求，往往要求我们去解决比较大的海域中的问题，如东海海域日益严重的海底缺氧问题。在技术上，需要我们不断地去提高海洋人工上升流/下降流工程的效率，以布放最少的工程系统，去解决最大海域的问题。本书中对效率问题已经有所阐述，如气力提升法就是人工上升流方法中考虑效率提高而发明的有效方法之一。随着科学技术的不断发展，一定会有一些高效率的海洋人工上升流/下降流技术为人类所创造。这也是海洋人工上升流/下降流理论与方法研究中的一项重要任务。

(2) 可持续问题。一个海洋人工上升流/下降流工程能否长期工作在目标海域，涉及两个方面的内容：工程装备的可靠性和海洋原位能量供给方法的有效性。提高工程装备的可靠性，这个道理很清楚，无须多说。在海洋这个复杂的物理与化学、生物环境里，可靠性不仅仅是一个力学上的特性（如机械强度或台风影响等），而且还是一个化学上或生物学上的特性（如化学或生物腐蚀等）。因此，需要跨学科的知识来做好海洋人工上升流/下降流工程的可靠性研究。工程必须要用能源支撑，这就要求海洋人工上升流工程装备需要有电能输给。这个问题在陆地上容易解决，但到了茫茫大海上，能量供给这个问题就显得更为重要了。本书介绍了一些利用海洋能实现能量的原位供给的技术，但这些技术还远远不够。一则提供的能量有限，不足以支撑一个较大范围海域的人工上升流系统正常运作；二则海洋可再生能量的连续性还不够，也即转换后输出的电能稳定性也不够。有研究提出多能互补，即同时利用海上的风能、潮汐能和波浪能，来解决海上能源供给问题，是一个值得进一步探索的方向。海洋能源原位供给这个课题，关系到海洋人工上升流工程的可持续性，需要在今后的研究中，加以重视和完善。希望能够在科学技术的不断发展中，找到更好的能量供给新理论、新技术，以更好地解决海洋原位能源供给问题。

（3）环境效应评估问题。海洋人工上升流/下降流方法的提出与应用时间还不算太长。这些方法在海洋中的实施，给海洋环境会带来哪些负面的影响，有待于时间考验。诚然，在海洋人工上升流/下降流理论与方法研究中，对海洋环境的影响是进行了较为充分的考虑并采取了相应的措施。但是，由于环境的响应是一个慢过程，这些手段和工程在海洋中的实施与应用，需要较长一段时间来监测环境的响应情况。因此，海洋人工上升流/下降流工程中一般都设置有环境化学或生态观测传感器系统，及时记录环境中的化学参数或生物量的改变，来研究海洋人工上升流/下降流工程对环境的影响，从而进一步完善海洋人工上升流/下降流理论与技术。

海洋人工上升流/下降流理论与方法的研究，还需要进一步深入，除了其理论研究解决相关的关键技术之外，还应重视该方法的应用研究。在海洋环境的治理方面，相信海洋人工上升流/下降流工程是一定能够大有作为的。因为在许多场合，在经过缜密的理论研究与设计的基础上，改变海域中的流场，可以有效地调节相关生化参数，从而改善环境，解决一些相关问题，如海洋（东海）低氧、海洋固碳等。

最近我们正在与国内的相关研究单位一起开展如何防止南海珊瑚白化这一研究课题。在这里，用珊瑚白化治理这个例子，来进一步探讨推广海洋人工上升流方法应用的可能性。

随着全球气候变化愈趋严重，海洋的温度也在不断升高。海洋升温是造成大量珊瑚白化甚至死亡的重要原因之一。大家知道，由于厄尔尼诺现象和气候暖化导致海水升温，澳大利亚大堡礁珊瑚的白化潮加剧，其中北部长 700 km、保留最原始海洋生态的珊瑚带中，约 2/3 浅水珊瑚在短短的 9 个月内死亡，是大堡礁历来最大规模的珊瑚死亡现象。珊瑚死亡现象既发生在著名的澳大利亚大堡礁，也发生在我国的南海岛礁周边。在我国南海岛礁附近的珊瑚礁海区，我们测到自海面到 50 m 水深之间，海水温度可高达 30℃ 以上。这样的高温海水，严重威胁着珊瑚礁的生长，造成了大量的珊瑚白化现象，如图 9-1 所示。

浙江大学和国内有关海洋研究所的同仁们，正在研究如何通过海洋人工上升流技术来改变表层海水的高温现象，从而更好地保护珊瑚。研究人员发现，在珊瑚礁生长地区的不远处通常能找到比较深的海区，而一定深度下的海水温度是较低的。因此，研究人员提出采用人工上升流技术，把附近深层低温海水提取输送到珊瑚礁生长区域，以降低海水温度，从而达到保护珊瑚的目的，其原理如图 9-2 所示。

图 9-1　研究人员观测白化的珊瑚礁

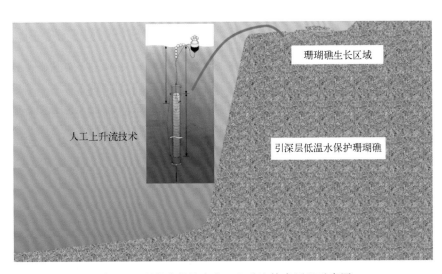

图 9-2　珊瑚礁保护中人工上升流技术原理示意图

　　根据前面讨论过的知识，我们可以知道，进行珊瑚礁保护的海洋人工上升流工程系统，需要解决这样一些重要问题：①海洋原位能量供给问题，即电能如何获得并被高效转换与利用；②海洋人工上升流工程系统的效率问题，这关系到这项技术的可行性。需要充分做好系统设计，使之经济有效；③海洋人工上升流工程系统的可靠性问题，即工程系统在工作期间不至于瘫痪失效，同时系统在南海工作，需要有抗台风的能力；④要认真考虑海洋人工上升流工程实施对周边环境尤其是对珊瑚礁的影响，要分析是否具有负面影响。如深层水中有无不利于珊瑚生长的某些生物化学物质以及长期提取深层低温海水对浅水珊瑚生长区的环境影响，等等。

基于海洋人工上升流技术的珊瑚白化治理案例，表明海洋人工上升流方法与技术有着广阔的应用前景，但同时明确了应用该方法与技术时所要考虑的许多重要因素。

囿于篇幅，本书重点讨论了海洋人工上升流技术的理论与方法，只用了一章来讨论海洋人工下降流技术及其应用，这是很不够的。海洋人工下降流技术同样具有研究价值和应用意义，十分重要。本书作者希望进一步开展深入研究，积累工作成果，以期在不久的将来，撰写出版海洋人工下降流技术方面的学术专著。

9.2 展望

在本书撰写的过程中，联合国大会第七十二届会议通过决议，宣布 2021—2030 年为联合国"海洋科学促进可持续发展十年"（简称"海洋十年"）。联合国宣布这一计划，旨在遏制海洋健康衰退的趋势，并召集全球海洋利益相关方形成共同框架。框架将确保海洋科学能够为各国创造更好的条件，进而实现海洋的可持续发展。2019 年 5 月，联合国教科文组织政府间海洋学委员会在丹麦首都哥本哈根国家博物馆，组织召开了"海洋十年"第一次规划会议。2021 年 2 月初，联合国教科文组织总干事奥德蕾·阿祖莱表示："在第三个千年之初，海洋科学有能力发现问题并提供解决方案，只要我们不再忽视它的贡献。"并称"现在是为勇敢的新海洋采取行动的时候了"。国内的海洋界积极响应联合国提出的这一计划，中国海洋研究委员会（中国 SCOR）于 2020 年 12 月 13—14 日在青岛组织召开了 2020 年年会，会议主题为"面向联合国海洋十年规划——观测和预测"。与会人员就如何更好地发挥中国 SCOR 在"海洋十年"计划工作中的作用，展开了充分的交流和讨论。

联合国"海洋科学促进可持续发展十年"计划主要动机是彻底扭转海洋健康衰退现象，为海洋可持续发展提供更好的条件。根据联合国大会的决定，联合国教科文组织政府间海洋学委员会（IOC）将负责协调"海洋十年"的工作。该计划将为国际协调和伙伴关系提供一个框架，以加强海洋科学研究能力和技术转让。它将有助于加快实现可持续发展目标，以保护和可持续利用海洋及海洋资源。该计划将支持发展适应需求的海洋科学，将已获得的知识和技术转化为支持海洋可持续发展的有效能力，用来减少人类社会对海洋的压力，保护和恢复海洋生态系统。

在海洋环境治理这个问题上，长期以来存在着这样一种见识，那就是海洋治理一般会带来一些新的问题。因此，主流声音通常是反对任何针对海洋生态环境治理的一切人为行动。"伦敦公约"组织就是担负着这样一种使命，监督并反对这个世界上的任何国家和组织对海洋环境采取措施的一切行为。然而，正如联合国教科文组织政府间海洋学委员会在一份报告中所指出的那样，大片的海洋正在严重退化，海洋系统的结构、功能和效益也发生了变化和衰退。此外，预计到2050年全球人口将增长至90亿，届时，各种压力对海洋的影响将会进一步加大。所以，迫切需要制定合适的战略及以科学为基础的政策来应对全球变化，特别是海洋环境的衰退。

是时候对日益变差的海洋采取行动了！"海洋十年"计划，就是在振臂疾呼，是时候对日益恶化的海洋采取必要的行动了。

国内有关单位进行的海洋人工上升流/下降流技术的研究，已经开展了15年之久。这些相关研究人员形成了一个共识，那就是人为破坏了的海洋生态环境，能够也应该用人为的方式修复回来，哪怕是进行一下这样的努力。"海洋十年"计划号召海洋科技工作者将研究过程中形成的知识和成果，转化为具体的可实施的行动方案，这正是本书作者的迫切希望。在本书的撰写过程中，我们多次与有关单位合作，特别是与一些海洋牧场企业开展合作，通过不断的海域试验、养殖区初级生产力提升研究以及增汇探索研究等工作，逐步地去证实海洋人工上升流/下降流技术的可行性及实用性。而在山东海洋牧场的初步工作实践中，我们欣喜地看到，海洋人工上升流方法取得了一定的成果，并且得到了当地海洋牧场的认可和接受。

同时，海洋技术的智能化将是海洋技术的一个重要发展方向，这对于海洋人工上升流/下降流技术也是同样适用的。发展智能化的海洋人工上升流/下降流技术，运用人工智能的方法，提高系统效率，增加系统工程的可靠性，降低操作人员的工作强度，进一步提高该技术的实用性。

海洋人工上升流/下降流方法的理论研究与技术发展工作，任重道远。在发展和推广应用中，这项工作既有进一步的理论方法研究空间，又面临着许多挑战。这就要求科学研究人员与工程人员互相协作，多学科交叉融合，跨学科协作，依靠科技发展中不断涌现的新技术、新成果，来发展海洋人工上升流理论及其完整的技术体系，从而为海洋事业的发展，为"打造我们所需要的海洋"，做出重要贡献。

参考文献

联合国，2017. 联合国海洋科学促进可持续发展十年(2021—2030)［R］. 纽约：联合国.

附　录

附表　气举式人工上升流试验工程参数

试验编号	喷头编号	管径/m	管长/m	布放深度/m	注气深度/m	潜没比
L1-1	C1	0.4	28.3	2.1	10.1	0.28
L1-2	C2	0.4	28.3	2.1	10.1	0.28
L1-3	R1	0.4	28.3	2.1	10.1	0.28
L1-4	R4	0.4	28.3	2.1	10.1	0.28
L2-1	P1	0.5	26	1.7	8.1	0.32
L2-2	P3	0.5	26	0.7	7.1	0.32
L2-3	P3	1	26	1.7	8.1	0.32
L2-4	P1	1	26	1.7	8.1	0.32
L2-5	S4	1	26	2.3	8.7	0.32
L2-6	S4	1	26	0.15	6.55	0.32
L2-7	S2	1	26	2	8.4	0.32
L2-8	R4	1	26	2	8.4	0.32
L2-9	R2	1	26	2	8.4	0.32
L2-10	D2	1	26	2	8.4	0.32
L2-11	D1	1	26	2	8.4	0.32
L2-12	P1	1.5	26	2	8.4	0.32
L2-13	D1	1.5	26	2	8.4	0.32
L2-14	R2	1.5	26	2	8.4	0.32
L2-15	S2	1.5	26	2	8.4	0.32
L2-16	P1	2	26	2	8.4	0.32
L2-17	D1	2	26	2	8.4	0.32
L2-18	S2	2	26	2	8.4	0.32
L2-19	R2	2	26	2	8.4	0.32
S1-1	S4	0.4	20	1	3	0.125

试验编号	喷头编号	管径/m	管长/m	布放深度/m	注气深度/m	潜没比
S1-2	S3	0.4	20	1	5	0.25
S1-3	P2	0.4	20	1	7	0.375
S1-4	R3	0.4	20	1	3	0.125
S1-5	R4	0.4	20	1	5	0.25
S1-6	S3	0.4	20	1	7	0.375
S1-7	R3	0.4	20	3	5	0.125
S1-8	R4	0.4	20	3	6	0.25
S1-9	S3	0.4	20	3	9	0.375
S1-10	S1	0.4	20	1.5	3.5	0.125
S1-11	R1	0.4	20	1.5	5.5	0.25
S1-12	P3	0.4	20	1.5	7.5	0.375

注：表中"L1"表示湖试 1，"L2"表示湖试 2，"S1"表示海试；表中喷头编号参见表 5-2。